普通高等教育"十四五"规划教材

面向 21 世纪课程教材
Textbook Series for 21st Century

# 食品质量与安全管理

## 第 4 版

刘金福　陈宗道　陈绍军　主编
张　民　主审

U0219198

中国农业大学出版社
·北京·

## 内 容 简 介

食品质量与安全管理是质量管理学与食品科学形成的交叉学科在食品行业中的应用。食品是关系人体健康和安全的特殊产品，因此，食品的质量与安全理所当然地受到人民群众、企业、社会和政府的普遍关注和高度重视。

《食品质量与安全管理》从我国食品质量与安全管理的实际情况出发，系统地阐述了食品质量与安全管理的基本概念、理论和方法，介绍了食品质量与安全的监管体系和制度、法规、食品安全标准、ISO 9000 系列质量管理标准、良好操作规范（GMP）和卫生标准操作程序（SSOP）、危害分析与关键点控制（HACCP）体系和 ISO 22000 食品安全管理体系、食品质量和安全检验以及食品安全追溯体系等。在阐明理论和技术的同时，本书还列举了范例，并通过信息技术拓展了相关内容，便于读者深入理解和实际应用。本书从食品安全的特殊性出发，阐述了食品质量与安全管理在社会政治方面的表现和影响，并对该领域的最新动态和热点问题做了适时的介绍。

本书可作为轻工院校与农业院校的食品质量与安全、食品科学与工程等食品类专业和经济管理类专业本科生及硕士研究生的教材，也可作为食品企业质量与安全管理的培训材料，还可供社会上对食品质量和安全有兴趣的消费者参考。

**图书在版编目（CIP）数据**

食品质量与安全管理/刘金福，陈宗道，陈绍军主编. —4 版. —北京：中国农业大学出版社，2021.3（2023.11 重印）

ISBN 978-7-5655-2531-5

Ⅰ.①食⋯ Ⅱ.①刘⋯②陈⋯③陈⋯ Ⅲ.①食品-质量管理-高等学校-教材②食品卫生-卫生管理-高等学校-教材 Ⅳ.①TS207.7②R155.5

中国版本图书馆 CIP 数据核字（2021）第 044531 号

| | |
|---|---|
| 书　　名 | 食品质量与安全管理　第 4 版 |
| 作　　者 | 刘金福　陈宗道　陈绍军　主编 |

| | | | |
|---|---|---|---|
| 策划编辑 | 宋俊果　王笃利　魏　巍 | 责任编辑 | 田树君　许晓婧 |
| 封面设计 | 郑　川　李尘工作室 | | |
| 出版发行 | 中国农业大学出版社 | | |
| 社　　址 | 北京市海淀区圆明园西路 2 号 | 邮政编码 | 100193 |
| 电　　话 | 发行部 010-62733489，1190 | 读者服务部 | 010-62732336 |
| | 编辑部 010-62732617，2618 | 出 版 部 | 010-62733440 |
| 网　　址 | http://www.caupress.cn | E-mail | cbsszs@cau.edu.cn |
| 经　　销 | 新华书店 | | |
| 印　　刷 | 涿州市星河印刷有限公司 | | |
| 版　　次 | 2021 年 3 月第 4 版　2023 年 11 月第 4 次印刷 | | |
| 规　　格 | 787mm×1 092mm　16 开本　18.75 印张　460 千字 | | |
| 定　　价 | 52.00 元 | | |

# 普通高等学校食品类专业系列教材
# 编审指导委员会委员

（按姓氏拼音排序）

# 第 4 版编写人员

主　　编　刘金福（天津农学院）
　　　　　陈宗道（西南大学）
　　　　　陈绍军（福建农林大学）

参编人员　魏益民（中国农业科学院）
　　　　　李永才（甘肃农业大学）
　　　　　周　辉（湖南农业大学）
　　　　　王伟华（塔里木大学）
　　　　　张平平（天津农学院）
　　　　　郭波莉（中国农业科学院）
　　　　　刘翠翠（天津农学院）

主　　审　张　民（天津农学院）

# 第3版编写人员

主　　编　　刘金福（天津农学院）

　　　　　　陈宗道（西南大学）

　　　　　　陈绍军（福建农林大学）

参编人员　　魏益民（中国农业科学院）

　　　　　　李永才（甘肃农业大学）

　　　　　　周　辉（湖南农业大学）

　　　　　　王伟华（塔里木大学）

　　　　　　张平平（天津农学院）

　　　　　　郭波莉（中国农业科学院）

# 第 2 版编写人员

主　　编　陈宗道（西南大学）
　　　　　刘金福（天津农学院）
　　　　　陈绍军（福建农林大学）

参编人员　魏益民（中国农业科学院）
　　　　　刘成国（湖南农业大学）
　　　　　甘伯中（甘肃农业大学）

# 第1版编写人员

**主　　编**　陈宗道（西南农业大学）

　　　　　　刘金福（天津农学院）

　　　　　　陈绍军（福建农林大学）

**参编人员**　魏益民（西北农林科技大学）

　　　　　　张亚川（东北农业大学）

　　　　　　刘成国（湖南农业大学）

　　　　　　甘伯中（甘肃农业大学）

# 出 版 说 明

## （代总序）

岁月如梭，食品科学与工程类专业系列教材自启动建设工作至现在的第 4 版或第 5 版出版发行，已经近 20 年了。160 余万册的发行量，表明了这套教材是受到广泛欢迎的，质量是过硬的，是与我国食品专业类高等教育相适宜的，可以说这套教材是在全国食品类专业高等教育中使用最广泛的系列教材。

这套教材成为经典，作为总策划，我感触颇多，翻阅这套教材的每一科目、每一章节，浮现眼前的是众多著作者们汇集一堂倾心交流、悉心研讨、伏案编写的景象。正是由于大家的高度共识和对食品科学类专业高等教育的高度责任感，铸就了系列教材今天的成就。借再一次撰写出版说明（代总序）的机会，站在新的视角，我又一次对系列教材的编写过程、编写理念以及教材特点做梳理和总结，希望有助于广大读者对教材有更深入的了解，有助于全体编者共勉，在今后的修订中进一步提高。

一、优秀教材的形成除著作者广泛的参与、充分的研讨、高度的共识外，更需要思想的碰撞、智慧的凝聚以及科研与教学的厚积薄发。

20 年前，全国 40 余所大专院校、科研院所，300 多位一线专家教授，覆盖生物、工程、医学、农学等领域，齐心协力组建出一支代表国内食品科学最高水平的教材编写队伍。著作者们呕心沥血，在教材中倾注平生所学，那字里行间，既有学术思想的精粹凝结，也不乏治学精神的光华闪现，诚所谓学问人生，经年积成，食品世界，大家风范。这精心的创作，与敷衍的粘贴，其间距离，何止云泥！

二、优秀教材以学生为中心，擅于与学生互动，注重对学生能力的培养，绝不自说自话，更不任凭主观想象。

注重以学生为中心，就是彻底摒弃传统填鸭式的教学方法。著作者们谨记"授人以鱼不如授人以渔"，在传授食品科学知识的同时，更启发食品科学人才获取知识和创造知识的思维与灵感，于润物细无声中，尽显思想驰骋，彰耀科学精神。在写作风格上，也注重学生的参与性和互动性，接地气，说实话，"有里有面"，深入浅出，有料有趣。

三、优秀教材与时俱进，既推陈出新，又勇于创新，绝不墨守成规，也不亦步亦趋，更不原地不动。

首版再版以至四版五版，均是在充分收集和尊重一线任课教师和学生意见的基础上，对新增教材进行科学论证和整体规划。每一次工作量都不小，几乎覆盖食品学科专业的所有骨干课程和主要选修课程，但每一次修订都不敢有丝毫懈怠，内容的新颖性，教学的有效性，齐头并进，一样都不能少。具体而言，此次修订，不仅增添了食品科学与工程最新发展，又以相当篇幅强调食品工艺的具体实践。每本教材，既相对独立又相互衔接互为补充，构建起系统、完整、实用的课程体系，为食品科学与工程类专业教学更好服务。

四、优秀教材是著作者和编辑密切合作的结果，著作者的智慧与辛劳需要编辑专业知识和奉献精神的融入得以再升华。

同为他人作嫁衣裳，教材的著作者和编辑，都一样的忙忙碌碌，飞针走线，编织美好与绚丽。这套教材的编辑们站在出版前沿，以其炉火纯青的编辑技能，辅以最新最好的出版传播方式，保证了这套教材的出版质量和形式上的生动活泼。编辑们的高超水准和辛勤努力，赋予了此套教材蓬勃旺盛的生命力。而这生命力之源就是广大院校师生的认可和欢迎。

第1版食品科学与工程类专业系列教材出版于2002年，涵盖食品学科15个科目，全部入选"面向21世纪课程教材"。

第2版出版于2009年，涵盖食品学科29个科目。

第3版（其中《食品工程原理》为第4版）500多人次80多所院校参加编写，2016年出版。此次增加了《食品生物化学》《食品工厂设计》等品种，涵盖食品学科30多个科目。

需要特别指出的是，这其中，除2002年出版的第1版15部教材全部被审批为"面向21世纪课程教材"外，《食品生物技术导论》《食品营养学》《食品工程原理》《粮油加工学》《食品试验设计与统计分析》等为"十五"或"十一五"国家级规划教材。第2版或第3版教材中，《食品生物技术导论》《食品安全导论》《食品营养学》《食品工程原理》4部为"十二五"普通高等教育本科国家级规划教材，《食品化学》《食品化学综合实验》《食品安全导论》等多个科目为原农业部"十二五"或农业农村部"十三五"规划教材。

本次第4版（或第5版）修订，参与编写的院校和人员有了新的增加，在比较完善的科目基础上与时俱进做了调整，有的教材根据读者对象层次以及不同的特色做了不同版本，舍去了个别不再适合新形势下课程设置的教材品种，对有些教材的题目做了更新,使其与课程设置更加契合。

在此基础上,为了更好满足新形势下教学需求,此次修订对教材的新形态建设提出了更高的要求,出版社教学服务平台"中农 De 学堂"将为食品科学与工程类专业系列教材的新形态建设提供全方位服务和支持。此次修订按照教育部新近印发的《普通高等学校教材管理办法》的有关要求,对教材的政治方向和价值导向以及教材内容的科学性、先进性和适用性等提出了明确且具针对性的编写修订要求,以进一步提高教材质量。同时为贯彻《高等学校课程思政建设指导纲要》文件精神,落实立德树人根本任务,明确提出每一种教材在坚持食品科学学科专业背景的基础上结合本教材内容特点努力强化思政教育功能,将思政教育理念、思政教育元素有机融入教材,在课程思政教育润物细无声的较高层次要求中努力做出各自的探索,为全面高水平课程思政建设积累经验。

教材之于教学,既是教学的基本材料,为教学服务,同时教材对教学又具有巨大的推动作用,发挥着其他材料和方式难以替代的作用。教改成果的物化、教学经验的集成体现、先进教学理念的传播等都是教材得天独厚的优势。教材建设既成就了教材,也推动着教育教学改革和发展。教材建设使命光荣,任重道远。让我们一起努力吧!

罗云波

2021 年 1 月

# 第4版前言

本教材是教育部面向 21 世纪教学内容和课程体系改革项目研究成果(04-14)。第 1 版于 2003 年出版,书名为《食品质量管理》,第 2 版和第 3 版分别于 2011 年和 2016 年出版,书名改为《食品质量与安全管理》。本次再版贯彻落实立德树人根本任务,继续突出思政教育内容,强化价值引领,并将国内外食品质量与安全领域的新理论、新技术、新法规、新标准和新资讯进行了补充和更新,体现该领域的发展及其应用。

过去的 4 年多,国际、国内食品质量与安全管理领域的理论、技术、法律、法规、标准又有了很多新变化,取得了许多新成果,本教材总有追赶不及的焦虑与遗憾。人们在熟悉和应用 ISO 9001:2015 的同时,ISO9004:2018 和 22000:2018 相继发布实施,它们不仅仅是格式或形式的变化,其内容和内涵更加丰富;《中华人民共和国食品安全法》等与质量和安全相关的法律再次修正,我国的食品安全标准、生产规范、相关制度等也在不断地被修订或制定,我国的食品质量与安全状况有了显著的变化,但仍需要在更深层次加以改善和提高,食品质量与安全管理工作任重而道远。我们还必须深入研究食品质量与安全领域的科学与技术问题,守正创新,将质量管理科学的思想、精神和文化与我国国情、民情相结合,走适合我国食品质量与安全管理的特色之路。因此,本次再版我们在介绍科学技术的同时,在思想、政治、文化和社会责任方面,在新时代贯彻新发展理念方面做更多的阐述和介绍,并在重印时在有关章节融入党的二十大精神相关内容。

本教材共分 11 章,主要包括绪论、质量管理的数学方法与工具、质量成本管理、食品安全管理系统工程及其监管体系、食品质量与安全法规、食品标准、国际标准化组织(ISO)质量管理标准、良好操作规范(GMP)和卫生标准操作程序(SSOP)、危害分析与关键控制点(HACCP)体系、食品质量和安全检验及食品安全追溯体系等内容。

本版教材由多所院校从事本学科教学与研究工作的教师在以往的基础上共同编写而成,是集体智慧的结晶。本版教材运用信息技术,新增和扩展了相关资源,方便读者查阅和应用。本教材适用于高等院校食品质量与安全、食品科学与工程等相关专业本科生和研究生的教学,也适用于食品生产和经营企业的管理人员和生产技术人员学习参考。教材编写人员的分工为:第 1 章、第 4 章由西南大学陈宗道编写,第 8 章由西南大学陈宗道和天津农学院张平平编写,第 3 章、第 6 章由天津农学院刘金福编写,第 5 章由中国农业科学院农产品加工研究所魏益民和郭波莉编写,第 7 章由湖南农业大学周辉编写,第 9 章由福建农林大学陈绍军编写,第10章由甘肃农业大学李永才编写,第11章由塔里木大学王伟华编写,第2章由天津农学院刘翠翠编写。全书由天津农学院张民主审。

在教材的编写出版过程中得到了原编者及编者所在院校和中国农业大学出版社的指导、帮助和支持,在此深表谢意。

由于学科内容广泛和发展迅速,加之编者大多工作繁忙和时间紧迫,书中定有一些疏漏和不妥之处,还望诸位同仁和读者赐教惠正。

编　者

2023 年 11 月

# 第 3 版前言

本教材是教育部面向 21 世纪教学内容和课程体系改革项目研究成果(04—14)。第 1版于 2003 年出版,书名为《食品质量管理》,第 2 版于 2011 年出版,书名改为《食品质量与安全管理》。本次改版广泛收集了国内外食品质量与安全领域的新理论、新技术和新资讯,力争体现该领域的新成果及其应用。

近年来,国际、国内在食品质量与安全管理领域的理论、技术、法规、标准变化之快、之深刻,可以说令人"目不暇接"。ISO 9001:2015 出版实施,《中华人民共和国食品安全法》再次修订通过,自 2015 年 10 月 1 日起施行,大量的食品安全标准、操作规范被修订或制定等。我国的食品质量与安全状况还需要下大力气加以改善。我们越来越清楚地认识到,做好食品质量和安全管理工作,必须深入研究食品质量和安全领域的科学与技术问题,挖掘质量管理科学的内涵和思想,体现其精神和文化,掌握其变化规律,与国情、民情相结合探讨和走出一条适合我国食品质量与安全管理的路子。因此,在第 3 版中我们秉持了不仅介绍科学技术,还要在文化和社会责任方面加以引导和教育的编写理念。我们希望在我国经济保持中高速迈向中高端的历史时期,为食品行业的发展做出应有的贡献。

本教材共分 11 章,主要包括绪论、质量管理的数学方法与工具、质量成本管理、食品安全管理系统工程及其监管体系、食品质量与安全法规、食品标准、国际标准化组织(ISO)质量管理标准、良好操作规范(GMP)和卫生标准操作程序(SSOP)、危害分析与关键控制点(HACCP)体系、食品质量和安全检验及食品安全追溯体系等内容。

本版教材在以往的基础上由多所院校从事本学科教学与研究工作的教师共同编写完成,是集体智慧的结晶。本版教材运用二维码技术,增新和拓展了大量的相关内容,方便读者查阅和拓展阅读。教材适用于高等院校食品科学与工程专业本科生和研究生的教学工作,也适用于食品生产和经营企业的管理人员和生产技术人员学习参考。本版教材编写人员的分工为:第 1 章、第 4 章由西南大学陈宗道编写,第 8 章由西南大学陈宗道和天津农学院张平平编写,第 2 章、第 3 章、第 6 章由天津农学院刘金福编写,第 5 章由中国农业科学院农产品加工研究所魏益民和郭波莉编写,第 7 章由湖南农业大学周辉编写,第 9章由福建农林大学陈绍军编写,第 10 章由甘肃农业大学李永才编写,第 11 章由塔里木大学王伟华编写。

在教材的编写出版过程中得到了原编者及编者所在院校和中国农业大学出版社的指

导、帮助和支持，在此深表谢意。

由于工作繁忙和时间紧迫，加之学科内容广泛和发展迅速，书中疏漏和不妥之处还望诸位同仁和读者赐教惠正。

编　者
2016 年 3 月

# 第 2 版前言

本教材是教育部面向 21 世纪教学内容和课程体系改革项目研究成果(04-14),着重阐述食品质量与安全管理的基础知识、食品法规标准、食品安全质量控制体系和食品质量检验等的基本理论、基本技术和方法。

本教材第 1 版于 2003 年出版,书名为《食品质量管理》,本次改版收集了广泛的国内外资料,体现了食品质量和安全管理的先进水平,在内容和体系上有所创新,根据具体实际,将书名改为《食品质量与安全管理》。

2003 年至今的食品质量和安全历史,是值得全国人民特别是食品行业永远铭记的。我国食品行业出现了许多极为严重的质量事故,付出了沉重的代价,其中最严重的是三聚氰胺奶粉事件。温家宝总理说:"三鹿奶粉教训是我们整个民族应该汲取的。"2008 年的三聚氰胺奶粉事件也催生了 2009 年 2 月 28 日通过的、2009 年 6 月 1 日起施行的《中华人民共和国食品安全法》。食品界的有识之士越来越清楚地认识到,食品质量和安全问题并不是单纯的学术和技术问题,而是整个民族的诚信道德和社会责任。向各国学习管理技术容易,要改造整个民族的精神、文化、素质却很困难。因此,在第 2 版中我们力求跳出单纯技术的桎梏,在文化理念和社会责任方面进行阐述。可以预期,我国食品质量和安全管理的理论和实践将进入一个新的历史时期,我们每个人的工作都将写在中国食品质量和安全管理的史册上。

本教材共分 10 章,主要包括绪论、质量管理的数学方法与工具、食品质量成本管理、食品安全管理系统工程及其监管体系、食品安全支持体系(食品质量与安全法规、食品标准、ISO 质量管理体系)、食品安全过程控制体系(良好生产规范、HACCP 系统)和食品质量检验等内容。

本教材由全国多所院校从事本学科教学与研究工作的教师共同编写完成,是集体智慧的结晶。本教材适用于高等院校食品科学与工程专业本科生和研究生的教学工作,也适用于食品生产和经营企业的管理人员和生产技术人员学习参考。本书编写人员的分工为:第 1 章、第 4 章和第 8 章由西南大学陈宗道编写,第 2 章在第 1 版时由东北农业大学张亚川编写,后因张老师出国访学,改由天津农学院刘金福编写,第 3 章、第 6 章也由天津农学院刘金福编写,第 5 章由中国农业科学院农产品加工研究所魏益民编写,第 7 章由湖南农业大学刘成国编写,第 9 章由福建农林大学陈绍军编写,第 10 章由甘肃农业大学甘伯中编写。

在教材的编写出版过程中得到了编者所在院校和中国农业大学出版社的指导、帮助和支持,在此深表谢意。由于工作繁忙和时间紧迫,加之学科内容广泛和发展迅速,书中疏漏和不妥之处在所难免,万望诸位同仁和读者赐教惠正。

# 第1版前言

本教材是国家教育部面向 21 世纪教学内容和课程体系改革项目研究成果(04—14)。本教材着重阐述食品质量管理的基础知识、食品法规标准、食品卫生质量控制体系和食品质量检验等的基本理论、基本技术和方法。教材收集了较广泛的国内外资料,体现了食品质量管理的先进水平,在内容和体系上有所创新。

本教材共分 9 章,主要包括绪论、质量管理的数学方法与工具、质量成本管理、食品质量法规、食品质量标准、食品良好操作规范、食品质量控制的 HACCP 系统、ISO 9000 质量保证标准体系和食品质量检验等内容。

本教材由全国多所院校共同参与编写,汇集了从事本教学与研究工作的主要力量,是集体智慧的结晶。本教材适用于高等院校食品科学与工程专业本科生和研究生的教学工作,也适用于食品生产和经营企业的管理人员和生产技术人员学习参考。本书编写人员的分工为:第 1 章、第 6 章由西南农业大学陈宗道编写,第 2 章由东北农业大学张亚川编写,第 3 章、第 5 章由天津农学院刘金福编写,第 4 章由西北农林科技大学魏益民编写,第 7 章由福建农林大学陈绍军编写,第 8 章由湖南农业大学刘成国编写,第 9 章由甘肃农业大学甘伯中编写。

在教材的编写出版过程中得到了编者所在院校和中国农业大学出版社的指导、帮助和支持,在此深表谢意。由于工作繁忙和时间紧迫,加之学科内容广泛和发展迅速,书中疏漏和不妥之处在所难免,万望诸位同仁和读者赐教惠正。

# 目　录

# 第 1 章

# 绪　论

## 学习目的与要求

1.掌握质量和质量管理的基本概念；

2.掌握企业质量管理的基本内容和手段；

3.了解食品质量与安全管理的特点及其在食品加工中的地位和重要性。

## 1.1  质量

高质量的物质生活和精神生活是人们所追求的。那么什么是质量？质量的内容和内涵极为丰富，并且随着社会经济和科学技术的发展也在不断充实和深化。安全是质量的首要特性，没有安全就没有质量。

### 1.1.1  基本概念

质量常被定义为产品或工作的优劣程度。因此在日常生活中我们经常说提高教学质量、生活质量等。为了适应经济社会的发展和全球一体化的进程，国际标准化组织（ISO）自 1987 年正式发布 ISO 9000 标准以来，多次对质量及相关的基础知识和术语等进行解释和定义，并均以标准的形式发布。ISO 9000：2015 版标准已于 2015 年 9 月发布，我国也等同采用了该标准，即"GB/T 19000—2016《质量管理体系　基础和术语》Quality management systems-Fundamentals and vocabulary（ISO 9000：2015，IDT）"。该标准共给出了 138 个有关人员、组织等 13 方面的术语，它包括了全部系列标准中使用的术语。本章多数定义引自该标准。

#### 1.1.1.1  质量的定义

ISO 9000：2015 中对质量（quality）的定义是："客体的一组固有特性满足要求的程度"。

该定义有 2 个注，注 1：术语"质量"可使用形容词来修饰，如差、好或优秀。注 2："固有的"（其反义是"赋予的"）意味着存在于客体内。那么，客体、特性和要求又指的是什么呢？ISO 9000：2015 中对它们也给出了定义。

客体[object（entity，item）]指"可感知或可想象到的任何事物"。

示例：产品、服务、过程、人员、组织、体系、资源。

注：客体可能是物质的（如一台发动机、一张纸、一颗钻石），非物质的（如转换率、一个项目计划）或想象的（如组织未来的状态）。

特性（characteristic）指"可区分的特征"。

该定义有 3 个注，注 1：特性可以是固有的或赋予的。注 2：特性可以是定性的或定量的。注 3：有各种类别的特性，如①物理的（如机械的、电的、化学的或生物学的特性）；②感官的（如嗅觉、触觉、味觉、视觉、听觉）；③行为的（如礼貌、诚实、正直）；④时间的（如准时性、可靠性、可用性、连续性）；⑤人因工效的（如生理的特性或有关人身安全的特性）；⑥功能的（如飞机的最高速度）。

要求（requirement）指"明示的、通常隐含的或必须履行的需求或期望"。

该定义有 6 个注，注 1："通常隐含"是指组织和相关方的惯例或一般做法，所考虑的需求或期望是不言而喻的。注 2：规定要求是经明示的要求，如在形成文件的信息中阐明。注 3：特定要求可使用限定词表示，如产品要求、质量管理要求、顾客要求、质量要求。注 4：要求可由不同的相关方或组织自己提出。注 5：为实现较高的顾客满意度，可能有必要满足那些顾客既没有明示，也不是通常隐含或必须履行的期望。注 6：这是 ISO/IEC 导则，第 1 部分的 ISO 补充规定的附件 SL 中给出的 ISO 管理体系标准中的通用术语及核心定义之一，最初的定义已经通过增加注 3 至注 5 被修订。

相对于 ISO 8402:1994 中的质量的定义,即"反映实体满足明确或隐含需要能力的特性总和"和 ISO 9000:2005 中"一组固有特性满足要求的程度"的定义,ISO 9000:2015 中质量的定义能更直接、清晰地表述质量的属性。虽然它对质量的载体又做了界定,但是从对"客体"的解释来看,说明质量可以存在于不同领域或任何事物中,包括可想象到的任何事物。对质量管理体系来说,质量的载体不仅针对产品,即过程的结果(如硬件、流程性材料、软件和服务),也针对过程和体系或者它们的组合以及想象的未来要达到的状态。也就是说,所谓"质量",既可以是零部件、计算机软件或服务等产品的质量,也可以是某个过程的质量或某项活动的质量,还可以是指企业的信誉、体系的有效性甚至是想象中的质量。

对于质量的概念,很多专家学者有过论述。下面是对质量管理学科产生重大影响的质量界大师、巨匠们对质量的定义和论断。

20 世纪 60 年代提出零缺陷(Zero defects)管理,有"零缺陷之父"之称的克劳士比(P. B. Crosby)从生产者的角度出发,认为在质量管理的现实世界中最好视质量为诚信,即说到做到、符合要求。产品或服务质量取决于对它的要求。质量(诚信)就是严格按要求去做。从 20 世纪 50 年代开始,创造了田口方法(Taguchi method),被誉为品质工程奠基者的田口玄一博士认为,质量就是产品上市后给社会带来的损失。他把产品质量与上市后给社会造成的损失联系起来,认为社会损失的大小就直接反映了质量的高低。因此,同为合格品,上市后给社会造成的损失小的产品,它的质量就高。

大多数学者认为,质量是指产品和服务满足顾客的期望。代表人物包括:休哈特(W. A. Shewhart)、朱兰(J. M. Juran)、戴明(W. E. Deming)、费根堡姆(A. V. Feigenbaum)、石川馨等。其中被广为传播的定义是朱兰博士的适用性质量。被誉为质量领域"首席建筑师"的朱兰博士从顾客的角度出发,提出了产品质量就是产品的适用性,即产品在使用时能成功地满足用户需要的程度。用户对产品的基本要求就是适用,适用性恰如其分地表达了质量的内涵。

休哈特博士在 20 世纪 20 年代就对质量有过精辟的表述,他认为,质量兼有主观性的一面(顾客所期望的)和客观性的一面(独立于顾客期望的产品属性);质量的一个重要度量指标是一定售价下的价值;质量必须由可测量的量化特性来反映,必须把潜在顾客的需求转化为特定产品和服务的可度量的特性,以满足市场需要。正是由于质量有主观性的一面,使得质量的内涵变得非常丰富,而且随着顾客需求的变化而不断变化;同样正是由于质量有客观性一面,使得人们对质量进行科学的管理成为可能。

二维码 1-1　质量管理领域的著名专家学者及其主要贡献

可见,不同时期质量管理领域的专家、学者和国际标准化组织(ISO)等提出的质量概念体现了各自的立场性和时代性,他们对质量管理科学的发展做出了历史性贡献,我们要记住他们、感激他们。随着社会经济的发展,人们对质量和质量管理的内容和内涵认识得越来越深刻,需要我们认真地思考和体会。

### 1.1.1.2　质量特性

质量特性(quality characteristic)是指"与要求有关的,客体的固有特性"。

注1:固有意味着存在其中的,尤其是那种永久的特性。

注2:赋予客体的特性(如客体的价格)不是它们的质量特性。

也就是说,固有特性就是指某事或某物中本来就有的,尤其是那种永久的特性,如食品的重量、机器的生产率或接通电话的时间等技术特性。而赋予特性不是固有的,不是某事物本来就有的,而是完成后因不同的要求而对产品所增加的特性,如产品的价格、供货时间和运输要求(如运输方式)、售后服务要求(如贮藏温度和时间)等特性。固有与赋予特性是相对的,不同客体的固有特性和赋予特性不同,某种客体赋予特性可能是另一种客体的固有特性。

不同的客体具有不同的质量特性。根据客体涵盖的事物,大致可分为有形事物,如产品质量特性,和无形的活动,如服务质量特性、过程质量特性等。

(1)产品的质量特性　产品(product)是指"在组织和顾客之间未发生任何交易的情况下,组织产生的输出"。在供方和顾客之间未发生任何必要交易的情况下,可以实现产品的生产。但是,当产品交付给顾客时,通常包含服务因素。通常,产品的主要特征是有形的。

产品的质量特性包括安全性、功能性、可信性、适应性、经济性和时间性等6个方面。这6个方面的固有特性满足要求的程度,表明该产品的质量优劣,也体现产品的使用价值。

①安全性。它指产品在制造、贮存、流通和使用过程中能保证对人身和环境的伤害或损害控制在一个可接受的水平。食品作为一种特殊产品,它的安全性处于其质量特性的首位。食品质量管理体系应确保整个食品链的安全性,保证消费者不受到危害。例如在使用食品添加剂时应严格按照规定的使用范围和用量,来保证食品的安全性。同样,产品对环境也应是安全的,企业在生产产品时应考虑到产品及其包装物对环境造成危害的风险。

②功能性。它指产品满足使用要求所具有的功能。功能性包括使用功能和外观功能两个方面。食品的使用功能主要包括营养功能、色香味的感官功能、保健功能、贮藏或保藏功能等。外观功能包括产品的状态、造型、光泽、颜色、外观美学等。食品对外观功能的要求很高。外观美学价值往往是消费者在决定购买时首要的决定因素。

③可信性。它指产品的可用性、可靠性、可维修性等,即产品在规定的时间内具备规定功能的能力。一般来说,食品应具有足够长的保质期。在正常情况下,在保质期内的食品具备规定的功能。

④适应性。它指产品适应外界环境的能力,外界环境包括自然环境和社会环境。食品企业在产品开发时应使产品能在较大范围的海拔、温度、湿度下使用。同样也应了解使用地的社会特点,如政治、宗教、风俗、习惯等因素,尊重当地人民的宗教文化,切忌触犯当地社会和消费者的习俗,引起不满和纠纷。

⑤经济性。它指制造出的产品的一定费用。它应该对企业和顾客来说经济上都是合算的。对企业来说,产品的开发、生产、流通费用应低。对顾客来说,产品的购买价格和使用费用应低。经济性是产品市场竞争力的关键因素。经济性差的产品,即使其他质量特性再好也卖不出去。

⑥时间性。它指在时间上满足顾客的能力。顾客对产品的需要有明确的时间要求。许多

食品的生命周期很短,只有敏锐捕捉顾客需要,及时投入生产和占领市场,企业才能获得效益。如早春上市的新茶、鲜活的海产品等。

(2)服务的质量特性　服务(service)是指"至少有一项活动必须在组织和顾客之间进行的组织的输出"。通常,服务的主要特征是无形的。服务包含与顾客在接触面的活动,除了确定顾客的要求,以提供服务外,可能还包括建立持续的关系。

服务的质量特性也主要有安全性、功能性、经济性、时间性、舒适性和文明性等 6 个方面。

①安全性。它指组织在提供服务时保证顾客人身不受伤害、财产不受损失的程度。

②功能性。它指服务的产生和作用。如航空餐饮的功能就是使旅客在运输途中得到便利安全的食品。

③经济性。它指为了得到服务顾客支付费用的合理程度。

④时间性。它指提供准时、省时服务的能力。餐饮外卖时准时送达是非常重要的服务质量指标。

⑤舒适性。它指服务对象在接受服务过程中感受到的舒适程度。舒适程度应与服务等级相适应,顾客应享受到他所要求等级的尽可能舒适的规范服务。

⑥文明性。它指顾客在接受服务过程中精神满足的程度。服务人员应礼貌待客,使顾客有宾至如归的感觉。

(3)过程的质量特性　过程(process)指"利用输入实现预期结果的相互关联或相互作用的一组活动"。

注 1:过程的"预期结果"称为输出,还是称为产品或服务,需随相关语境而定。

注 2:一个过程的输入通常是其他过程的输出,而一个过程的输出又通常是其他过程的输入。

注 3:两个或两个以上相互关联和相互作用的连续过程也可作为一个过程。

注 4:组织中的过程通常在受控条件下进行策划和执行,以增加价值。

注 5:不易或不能经济地确认其输出是否合格的过程,通常称之为"特殊过程"。

由过程的定义和对它的注解可以看出,过程的质量特性应该体现在安全性、合理性、科学性、效率性、经济性、时间性等方面。

### 1.1.1.3　质量观

质量观(quality view)随着社会的进步和生产力的发展而演变,是人们从不同的角度或立场对质量的看法,主要分为符合型质量观和用户型质量观。

(1)符合型质量观　符合型质量观以产品是否符合设计要求来衡量产品的质量,认为符合设计标准,就应该视为优质。但符合型质量观是流水线工业生产的产物。流水线工业生产制定了各工序的质量规范、标准和技术参数,并以此控制整个生产过程,实现了连续性和高速度,降低了生产成本,适应了社会生产力快速发展和商品经济初级阶段消费者对质量的低层次需要。符合型质量观主要站在供方、生产方的立场上考虑问题,较少顾及生产者和用户之间对产品质量在认识上的差异。如上所述克劳士比(Crosby)曾经对质量的看法就是体现了这种观点。

(2)用户型质量观　用户型质量观由美国质量管理学家朱兰提出,他认为质量就是适用性,因此用户型质量观也叫适用性质量观。产品的质量最终体现在它的使用价值上,因此不能单纯以符合标准为中心,而应该以用户为中心,以用户满意为最高原则,把"用户第一"的思想贯穿于产品开发设计、生产制造和销售服务的全过程。用户型质量观是市场经济发展较成熟和社会生产力高度发展阶段的产物,体现了在买方市场条件下,供方意识到唯有以用户为中心,尽量满足用户的质量要求和期望,才能赢得市场。

此外,还有评判性判定的质量观,这种观点更多地来自市场对产品的评价及其声誉。例如:可口可乐、雀巢咖啡、奔驰汽车等是高质量的。还有以价值为基础的质量观,认为质量与产品的性能和价格有关。主要是从性价比好或质价比佳等角度来看质量。

### 1.1.2 产品质量的形成规律

长期以来,人们认为产品质量是制造出来的,或者是检验出来的,或者是宣传出来的。产品的质量固然离不开制造和检验,但仅仅依靠制造和检验是不可能生产出满足明确和隐含需要的产品的。产品质量是产品生产全过程管理的产物。全过程包括各种质量职能的环节。质量科学工作者把影响产品质量的主要环节挑选出来,研究它们对质量形成的影响途径和程度,提出了各种质量形成规律的理论。

#### 1.1.2.1 朱兰质量螺旋曲线(Juran quality spiral)

朱兰质量螺旋曲线(图 1-1)反映了产品质量形成的客观规律,是质量管理的理论基础,对于现代质量管理的发展具有重大意义。美国质量管理专家朱兰(J. M. Juran)有如下观点。

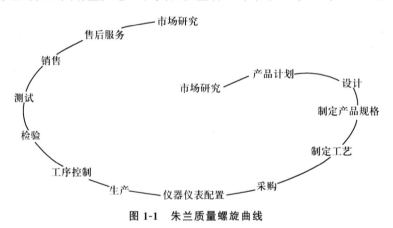

**图 1-1 朱兰质量螺旋曲线**

(1)产品质量形成的全过程包括了 13 个环节(质量职能)  市场研究、产品计划、设计、制定产品规格、制定工艺、采购、仪器仪表配置、生产、工序控制、检验、测试、销售、售后服务。这13 个环节按逻辑顺序串联,构成一个系统,用以表征产品质量形成的整个过程及其规律性。系统运转的质量取决于每个环节的运作的质量和环节之间的协调程度。

(2)产品质量的提高和发展的过程是一个循环往复的过程  这 13 个环节构成一轮循环,每经过一轮循环往复,产品质量就提高一步。这种螺旋上升的过程叫作"朱兰质量螺旋"。

(3)产品质量的形成过程中人是最重要、最具能动性的因素  人的质量以及对人的管理是过程质量和工作质量的基本保证。因此质量管理不是以物为主体的管理,而是以人为主体的管理。

(4)质量系统是一个与外部环境保持密切联系的开放系统　质量系统在市场研究、原材料采购、销售、采后服务等环节与社会保持着紧密的联系。因此质量管理是一项社会系统工程,企业内部的质量管理离不开社会各方面的积极和消极的影响。

朱兰质量螺旋模型可进一步概括为 3 个管理环节,即质量策划、质量控制和质量改进。通常把这 3 个管理环节称为朱兰三部曲。

(1)质量策划　它是在前期工作的基础上制订战略目标、中长远规划、年度计划、新产品开发和研制计划、质量保证计划、资源的组织和资金筹措等。

(2)质量控制　它是根据质量策划制订有计划、有组织、可操作性的质量控制标准、技术手段、方法,保证产品和服务符合质量要求。

(3)质量改进　它是不断了解市场需求,发现问题及其成因,克服不良因素,提高产品质量的过程。质量的改进使组织和顾客都得到更多收益。质量改进,依赖于体系整体素质和管理水平的不断提高。

### 1.1.2.2　戴明质量圆环(Deming circle)

戴明博士最早提出了 PDCA 循环的概念,所以又称其为戴明环(图 1-2)。PDCA 循环是能使任何一项活动有效进行的一种合乎逻辑的工作程序,特别是在质量管理中得到了广泛的应用。P、D、C、A 四个英文字母所代表的意义如下。

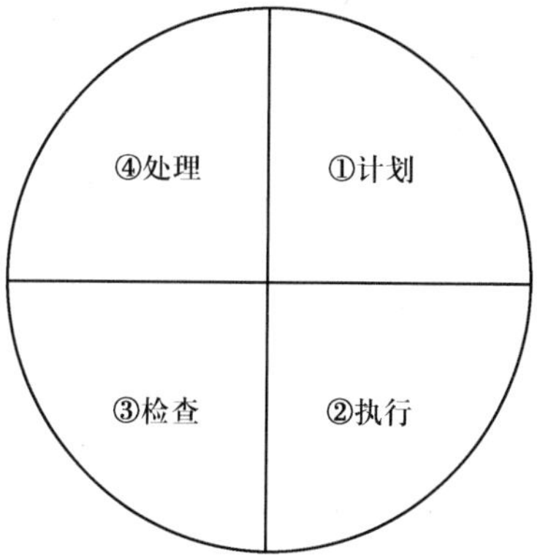

P(Plan)——计划。包括方针和目标的确定以及活动计划的制订。

D(Do)——执行。执行就是具体运作,实现计划中的内容。

C(Check)——检查。就是要总结执行计划的结果,分清哪些对了,哪些错了,明确效果,找出问题。

图 1-2　戴明质量圆环

A(Action)——行动(或处理)。对总结检查的结果进行处理,成功的经验加以肯定,并予以标准化,或制定作业指导书,便于以后工作时遵循;对于失败的教训也要总结,以免重现。对于没有解决的问题,应提给下一个 PDCA 循环中去解决。

该循环强调,PDCA 循环的四个过程不是运行一次就完结,而是周而复始地进行。一个循环结束了,解决了一部分问题,可能还有问题没有解决,或者又出现了新的问题,再进行下一个 PD-CA 循环,依此类推;循环中是大环带小环,类似行星轮系,一个公司或组织的整体运行体系与其内部各子体系的关系,是大环带动小环的有机逻辑组合体;PDCA 循环是阶梯式上升,不是停留在一个水平上的循环,不断解决问题的过程就是水平逐步上升的过程;PDCA 循环中要应用科学的统计观念和处理方法。如在质量管理中广泛应用的直方图、控制图、因果图、排列图、关系图、分层法和统计分析表等 7 种工具。

### 1.1.2.3　桑德霍姆质量循环模型(Sandholm quality circle)

瑞典质量管理学家桑德霍姆用另一种表述方式阐述产品质量的形成规律,提出质量循环图模式。由图 1-3 中可以看出,与朱兰质量螺旋相比,两者的基本组成要件极为相近,但桑德霍姆模型更强调企业内部的质量管理体系与外部环境的联系,特别是和原材料供应单位及用户的联系。食品质量管理与原材料供应和用户(如超市)的质量管理关系极大,因此一些从事食品质量管理的工作人员比较倾向于应用桑德霍姆质量循环模型来解释食品质量的形成规律。桑德霍姆模型还把企业中许多部门列举出来,这些部门与质量形成有关,因而在质量管理和质量改进时应程序性地征求部门的意见和依靠部门支持。

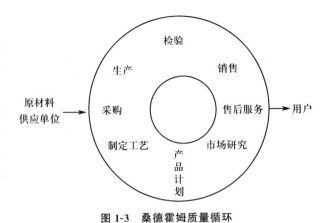

图 1-3　桑德霍姆质量循环

## 1.2　质量管理

质量管理是指在质量方面指挥和控制组织的协调的活动。质量管理包括制定质量方针和质量目标以及质量策划、质量控制、质量保证和质量改进。做好质量管理工作意义重大,从微观上来说,质量是企业赖以生存和发展的保证,是市场的竞争力,是开拓市场的生命线,是形成顾客满意的必要因素;从宏观上来说,质量水平的高低是一个国家经济、科技、教育和管理水平的综合反映。当今世界的经济竞争,取决于一个国家的产品质量和服务质量。

### 1.2.1　有关质量管理的基本概念

质量管理(quality management)的定义是"关于质量的管理"。质量管理可包括制定质量方针和质量目标,以及通过质量策划、质量保证、质量控制和质量改进实现这些质量目标的过程。

质量管理的涵盖面比质量控制要宽泛得多。但是在实践中常被笼统使用,常用"品控""品管"或"品保"等称呼。

该定义中涉及的术语分别定义如下。

(1)质量方针(quality policy)　它是"关于质量的方针"。通常,质量方针与组织的总方针相一致,可以与组织的愿景和使命相一致,并为制定质量目标提供框架。ISO 9000:2015 标准中提出的质量管理原则可以作为制定质量方针的基础。而一个组织的方针(policy)是指由最高管理者正式发布的组织的宗旨和方向。

(2)质量目标(quality objective)　它是"与质量有关的目标"。质量目标通常依据组织的质量方针制定。通常,在组织内的相关职能、层级和过程分别规定质量目标。组织内各部门各人员都应明确自己的职责和质量目标,并为实现该目标而努力。

(3)质量策划(quality planning)　它是"质量管理的一部分,致力于制定质量目标并规定必要的运行过程和相关资源以实现质量目标"。编制质量计划可以是质量策划的一部分。一般,质量策划包括收集、比较顾客的质量要求,向管理层提出有关质量方针和质量目标的建议、从质量和成本两方面评审产品设计、制定质量标准、确定质量控制的组织机构、程序、制度和方法、制定审核原料供应商质量的制度和程序、开展宣传教育和人员培训活动等工作内容。

(4)质量计划(quality plan)　它是"对特定的客体,规定由谁及何时应用所确定的程序和相关资源的规范"。这些程序通常包括所涉及的那些质量管理过程以及产品和服务实现过程。通常,质量计划引用质量手册的部分内容或程序文件。质量计划通常是质量策划的结果之一。

(5)质量保证(quality assurance) 它是"质量管理的一部分,致力于提供质量要求会得到满足的信任"。也就是说,组织应建立有效的质量保证体系,实施全部有计划有系统的活动,能够提供必要的证据(实物质量测定证据和管理证据),从而得到本组织的管理层、用户、第三方(政府主管部门、质量监督部门、消费者协会等)的足够的信任。

质量保证可分为内部质量保证(internal quality assurance)和外部质量保证(external quality assurance)两种类型。内部质量保证取信于本组织的管理层,外部质量保证取信于需方。

(6)质量控制(quality control) 它是"质量管理的一部分,致力于满足质量要求"。质量控制的目的"在于监视过程并排除质量环节所有阶段中导致不满意的原因,以取得经济效益"。质量控制一般采取以下程序:①确定质量控制的计划和标准;②实施质量控制计划和标准;③监视过程和评价结果,发现存在的质量问题及其成因;④排除不良或危害因素,恢复至正常状态。

(7)质量改进(quality improvement) 它是"质量管理的一部分,致力于增强满足质量要求的能力"。质量要求可以是有关任何方面的,如有效性、效率或可追溯性。

质量改进的程序是计划、组织、分析诊断、实施改进,即在组织内制订计划,发现潜在的或现存的质量问题,寻找改进机会,提出改进措施,提高活动的效益和效率。

在此再介绍几个有关体系等其他方面的术语。

(1)体系(系统)(system) 它是"相互关联或相互作用的一组要素"。

(2)管理体系(management system) 它是"组织建立方针和目标以及实现这些目标的过程的相互关联或相互作用的一组要素"。一个管理体系可以针对单一的领域或几个领域,如质量管理、财务管理或环境管理。管理体系要素规定了组织的结构、岗位和职责、策划、运行、方针、惯例、规则、理念、目标,以及实现这些目标的过程。管理体系的范围可能包括整个组织,组织中可被明确识别的职能或可被明确识别的部门,以及跨组织的单一职能或多职能的团队。

(3)质量管理体系(quality management system) 它是"管理体系中关于质量的部分"。

(4)质量手册(quality manual) 它是"组织的质量管理体系的规范"。为了适应组织的规模和复杂程度,质量手册在其详略程度和编排格式方面可以不同。

(5)组织(organization) 它是"为实现目标,由职责、权限和相互关系构成自身职能的一个人或一组人"。组织的概念包括,但不限于代理商、公司、集团、商行、企事业单位、行政机构、合营公司、社团、慈善机构或研究机构,或上述组织的部分或组合,无论是否为法人组织,公有的或私有的。

(6)规范(specification) 它是"阐明要求的文件"。示例:质量手册、质量计划、技术图纸、程序文件、作业指导书。规范可能与活动有关,如程序文件、过程规范和试验规范或与产品有关,如产品规范、性能规范和图样。

## 1.2.2 现代质量管理的发展阶段

管理学是系统研究管理活动的基本规律和一般方法的科学。管理学是适应现代社会化大生产的需要产生的,它研究在现有的条件下,管理者通过执行计划、组织、领导、控制等职能,科学合理地组织和配置人、财、物等因素,实现组织的既定目标,提高生产力的水平。

质量管理学是管理学的一个分支。质量管理学是研究质量形成和实现过程的客观规律的科学。质量管理学的研究范围包括微观质量管理与宏观质量管理。微观质量管理从企业、服务机构的角度，研究组织如何保证和提高产品质量、服务质量。宏观质量管理则从国民经济和全社会的角度，研究政府和社会如何对工厂、企业、服务机构的产品质量、服务质量进行有效的统筹管理和监督控制。

人类历史上自有商品生产以来，就开始了以商品的成品检验为主的质量管理方法。根据历史文献记载，我国早在 2 400 多年以前，就已有了青铜制刀枪武器的质量检验制度。19 世纪以前，产品的生产方式以手工操作为主，产品质量主要依靠操作者本人的技艺水平和经验来保证，属于"操作者的质量管理"。我国至今仍有许多以操作者命名的老字号，如张小泉剪刀，说明操作者技艺和经验确保了产品具有值得信赖的质量，说明这种质量管理方式对于小规模、手工作坊方式、简单产品来说仍然有生命力。19 世纪初随着生产规模的扩大和生产工序的复杂化，操作者的质量管理就越来越不能适应了，质量管理的职能由操作者转移给工长，建立起工长的质量管理，由各工序的工长负责质量检验和把关。我国官窑专设握有重权的检验人员，确保皇上使用的瓷器具有绝对高的质量，稍有瑕疵，一律毁坏。这种质量管理方式都属于事后把关，检查发现并损毁残次品，对生产者来说造成了无可挽回的损失。此阶段的质量管理称为"工长和领班的质量管理"。

第一次世界大战以后，出现了工业化大生产，生产规模迅速扩大，产品复杂程度极大提高，企业管理变得很复杂，从而开创了"现代质量管理时代"。现代质量管理又可分为三个阶段。

### 1.2.2.1　检验员质量管理阶段

检验员质量管理是用标准的测量或检验方法，判断产品质量是否合格的管理。检验员质量管理阶段的代表性人物是美国管理学家 F. W. 泰勒，他是科学管理的创始人，为现代质量管理做出了贡献。泰勒认为，管理是一门建立在明确的法规、条文和原则之上的科学。要达到最高的工作效率就要用科学的、标准化的管理方法代替经验的管理方法。科学管理的根本目的在于通过任务进行管理，提高劳动生产率，提高产品质量，使雇主和雇员都得到利益。20 世纪初，大规模工业化生产开始采用科学的、标准化的管理方法，有了技术标准和公差制度，有各种检验工具和检验技术，企业开始设置专门的检验部门，并把检验从生产中独立出来，直属于厂长领导。正规的企业建立了制定标准、实施标准（生产）、按标准检验的三权分立制度。但是此阶段的质量检验仍然是马后炮，属于事后检验，无法控制产品的质量。武器弹药的质量不能保证，必然引起军方的不满，军工企业开始采用能减少质量波动的新理论和新方法。从此全世界军工企业走在了质量管理学科的最前头。

### 1.2.2.2　统计质量管理阶段

统计质量管理是应用数理统计学的工具处理工业产品质量问题的理论和方法。统计质量管理形成于 20 世纪 20 年代，完善于第二次世界大战时。此时的代表性人物是休哈特（W. A. Shewhart）博士，1924 年休哈特在美国贝尔电话实验所建立了以数理统计理论为基础的统计质量控制。他提出使用质量管制图，即休哈特控制图，作为质量管理的重要工具。休哈特控制图是一种有控制界限的图，可用来区别和确定引起质量波动的原因是偶然性的还是系统性的，从而判断生产过程是否处于受控状态。统计质量管理把数理统计方法应用于质量管理，建立了抽样检验法，把全数检验改为抽样检验，并且制订了公差标准，保证了批量产品在质量上的一致性和互换性。统计质量管理的主要特点是:事先控制,预防为主和防检结合。统计质量管理保证了规模工业生产产品的质量,对制造业的发展起了巨大的推动作用,做出了历史性的贡献,促进了工业特别是军事工业的发展。美国军方对休哈特控制图和数理统计法最感兴趣,成立了专门委员会,制定了推广规划,公布了质量管理标准,极大地提高了武器弹药的质量。统计质量管理也存在缺点,它只专注于生产过程和产品的质量控制,没有考虑到影响质量的全部因素。

### 1.2.2.3　全面质量管理阶段

全面质量管理(total quality management,TQM),是一个组织以质量为中心,以全员参与为基础,目的在于通过顾客满意和本组织所有成员及社会受益而达到长期成功的管理途径。有三个社会原因促成统计质量管理向着全面质量管理过渡。第一个原因是,20 世纪 50 年代以来,社会生产力的迅速发展,科学技术日新月异,工业生产技术手段越来越现代化,工业产品更新换代日益频繁,出现了许多大型产品和复杂的系统工程,对这些大型产品和系统工程的质量要求大大提高了,特别对产品的安全性、可靠性、耐用性、维修性和经济性等质量要素提出了空前要求。第二个原因是,随着工人文化知识和技术水平的提高,以及工会运动的兴起,在管理理论上有了新的发展,突出了重视人的因素,调动人的积极性,强调依靠企业全体人员的努力来保证质量,提出了"工业民主""参与管理""共同决策""目标管理"等新观念。在质量管理中出现了质量管理小组和质量提案制度,使质量管理从过去仅限于技术、检验等少数人的管理逐步走向多数人参与的管理活动。第三个原因是,在市场激烈竞争下,广大消费者成立了各种消费者组织,出现了"保护消费者利益"的运动,要求制造者提供的产品不仅性能符合质量标准规定,而且要保证在产品售后的正常使用期限中,使用效果良好、可靠、安全、经济、不出质量问题。消费者迫使政府制定法律,制止企业生产和销售质量低劣、影响安全、危害健康的产品,要求提供伪劣产品的企业承担法律责任和经济责任。由此提出了质量保证和质量责任的理念,要求企业建立贯穿于全过程的质量保证体系,把质量管理工作的目标转移到质量保证上来。

全面质量管理阶段的代表性领军人物是美国的费根堡姆(Armand Vallin Feigenbaum)。他是通用电气公司全球生产运作和质量控制主管,是全面质量管理的创始人。他主张用系统的全面的方法进行质量管理,在质量管理过程中要求所有职能部门都参与,而不是仅局限于生产部门。要求在产品形成的早期就建立质量的控制,而不是在既成事实后再做质量的检验和控制。他定义全面质量管理为"一个协调组织中人们的质量保持和质量改进努力的有效体系,该体系是为了用最经济的水平生产出客户完全满意的产品。"用通俗的话来说,全面质量管理是"一个组织以质量为中心,以全员参与为基础,目的在于通过让顾客满意和本组织所有成员及社会受益而达到长期成功的管理途径"。我国质量管理协会也给以相近的定义:"企业全体职工及有关部门同心协力,综合运用管理技术、专业技术和科学方法,经济地开发、研制、生产和销售用户满意产品的管理活动"。

全面质量管理有以下特点:①全面质量管理是研究质量、维持质量和改进质量的有效体系和管理途径,不是单纯的专业的管理方法或技术。②全面质量管理是市场经济的产物,以质量第一和用户第一为指导思想,以顾客满意作为经营者对产品和服务质量的最终要求,把对市场和用户的适用性标准取代了原先的符合性标准。③全面质量管理以全员参与为基础。质量管理涉及5大因素,人(操作者)、机(机器设备)、料(原料、材料)、法(工艺和方法)和环(生产环境)。人的工作质量是一切过程质量的保证。企业必须有一个高素质的管理核心和一支高素质的职工队伍,通过系统的质量教育和培训,树立质量第一和用户第一的质量意识,同心协力,开展各项质量活动。④全面质量管理的经济性就体现在兼顾用户、本组织成员及社会三方面的利益。全面质量管理强调在最经济的水平上为用户提供满足其需要的产品和服务,在使顾客受益的同时本组织成员及社会方面的利益都得到关照。⑤全面质量管理学说只是提出了一般的理论,各国在实施全面质量管理时应根据本国的实际情况,考虑本民族的文化特色,提出实用的可操作性的具体方法,逐步推广实施。

### 1.2.3　我国制造业质量管理的发展历程

我国制造业质量管理水平是随着我国政治、经济、社会、文化等的发展而提高的,可分为三个阶段。

(1)质量管理1.0阶段　质量管理起步阶段,时间从新中国成立到1978年止,历时约30年。制造业及其质量管理蹒跚起步,我国制造业质量工作者在推广检验质量管理和统计质量管理上做了巨大努力。也曾创造性地提出和实际应用了"两参一改三结合"即,实行干部参加劳动,工人参加管理,改革不合理的规章制度,工人群众、领导干部和技术员三结合的管理办法,即所谓"鞍钢宪法"。1960年3月,毛泽东同志对鞍山市委递交的相关报告做了大段批示,以苏联经济为鉴戒,对我国社会主义企业的管理工作做了科学的总结。其中高兴地写道:"鞍钢宪法"在远东,在中国出现了。"两参一改三结合"对质量管理做出了突出贡献,国际知名质量管理专家石川馨先生说:日本的QC小组实际上借鉴了"鞍钢宪法"中工人参加管理这一原则;美国麻省理工学院管理学教授L·托马斯明确指出:"鞍钢宪法"是全面质量管理和"团队合作"理论的精髓,它弘扬的"经济民主"正是增进企业效率的关键之一。由于当时的生产力等因素,总体上我国的质量管理水平较低,产品质量较差,但在计划经济和短缺经济条件下,产品还是能销售出去。

(2)质量管理2.0阶段　质量管理提高阶段,时间从1978年改革开放到2008年我国成为世界第一制造业大国止,历时约30年。改革开放以来我国经济增长是以制造业为基础的。没有1978年改革开放,就没有制造业的大发展,就没有质量和质量管理的大发展。1978年我国开始引进和学习日本、联邦德国和美国等国的技术装备和质量管理制度。1986年我国开始向市场经济过渡,引入了竞争,中国企业开始懂得没有质量就没有资格参与市场竞争,就没有市场。1993年开始,卖方市场变成了买方市场,质量和质量管理更加受到企业的重视。2001年中国加入了世界贸易组织,这对中国的质量和质量管理产生了巨大的推动力,全面质量管理制度得到大力推广。到2008年我国成为世界第一制造业大国,中国制造业产值占全球制造业总值的比例达到约1/5,在500余种主要工业产品中有2/5产品是我国产量第一。在此阶段,我国的质量工作也有了巨大进步:①广大企业依靠技术进步,改善技术装备水平,加强管理,推行全面质量管理制度;②加强规章制度和职业道德建设,普遍开展质量宣传教育,全民质量意识和职工素质有了较大提高;③质量法律、法规不断完善,质量工作逐步走上法制轨道,促使企业提高质量的外部环境逐渐形成;④国家制定实施了一系列政策措施,初步形成了中国特色的质量发展之路。

（3）质量管理 3.0 阶段　质量管理攻坚阶段，时间从 2008 年开始预计到 2025 年，将历时约 20 年。我国政府和制造业界清醒地认识到，制造业大国并不等于是制造业强国，我国大多数制造产业并未占据技术制高点，在全球价值链分工中处于低端，质量管理的基础还很薄弱，质量水平的提高仍然滞后于经济发展，片面追求发展速度和数量，忽视发展质量和效益的现象依然存在，质量安全特别是食品安全事故时有发生，必须采取切实措施，夯实质量基础，培育拥有核心竞争力的优势企业，培育一批质量水平一流的现代企业和产业集群，力争达到质量管理的中高端水平，步入制造业强国的行列。

### 1.2.4　我国政府实施"质量兴国强国"政策

质量问题是经济发展中的一个战略问题。质量问题关系可持续发展，关系人民群众切身利益，关系国家形象。"中国制造"，创新是灵魂，质量是生命。质量反映一个国家的综合实力，是制造实力的综合反映，是竞争能力的核心要素，是国家强盛的关键内核；既是科技创新、资源配置、劳动者素质等因素的集成，又是法治环境、文化教育、诚信建设等方面的综合反映。质量发展是兴国之道、强国之策。必须尽快提高我国的产品质量、工程质量和服务质量水平，满足人民生活水平日益提高和社会不断发展的需要，增强竞争能力，促进我国国民经济和社会的发展。

党和国家高度重视质量、质量管理和国民经济的高质量发展。习近平同志对高质量发展进行了深刻论述，2014 年指出："推动中国制造向中国创造转变、中国速度向中国质量转变、中国产品向中国品牌转变。"2017 年在中央经济工作会议上指出："中国特色社会主义进入了新时代，我国经济发展也进入了新时代，基本特征就是我国经济已由高速增长阶段转向高质量发展阶段。推动高质量发展，是保持经济持续健康发展的必然要求，是适应我国社会主要矛盾变化和全面建成小康社会、全面建设社会主义现代化国家的必然要求，是遵循经济规律发展的必然要求。推动高质量发展是当前和今后一个时期确定发展思路、制定经济政策、实施宏观调控的根本要求，必须加快形成推动高质量发展的指标体系、政策体系、标准体系、统计体系、绩效评价、政绩考核，创建和完善制度环境，推动我国经济在实现高质量发展上不断取得新进展。"2020 年再次强调："要坚持不懈推动高质量发展，加快转变经济发展方式，加快产业转型升级，加快新旧动能转换，推动经济发展实现量的合理增长和质的稳步提升。"2022 年 10 月 16 日在中国共产党第二十次全国代表大会的报告中又深刻阐述了"加快构建新发展格局，着力推动高质量发展"，指出高质量发展是全面建设社会主义现代化国家的首要任务，要加快建设制造强国、质量强国、航天强国、交通强国、网络强国、数字中国。

20 世纪 80 年代，邓小平同志在会见日本生产性高级经营访华团时说："管理也是一门科学，是更带有综合性的科学，我们这方面太差了。在科学技术方面要向你们学习，企业管理方面更需要向你们学习，这比做生意还重要。目前，我们最缺乏的就是你们生产经营管理的经验，在这方面，你们的经验介绍对我们的帮助很大。"1996 年我国发布了《质量振兴纲要（1996—2010 年）》，提出了奋斗目标：从根本上提高我国主要产业的整体素质和企业的质量管理水平，力争我国的产品质量、工程质量和服务质量跃上一个新台阶。2012 年国务院发布了《质量发展纲要（2011—2020 年）》，提出了建设质量强国的发展目标。

2015 年国务院发布了《中国制造 2025》,为中国制造业未来 10 年设计了顶层规划和路线图,以智能制造为主导,推动产业结构迈向中高端,坚持创新驱动、智能转型、强化基础、绿色发展,实现三大转变(中国制造向中国创造、中国速度向中国质量、中国产品向中国品牌),力争中国到 2025 年基本实现工业化,迈入制造强国行列。在所列的 8 项战略对策中有一项是提升产品质量。

政策法规的制定对有关会议精神和规划的落实起到了决定性作用。1980 年原国家经委颁布了《工业企业全面质量管理暂行办法》。1986 年国务院颁布了《工业产品责任条例》,产品的生产企业必须保证产品质量符合国家的有关法规、质量标准以及合同规定的要求,产品的生产企业必须建立严密、协调、有效的质量保证体系,要明确规定产品的质量责任。1988 年全国人大通过了《全民所有制工业企业法》,规定厂长对产品质量负最终的责任。1986 年原国家经委制定了《国家监督抽查产品质量的若干规定》。1991 年国务院颁布《产品质量认证管理条例》,其后据此成立了国家认证认可监督管理委员会。1993 年全国人大常委会通过了《产品质量法》,在 2000 年又进行了修订,这是我国有关质量的大法。2005 年国务院颁布了《工业产品生产许可证管理条例》,规定国家对生产重要工业产品的企业实行生产许可证制度,其中包括乳制品、肉制品、饮料、米、面、食用油、酒类等直接关系人体健康的加工食品。2010 年我国发布轻工行业标准《食品工业企业诚信管理体系(CMS)建立及实施通用要求》。2010 年国家质检总局发布《工业产品生产许可证管理条例实施办法》,2014 年该《办法》被修订。

在质量管理机构设置方面,1982 年在原国家经委内设立了质量局,1986 年成立了国家技术监督局,1996 年更名为质量技术监督局,2001 年与进出口商检局合并组建了国家质量监督检验检疫总局,简称国家质检总局。2018 年 3 月,根据第十三届全国人民代表大会第一次会议批准的国务院机构改革方案,将国家工商行政管理总局的职责,国家质量监督检验检疫总局的职责,国家食品药品监督管理总局的职责,国家发展和改革委员会的价格监督检查与反垄断执法职责,商务部的经营者集中反垄断执法以及国务院反垄断委员会办公室等职责整合,组建国家市场监督管理总局,作为国务院直属机构。在其职责中负责宏观质量管理、产品质量安全监督管理、食品安全监督管理综合协调和食品安全监督管理等。

## 1.3 企业质量管理

企业质量管理是在生产全过程中对质量职能和活动进行管理。企业质量管理包括质量管理的基础工作、论证和决策阶段的质量管理、产品开发设计阶段的质量管理、生产制造阶段的质量管理、产品销售和售后服务阶段的质量管理。

### 1.3.1 企业质量管理的基础工作

企业要树立符合市场经济规律的科学质量观。牢固树立"质量第一"的观念,增强竞争意识、风险意识和法制意识,主动面向市场,接受用户、社会和政府的监督。企业质量管理基础工作包括建立质量责任制、建立全面科学的质量管理制度、开展标准化工作、开展质量培训工作、开展计量管理工作、开展质量信息管理工作和承担社会责任工作等。

(1)建立质量责任制 企业应落实质量主体责任,坚持企业经营管理者抓质量,明确企业法定代表人或主要负责人对质量安全负首要责任,企业质量主管人员对质量安全负直接责任。厂长(经理)要负责组织制定企业质量管理目标,组织建立企业质量体系并使其有效运行。建立企业质量安全控制关键岗位责任制,厂长(经理)应将质量活动分配到各部门,各部门制定各自的质量职责,并对相关部门提出质量要求,经协调后明确部门的质量职能。部门则要将质量任务、责任分配到每个员工,做到人人有明确的任务和职责,事事有人负责。建立质量责任制应体现责权利三者统一,与经济利益挂钩;要科学、合理、定量化、具体化,便于考核和追究责任。部门和个人在本能上都是趋利避责的,因此,应公平公正地处理各部门和个人的关系,责权对等,特别要明确部门之间结合部的职能关系,避免推诿扯皮。

(2)建立全面科学的质量管理制度　企业应按照《质量管理和质量保证》国家标准及其他国际通行的先进管理标准,结合实际,推行全面质量管理,建立健全质量体系,推广应用各种科学的管理手段和方法,加强企业现场管理。建立企业岗位质量规范与质量考核制度,实行以"质量安全一票否决"为核心的收入与质量挂钩制度,将考核结果作为提升、晋级、奖励或者处罚职工的重要依据。企业应建立重大质量事故报告及应急处理制度,建立产品质量追溯体系,建立质量担保责任及缺陷产品召回制度。企业应建立和完善鼓励质量改进的激励制度,开展群众性质量管理活动和合理化建议活动。

(3)开展标准化工作　企业的标准化工作应以提高企业经济效益为中心,以生产、技术、经营、管理的全过程为内容,以制定和贯彻标准为手段的活动。企业必须严格执行国家强制性标准。严格按标准组织生产,没有标准不得进行生产。有条件的企业,应参照国际先进标准,制定具有竞争能力的,高于现行国家、行业标准的企业内控标准。

(4)开展质量培训工作　质量培训工作就是对全员职工进行增强质量意识的教育、质量管理基本知识的教育以及专门技术和劳动技能的教育。企业应设置分管教育培训的机构,应有专职师资队伍或委托高等院校、专门机构教师进行此项工作。企业应制订企业教育培训计划,定期和不定期地开展教育工作,建立员工的教育培训档案,制定必要的管理制度和工作程序。

(5)开展质量信息管理工作　质量信息管理是企业质量管理的重要组成部分,主要工作是对质量信息进行收集、整理、分析、反馈、存贮。企业应建立与其生产规模相适应的专职机构,配备专职人员,配备数字化信息管理设备,建立企业的质量信息系统(quality informationsystem,QIS)。QIS是收集、整理、分析、报告、贮存信息的组织体系,把有关质量决策、指令、执行情况及时正确地传递到一定等级的部门,为质量决策、企业内部质量考核、企业外部质量保证提供依据。质量信息主要包括:质量体系文件、设计质量信息、采购质量信息、工序质量信息、产品验证信息、市场质量信息等。

(6)开展诚信管理体系和社会责任工作　企业要建立诚信教育机制、诚信因素识别机制、体系运行机制、征信评价机制、自查自纠改进机制和失信惩戒公示机制。企业要强化诚信自律,践行质量承诺,在生产经营、产品供应、广告宣传和服务等活动中充分考虑诚信因素,要定期发布社会责任报告,树立企业质量信誉。企业要积极承担对员工、消费者、投资者、合作方、社区和环境等利益相关方的社会责任,把确保质量安全、促进可持续发展作为企业的基本社会责任。

### 1.3.2　产品质量形成过程的质量管理

按照朱兰的质量螺旋模型,产品质量形成过程包括市场研究、产品计划、设计、制定产品规格、制定工艺、采购、仪器仪表配置、生产、工序控制、检验、测试、销售、售后服务等质量职能,因此可归纳为以下 4 个阶段:可行性论证和决策阶段、产品开发设计阶段、生产制造阶段、产品销售和使用阶段。必须明确每个阶段质量控制的基本任务和主要环节。

(1)可行性论证和决策阶段的质量管理　在新产品开发以前,产品开发部门必须做好市场调研工作,广泛收集市场信息(需求信息、同类产品信息、市场竞争信息、市场环境信息、国际市场信息等),深入进行市场调查,认真分析国家和地方的产业政策、产品技术、产品质量、产品价格等因素及其相互关系,形成产品开发建议书,包括开发目的、市场调查、市场预测、技术分析、产品构思、预计规模、销售对象、经济效益分析等,供决策机构决策。高层决策机构应召集有关技术、管理、营销人员对产品开发建议书进行讨论,按科学程序做出决策,提出意见。决策部门确定了开发意向以后,可责令开发部门补充完整,形成可行性论证报告。决策机构在广泛征求企业内部意见的基础上,还可邀请高等院校、科研院所、政府、商界、金融界专家对可行性论证报告进行讨论,使之更加完善、科学和符合实际,利于做出正确果断的决策。接着决策机构向产品开发部门下达产品开发设计任务。

可行性论证和决策阶段质量管理的任务是通过市场研究,明确顾客对质量的需求,并将其转化为产品构思,形成产品的"概念质量",确定产品的功能参数。

(2)产品开发设计阶段的质量管理　整个产品设计开发阶段包括设计阶段(初步设计、技术设计、工作图设计)、试制阶段(产品试制、试制产品鉴定)、改进设计阶段、小批试制阶段(小批生产试验、小批样鉴定、试销售)、批量生产阶段(产品定型、批量生产)、使用阶段(销售和用户服务)。

开发部门应根据新产品开发任务书制订开发设计质量计划,明确开发设计的质量目标,严格按工作程序开展工作和管理,明确质量工作环节,严格进行设计评审,及时发现问题和改正设计中存在的缺陷。同时应加强开发设计过程的质量信息管理,积累基础性资料。

企业领导应在开发设计的适当的关键阶段(如初步设计、技术设计、试制、小批试制、批量生产),组织有关职能部门的代表对开发设计进行评审。开发设计评审是控制开发设计质量的作业活动,是重要的早期报警措施。评审内容包括设计是否满足质量要求,是否贯彻执行有关法规标准,并与同类产品的质量进行比较。

产品开发设计阶段质量管理的任务是把产品的概念质量转化为规范质量,即通过设计、试制、小批试制、批量生产、使用,把设计中形成技术文件的功能参数定型为规范质量。

(3)生产制造阶段的质量管理　生产制造阶段是指从原材料进厂到形成最终产品的整个过程,生产制造阶段包括工艺准备和加工制造两个内容,是质量形成的核心和关键。工艺准备是根据产品开发设计成果和预期的生产规模,确定生产工艺路线、流程、方法、设备、仪器、辅助设备、工具,培训操作人员和检验人员,初步核算工时定额和材料消耗定额、能源消耗定额,制定质量记录表格、质量控制文件与质量检验规范。

加工制造过程中生产部门必须贯彻和完善质量控制计划,确定关键工序、部位和环节,严肃工艺纪律;做好物资供应和设备保障;设置工序质量控制点,建立工序质量文件,加强质量信息沟通;落实检验制度;加强考核评比。此阶段质量管理的主要环节是制定生产质量控制计划、工序能力验证、采购质量控制、售后服务质量管理。

(4)产品销售和使用阶段的质量管理　产品销售和使用过程的质量管理是企业质量管理工作的继续。通过对用户的访问和技术服务工作,收集用户的评价和意见,了解本企业产品存在的缺陷和问题,及时反馈,研究和改进产品质量,积极开展售后技术服务工作。

### 1.3.3　企业质量管理的方法

#### 1.3.3.1　质量管理小组活动

质量管理小组(quality control circle,QCC),我国简称 QC 小组,是企业员工行政组合或自愿结合的开展质量管理活动的组织形式,是企业推进质量管理的基础的支柱之一。质量管理小组最早起源于日本,20 世纪 70 年代引入我国。通过这种组织形式可以提高企业员工的素质,提高企业的管理水平,提高产品质量,提高企业的经济效益。质量管理小组应有工人、技术人员、管理人员参加,每小组 3～10 人为宜,按部门或跨相邻部门组建。

质量管理小组的主要任务有:①学习质量管理的理论和方法,增强质量意识,树立质量第一、用户第一、全员参与、系统控制、预防为主的观念。②开展关键工序质量控制,通过加强管理和技术革新,提高产品的质量水平和稳定性。③开展技术和质量攻关,解决生产中的重大技术质量问题。④开展质量经济分析,减少质量损失,提高企业经济效益。

在活动中,要做到"四个结合",即与行政班组和工会小组相结合、与创建精神文明和学习型企业活动相结合、与企业经营战略和方针目标相结合、与 ISO 9000 标准和质量管理相结合。使质量管理小组活动真正成为领导重视,全员参与的质量管理活动。

质量管理小组活动应经常持久,生动活泼,讲究实效。企业对在质量管理中取得成绩的优秀质量管理小组应给予适应的奖励。

#### 1.3.3.2　质量目标管理

目标管理(management by objective)是企业把它的目的和任务转化为目标,各级主管人员必须通过目标对下级进行领导并以此来保证企业总目标的实现。每个主管人员或员工的分目标就是企业总目标对他的要求,也是他对企业总目标的贡献,还是主管人员对下级进行考核和奖励的依据。在目标实施阶段,应充分信任下属人员,实行权力下放和民主协商,使下属人员发挥其主动性和创造性。质量目标管理是企业管理者和员工共同努力,通过自我管理的形式,为实现由管理者和员工共同参与制定的质量总目标的一种管理制度和形式。开展质量目标管理有利于提高企业包括管理者在内的各类人员的主人翁意识和自我管理、自我约束的积极性,提高企业的质量管理水平和总体素质,提高企业的经济效益。

开展质量目标管理的程序如下。

(1)制订企业质量总目标　企业管理者和员工在学习国际国内同类产品质量先进水平的基础上,制订一年或若干年的质量工作目标,此目标必须具有先进性、科学性、可行性、可操作性、具体化、数量化。

(2)分解企业质量总目标　根据企业质量总目标制订部门、班组、人员的目标,明确它们的责任和指标,最后以文字形式固定在质量责任制、业绩考核制、经济责任制中。任务和指标必须数量化、具体化、可操作性、可考核性。

（3）实施企业质量总目标　建立质量目标管理体系，运用质量管理的方法，有计划有组织地实施质量总目标和分目标。

（4）评价考核企业质量总目标　通过定期检查、考核、奖惩等方法对企业、部门和个人的实施质量目标的情况进行评价。

### 1.3.3.3　PDCA 循环

PDCA 循环即用戴明提出的工作循环模式来推动企业的质量管理工作。推行 PDCA 循环有助于发现和克服影响产品质量的因素，提高产品质量和服务质量，提高企业的质量管理水平和企业的经济效益。

在计划阶段（plan，P），分析产品和服务中存在的主要的质量问题，发现与国内外同类产品的质量差距，分析质量问题和差距的形成因素，发现诸因素中的主要影响因素，制订质量目标计划，确定措施和办法。

在执行阶段（do，D）：实施质量目标计划，努力实现设计质量。

在检查阶段（check，C）：检查验收计划执行情况和效果。

在处理阶段（action，A）：在检查验收的基础上，把有效的措施以文件形式固定到原有的操作标准和规范中去。尚未解决的问题，用新一轮的戴明循环法解决。

### 1.3.3.4　5S 管理

5S 管理起源于日本，指的是在生产现场中对人员、机器、材料、方法等生产要素进行有效管理，是日式企业独特的一种管理方法。所谓 5S 即，整理（seiri）：区分必需品和非必需品，生产现场不放置非必需品；整顿（seiton）：将寻找必需品的时间减少为零；清扫（seiso）：将岗位保持在无垃圾、无灰尘、干净整洁的状态；清洁（seiketsu）：将整理、整顿、清扫进行到底，并且制度化、公开化、透明化；修养（shitsuke）：严守标准、要有团队精神。对于规定了的事，大家都要遵守执行。推行 5S 的目的和作用就是改善和提高企业形象；促成效率的提高；改善零件在库周转率；减少直至消除故障，保障品质；保障企业安全生产；降低生产成本；改善员工精神面貌，使组织活力化；缩短作业周期，确保交货期等。

### 1.3.3.5　精益质量管理

精益质量管理就是在对关键质量数据的定量化分析基础上，综合运用多种知识和方法，对关键质量指标持续系统改进，追求达到卓越标准，如 $6\sigma$ 标准（零缺陷质量管理），实现显著提高企业质量绩效及经营绩效的目的。精益质量管理是企业提高经营绩效的重要战略。精益质量管理的模式，又称五大法宝，即员工职业化、生产系统化、工序标准化、度量精细化、改进持续化。

## 1.4　食品质量与安全管理

发展食品工业是我国经济发展的一大战略。食品工业是人类的生命产业，是一个最古老而又朝阳的产业。我国食品工业是最早改革开放的行业，也是民营经济占比最大的行业。2014 年我国 GDP 63 万亿元人民币，其中，全国规模以上食品工业企业实现主营业务收入

10.89 万亿元,占整个国家 GDP 的六分之一;实现利润总额 7 581 亿元,上缴税金总额 9 242 亿元。食品产业链很长,包括农业领域的食用农产品生产、工业领域的食品加工、服务领域的食品物流和餐饮业。食品的相关行业还包括食品的包装材料和容器、食品生产经营的工具、设备、食品的洗涤剂、消毒剂等。我国有 13 亿人口,应当也必将成为食品工业的大国和强国。

### 1.4.1 食品质量与安全管理的特点

食品质量是食品的固有特性满足要求的程度。食品质量特性包括食品安全性、感官性、营养性、功能性、贮藏性、经济性等。众所周知,食品安全性是食品质量的核心。1996 年世界卫生组织在《加强国家级食品安全性指南》中规定,食品安全性是对食品按其用途进行制作或食用时不会使消费者受害的一种担保。我国《食品安全法》也规定,食品安全是指食品无毒、无害,符合应当有的营养要求,对人体健康不造成任何急性、亚急性或者慢性危害。食品是一种对人类健康有着密切关系的特殊有形产品,它既符合一般有形产品质量特性和质量管理的特征,又具有其独有的特殊性和重要性。因此食品质量和安全管理也有一定的特殊性。

(1)在有形产品质量特性中安全性必须放在首位　食品安全是食品质量的核心,必须始终放在质量管理的首要位置。一个食品产品其他质量特性再好,只要安全性不过关,就丧失了作为产品和商品存在的价值。

(2)食品质量与安全管理具有广泛性　食品质量和安全管理在空间上包括田间、原料运输、原料贮存车间、生产车间、成品贮存库房、运载车辆、超市或商店、运输车辆、冰箱、再加工、餐桌等环节的各种环境。食品安全问题贯穿于食品原料的生产、采集、加工、包装、储藏运输和食用等各个环节,每个环节都可能存在安全隐患,而且在生产加工环节的接缝处最容易疏于监管,出现严重食品安全事故。因此必须树立和建立源头管理、食品生产全程无缝隙监管及可追溯管理的理念和方法。

(3)食品质量与安全具有风险可预测性　食品原料包括植物、动物、微生物等,食品原料的化学组成及微生物种类和数量又受产地、品种、季节、采收期、生产条件、环境条件的影响,食品加工的环境、装备、工艺更是十分复杂、多样。但是用科学的眼光看,这些因素都可以被归结为生物性、化学性和物理性因素。科学技术发展到今天,我们可以对食品的主要危害和安全风险进行监测和评估。

(4)食品质量与安全是个系统工程　食品生产涉及种植业、养殖业、加工制造业、物流业、零售业、餐饮业等行业,涉及生物学、微生物学、农学、园艺学、畜牧兽医学、工程学、商学、贸易学、医学、公共安全学等学科。因此,由单一部门对食品安全进行监管是绝对不可能做好的事情,必须建立责任明确和高效率的食品安全监管体系,并辅之以食品安全支持体系和食品安全过程控制体系。

(5)食品质量与安全是世界性问题　食品安全是全世界必须面对的共同问题,并非中国所独有,无论是有意的,还是无意的,在世界范围内均有出现。如二噁英污染畜禽类产品及乳制品事件,"疯牛病"事件以及"三聚氰胺"事件,还有广泛存在的农药残留、兽药残留等污染。在全球化的今天,往往一个国家发生食品质量与安全事故,会迅速波及全世界。

(6)食品质量与安全是公共安全问题　不管是中国还是外国,重大的食品质量与安全事故几乎都会演变成重大社会公共事故，引起社会震荡，甚至酿成政治问题，造成政府更替。如1999年比利时鸡饲料被工业用油严重污染，鸡脂肪中二噁英含量超标140倍，欧盟、北美对比利时实行禁运，比利时经济增长下降0.2个百分点，导致比利时内阁集体辞职。

### 1.4.2　食品质量与安全管理的地位和作用

食品质量和安全是重大的民生问题、经济问题和政治问题。加强食品质量和安全管理是人民安居乐业、社会安定有序、国家长治久安的需要，是广大人民群众的最重大的民生需要。随着我国人民生活水平的提高，对食品的要求进一步向安全、卫生、营养、快捷等方面发展。食品质量和安全管理牵涉到人民的消费安全，牵涉到人民的物质和文化生活水平，牵涉到全民健康水平。

加强食品质量和安全管理是经济发展的需要。我国正处在经济和社会发展的重要时期，处在经济结构战略性调整的重要时期。国民经济的良好发展，经济结构的战略调整，离不开工业、农业、服务业质量的提高。我们应把食品质量与安全及管理的重要性放在国民经济发展的全局中来考虑，使其成为保障经济发展的基础、带动经济持续健康发展的动力。

加强食品质量和安全管理是传统农业向现代农业转变的需要。抓好农产品和食品质量安全，是农业转方式调结构的关键环节，是农业增效、农民增收的主要途径。我国农业和农村经济结构的调整必须走农业按市场需求生产优质的农产品的道路，所谓优质农产品就是符合质量安全标准的适于加工或食用的农产品。我国农业的产业化和现代化离不开食品质量和安全管理。2015年中央一号文件《关于加大改革创新力度加快农业现代化建设的若干意见》强调，必须提升农产品质量和食品安全水平，加强农产品质量和食品安全监管能力建设，严格农业投入品管理，大力推进农业标准化生产，建立全程可追溯、互联共享的农产品质量和食品安全信息平台，严惩各类食品安全违法犯罪行为，提高群众安全感和满意度。

加强食品质量与安全管理是制造业进化的需要。食品质量与安全是食品工业赖以生存和发展的前提。我国食品工业结构优化升级的指导思想是以市场为导向，以技术进步为支撑，以提高产品质量为核心。食品工业是传统产业，正处于制造业升级的潮流之中，从传统产业到自主创新产业，从粗放型到节约型，从汗水型到智慧型，从劳动力密集型到技术密集型，从市场竞争型到质量竞争型，都要注重质量管理。

国内外食品贸易的增长离不开食品质量与安全的监督管理。食品质量和安全管理与食品的国际贸易关系极大，加强食品质量和安全管理是出口型食品企业生存和发展的需要。食品出口企业应按国际通用标准或出口对象国的要求生产高质量的产品。提高我们的检测检验水平，提供有力的质量保证，也有利于推动食品的出口。

### 1.4.3　食品质量与安全管理的主要研究内容

食品质量与安全管理主要包括以下研究方向：质量管理的基本理论和基本方法，食品质量管理的法规与标准，食品质量与安全的控制和可追溯体系，食品质量和安全的检验制度和方法等。

#### 1.4.3.1　质量管理的基本理论和基本方法

质量管理基本理论和基本方法主要研究质量管理的普遍规律、基本任务和基本性质，如质量战略、质量意识、质量文化、质量形成规律、企业质量管理的职能和方法、数学方法和工具、质量成本管理的规律和方法等。质量战略和质量意识研究的任务是探索适应经济全球化和智能时代的现代质量管理理念,推动质量管理上一个新的台阶。企业质量管理重点研究的是综合世界各国先进的管理模式,提出适合各主要行业的行之有效的规范化管理模式。数学方法和工具的研究集中于超严质量管理控制图的设计方面。质量成本管理研究的发展趋势是把顾客满意度理论和质量成本管理结合起来,推行综合的质量经济管理新概念。学习质量管理的基本理论和基本方法时应理论联系实际,掌握各自的应用范围。

### 1.4.3.2 食品质量管理的法规与标准

食品质量管理的法规与标准是保障人民健康的生命线,是各行各业生产和贸易的生命线,是企业行为的依据和准绳,因而食品质量和安全法规与标准的研究受到特别的重视。世界各国政府已经认识到,在经济全球化时代,食品质量和安全管理必须走标准化、法制化、规范化管理的道路。国际组织和各国政府制定了各种法规和标准,旨在保障消费者的安全和合法利益,规范企业的生产行为,防止出现疯牛病、三聚氰胺等恶性事件,促进企业的有序公平竞争,推动世界各国的正常贸易,避免不合理的贸易壁垒。食品质量和安全法规与标准有国际组织的、世界各国的和我国的三个主要部分。国际组织和发达国家的食品质量和安全法规与标准是我国法律工作者在制定我国法规与标准时的重要参考和学习对象。为适应国民经济发展,民生要求和国际贸易的新形势,我国正在大幅度地制定新的法规标准和修订原有的法规标准,这就要求企业和学术界紧跟形势,重新学习,深入研究。

### 1.4.3.3 食品质量与安全的控制和可追溯体系

食品质量与安全管理是一个系统工程,一般可分为食品质量与安全监管体系、食品质量与安全支持体系和食品质量与安全过程控制体系等子系统。监管体系包括机构设置和责任等;支持体系包括食品安全法律法规体系、安全标准体系、认证体系、检验检测体系、信息交流和服务体系、科技支持体系及突发事件应急反应机制等;过程控制体系包括农业良好生产规范(GAP)、加工良好生产规范(GMP)、危害分析与关键控制点(HACCP)系统以及食品安全可追溯体系。

### 1.4.3.4 食品质量和安全的检验制度和方法

食品质量和安全检验是食品质量控制的必要的基础工作和重要的组成部分,是保证食品卫生与安全和营养风味品质的重要手段,也是食品生产过程质量控制的重要环节。食品质量和安全检验主要研究:质量检验机构和制度,根据法规标准确定必需的检验项目,选择规范化的切合实际需要的采样和检验方法,根据检验结果做出科学合理的判定等。

### 1.4.4 我国食品质量和安全管理工作的展望

(1)食品质量和安全管理更加受到高度关注 "民以食为天",食品安全是重大的民生问题。食品质量和安全管理关键是政府和企业,政府是监管主体,企业是责任主体。党的十八大以来,习近平总书记高度重视人民健康安全,在不同场合多次强调保障食品安全、药品安全等的重要性,发表了一系列关于保障人民健康安全的重要论述。指出:"加强食品安全监管,关系全国 13 亿多人'舌尖上的安全',关系广大人民群众身体健康和生命安全。要严字当头,严谨标准、严格监管、严厉处罚、严肃问责,各级党委和政府要作为一项重大政治任务来抓。要坚持源头严防、过程严管、风险严控,完善食品药品安全监管体制,加强统一性、权威性。要从满足普遍需求出发,促进餐饮业提高安全质量。加强从'农田到餐桌'全过程食品安全工作,严防、严管、严控食品安全风险,保证广大人民群众吃得放心、安心。"在党的二十大报告"推进国家安全体系和能力现代化,坚决维护国家安全和社会稳定"部分再次提出要强化食品药品安全监管,健全生物安全监管预警防控体系。党和国家必将用最严谨的法规、最严格的监管、最严厉的处罚、最严肃的问责,建立科学完善的,从中央到地方直至基层的食品安全治理体系。

(2)食品质量和安全管理将加快法制化进程　我国已有基本符合我国国情的食品法规,《中华人民共和国食品安全法》近年来进行了重大的修订,进一步明确了主体责任,严惩各类食品安全违法犯罪行为。我国已与多国签订了自贸协定,合法的食品进出口和非法的食品走私都必然会增加,我国必将加强监管进出口食品质量与安全,严查食品走私犯罪行为。

(3)食品的质量水平和安全水平必将有显著提高　食品加工是我国先进制造业的重要部分,我国智能制造和绿色制造将率先在食品加工业中实施。我国食品企业将加大技术改造力度,增加技术含量,促进产品质量上水平。未来,食品工业必将实现转型和走出国门,为此应在装备、技术和质量管理等方面做好充分准备,努力提高产品质量水平。食品风险监测、风险评估和风险管理在食品质量与安全管理中必将发挥更加积极作用。

(4)学科建设越来越成熟　我国食品质量与安全管理工作必须由成千上万的专业人才来支撑。我国食品科学与工程专业是老专业和老学科,原本就下设了食品质量与安全的方向,并把食品质量与安全管理设置为主干课程。2002年经教育部批准,开设了食品质量与安全本科专业,目前全国已有250余所高等院校开设了食品质量与安全本科专业。2014年教育部高等学校食品科学与工程类专业教学指导委员制定了食品科学与工程专业和食品质量与安全专业的本科教育质量国家标准,将推动我国食品质量与安全领域的人才培养和学科建设发展。我国食品质量与安全管理的科研队伍不断壮大,学术水平不断提高。食品质量与安全研究还需要继续加强研究团队和基地建设,必须以解决我国重大食品质量与安全的理论和实际问题为研究重点,与其他学科,如分子生物学、环境科学、医学、免疫学、统计学、信息科学、材料科学、管理科学、社会科学等进行交叉融合,获取新的视角、新的思路和新的方法,走产学研结合的道路,取得更多的创新性成果。

### ❓ 思考题

1.如何深刻领会质量的内涵及对食品质量的理解与认识?

2.著名的质量管理专家在该领域各有怎样的建树与贡献?

3.国际标准化组织(ISO)各版本标准中质量术语的定义是怎样的?说明什么?

4.简述质量管理的发展历程和中国质量管理的发展与变化。

5.阐述食品质量与安全管理的主要内容和对未来的展望。

### ◻ 指定学生参考书

[1] 刘广第.质量管理学(第3版)[M].北京:清华大学出版社,2018.

[2] 龚益鸣.现代质量管理学(第3版)[M].北京:清华大学出版社,2012.

［3］梁工谦.质量管理学(第 2 版)[M].北京:中国人民大学出版社,2014.

［4］陆兆新.食品质量管理学(第 2 版)[M].北京:中国农业出版社,2016.

［5］颜廷才,刁恩杰.食品安全与质量管理学(第 2 版)[M].北京:化学工业出版社,2016.

［6］林荣瑞.品质管理(修订版)[M].厦门:厦门大学出版社,2012.

## 参考文献

［1］王娟,赵宏春,陈海鹏,等.关于现代质量管理的历史沿革与趋势思考[J].标准科学,2013(12):48-52.

［2］王淼昕.制造企业质量管理能力评价研究[D].西安科技大学,2014.

［3］王伟成.我国制造业质量管理实践与绩效关系研究[D].天津大学,2017.

［4］张丽伟.中国经济高质量发展方略与制度建设[D].中央党校(国家行政学院),2019.

［5］韩晓芳.食品生产行业质量安全管理体系现状分析和对策研究[D].山东师范大学,2017.

［6］汪宏.食品供应链在食品质量安全管理方面的优化研究[D].河北工业大学,2008.

**编写人:陈宗道(西南大学)**

第 2 章

# 质量管理的数学方法与工具

学习目的与要求

1. 掌握质量管理中常用的 7 种工具与技术；
2. 掌握质量管理中数学方法的基本原理，能够在质量管理、质量保证和质量改进的
   活动中灵活地运用这些工具；
3. 了解"QC 新七大工具"，并能够运用。

## 2.1　质量管理中的数据及统计方法

### 2.1.1　质量管理中的数据

数据是反映事物性质的一种量度,全面质量管理的基本观点之一就是"一切用数据说话"。企业、车间、班组都会碰到很多与质量有关的数据,例如生产过程中的工序控制记录,半成品、成品质量的检测结果等。这些数据是方方面面、各种各样的,但是按其性质基本上可以把它们分为两大类:计量值数据和计数值数据。

计量值数据是指用测量工具可以连续测取的数据,即通常可以用测量工具具体测出小数点以下数值的数据,例如产品的重量、体积、硬度、温度、时间、pH 等。

计数值数据是不能连续取值的,只能以个数计算的数据,或者说即使使用测量工具也得不到小数点以下的数值,而只能得到如 $0,1,2,3,\cdots\cdots$ 整数的数据。如合格品与不合格品件数、质量检测的项目数、疵点数、故障次数等。

必须注意,当数据以百分率表示时,要判断它是计数值数据还是计量值数据,取决于给出数据计算公式的分子、分母,当分子、分母是计数值数据时,即使得到的百分率不是整数,它也属于计数值数据。

计量值数据和计数值数据的性质不同,它们的分布也不同,所用的控制图和抽样方案也不同,所以必须正确区分。

在质量管理工作中常会遇到一些难以用定量的数据来表示的事件或因素,一般可以用优劣值法、顺序值法、评分法等,使之转换成数据。

### 2.1.2　数据的搜集

数据收集一般采用抽样检查的方法,通过对子样进行测试,就可得到若干数据,通过对这些数据的分析整理,便可判断出总体是否符合质量标准。数据收集的对象和方法主要有 4 种,分别如下。

(1)简单随机抽样　就是对总体中的全部个体不做任何分组、排队,完全随意地抽取个体作为样本的抽样,通常采用抽签的方法或者随机数值表的方法取样。

(2)分层随机取样　将整批产品按某些特征或条件(如原材料、操作者、作业班次)分组(层)后,在各组(层)内分别用简单随机抽样法抽取产品组成样本。

(3)整群随机抽样　在一次随机抽样中,不是只抽一个产品,而是抽取若干个产品组成样本,如每次取一箱的产品等。

(4)系统随机抽样　在时间上或空间上按一定间隔从总体中抽取样品作为样本的抽样,这种方法适用于流水线,多用于工序质量控制。

为了保证所收集到的样本数据能够说明总体的特性,收集数据应目的明确,具有代表性,足够的数量,并注明搜集数据的条件,在搜集数据时必须将抽样时间、抽样方式、抽样人、测量方法等条件记录清楚。

### 2.1.3 产品质量的波动

在生产实践中,经常可以观察到这样的现象:由同一个工人,在同一台设备上,用同一批原材料、同一种方法生产出的同一种产品的质量具有波动性。造成这种波动的原因主要来自以下 5 个方面因素。

人(man):操作者的质量意识、技术水平及熟练程度、身体素质等。

机器(machine):机器设备、工具的精度和维护保养状况等。

原材料(material):材料的成分、物理性能和化学性能等。

方法(method):加工工艺、工艺装备、操作规程、测试方法等。

环境(environment):工作地点的温度、湿度、照明、噪声和清洁条件等。

这 5 个方面的因素通常称为五大因素,或称 4M1E。我们可以根据造成波动的原因,把波动划分为两大类:一类是正常波动,一类是异常波动。

(1)正常波动　正常波动是由偶然性、不可避免的因素造成的波动。这些因素在技术上难以消除,经济上也不值得消除。常见的如原材料中的微量杂质或性能上微小差异,温度或电压等生产条件的微小变化,仪器、仪表的精度误差,设备的正常磨损和轻微振动,检测的误差等。这类因素在实际生产中经常大量存在着。在工程上称这些微小的无法排除的因素为偶然性原因。这类波动的数据数值和正负符号是不定的,但又服从一定的分布规律,即数值离开平均值越大的数据越少,越靠近平均值的数据越多。在一般情况下,正常波动是质量管理中允许的波动。

(2)异常波动　异常波动是由系统性原因造成的质量数据波动。如原材料质量不合格,设备的不正确调整,操作者偏离操作规程等。这类数据其散差的数值和正负符号往往保持为常值,或按一定的规律变化,带有方向性,出现异常大的散差。生产中如果出现这种现象,生产过程往往处于失控状态。在一般情况下,异常波动是质量管理中不允许的波动。

质量管理的一项重要工作就是通过搜集数据、整理数据,找出波动的规律,把正常波动控制在最低限度,消除系统性原因造成的异常波动。

二维码 2-1　QC 新七大工具

质量管理与控制常用的统计管理方法主要包括调查表法、分层法、相关图法、排列图法、因果分析法、直方图法、控制图法等,通常称为质量管理传统的 7 种工具(手法)。1972 年,日本人从许多推行全面质量管理建立体系的方法中,研究归纳出一套有效的质量管理工具,这些方法恰巧也有七项,为有别于原有的"QC 七大工具",一般就称呼为"QC 新七大工具"。可用的质量统计管理工具当然不止这些。除了新旧七种工具以外,常用的还有实验设计、分布图、推移图、趋势图等。

## 2.2　分层法和调查表法

### 2.2.1　分层法

分层法又叫分类法或分组法,就是按照一定的标志,把搜集到的原始数据按照不同的目的加以分类、整理、归纳,以便分析影响产品质量的具体因素。

按照分析问题的目的和用途的不同,可以采用不同的标志进行分层,也可以同时采用若干标志对数据进行分层。工厂通常是按照操作人员、生产时间、使用设备、原材料、加工方法、检测手段、环境条件等这样一些标志对数据进行分层。

表 2-1 是某食品公司以不同生产线和班次进行分层,对产品是否符合规定重量进行的分层统计分析。

表 2-1　成品轻重报表

| 项目 \ 层别 | | 一线 | | 二线 | | 三线 | |
|---|---|---|---|---|---|---|---|
| | | 早班 | 夜班 | 早班 | 夜班 | 早班 | 夜班 |
| 总数 | | 52 883 | 67 793 | 113 284 | 152 267 | 108 837 | 93 044 |
| 重产品 | 数量/个 | 120 | 112 | 223 | 364 | 228 | 223 |
| | 占比/% | 0.23 | 0.17 | 0.20 | 0.24 | 0.21 | 0.24 |
| 轻产品 | 数量/个 | 286 | 1 500 | 1 994 | 3 387 | 2 127 | 3 229 |
| | 占比/% | 0.54 | 2.21 | 1.76 | 2.22 | 1.95 | 3.47 |
| 不良品 | 数量/个 | 406 | 1 612 | 2 217 | 3 751 | 2 355 | 3 452 |
| | 占比/% | 0.77 | 2.38 | 1.96 | 2.46 | 2.16 | 3.71 |

注:不良品率控制在 2.00% 以内。

由表 2-1 你发现了什么问题?可以从哪些方面进行改进?

分层法的应用主要是一种系统概念,为了能够真实地反映产品质量波动的实质原因和变化规律,就必须对质量数据进行适当的整理,把性质相同、条件相同的数据归类为一组,使它能够更明显、更突出地反映所代表的客观事物,找出规律,寻究原因,对问题有针对性地进行解决。

某饮料公司在月底将本月产品的质量损失进行统计分析,依损失项目分层统计如表 2-2 所示。

表 2-2　质量损失统计分析

| 序号 | 损失项目 | 损失额/万元 | 损失百分比/% |
|---|---|---|---|
| 1 | 破损 | 11.4 | 50.2 |
| 2 | 变质 | 4.2 | 18.5 |
| 3 | 滞销 | 3.2 | 14.1 |
| 4 | 包材 | 2.7 | 11.9 |
| 5 | 其他 | 1.2 | 5.3 |
| 6 | 合计 | 22.7 | 100 |

由表2-2可以看出,其中仅第一项损失就占了整个总损失的50%多,解决破损问题是下一个月质量改进的重点。

### 2.2.2 调查表法

调查表又称检查表、核对表、统计分析表,它是用来检查或记录、收集和积累数据,并能对数据进行整理和粗略分析的统计图表。由于它简便易用,又直观清晰,所以在质量管理活动中得到广泛的应用。常用的调查表有不合格项目调查表、缺陷位置调查表、质量分布调查表、矩阵调查表等。

(1)不合格项目调查表　不合格项目调查表主要用来检查或调查生产现场不合格项目频数和不合格品率,以便继而用于排列图等分析研究。

表2-3是某饮料厂成品抽样检验中不合格项目调查表。按照不合格项目的严重程度划分等级分数,通过统计分数调查产品的质量状况。

**表 2-3　成品抽样检验不合格项目调查表**

生产线:　　　　　　　　　　班次:　　　　　　　　　　日期:

| 产品名称: | | 抽验数量 | | | |
|---|---|---|---|---|---|
| 等级 | 项目 | 早(　　) | 中(　　) | 夜(　　) | 总计 |
| A | 无出厂日期 | | | | |
| | 整箱数量不足 | | | | |
| | 异物 | | | | |
| | 变质 | | | | |
| | 渗漏 | | | | |
| | 容量不够 | | | | |
| B | 标签缺陷 | | | | |
| | 瓶身脏污 | | | | |
| | 纸箱破损 | | | | |
| C | 其他 | | | | |
| 缺点数 | A级 | | | | |
| A级 5 | B级 | | | | |
| B级 3 | C级 | | | | |
| C级 1 | 总计 | | | | |

注:每条生产线每次每班抽验4箱。

主管:　　　　　　　　　　组长:　　　　　　　　　　品管员:

(2)缺陷位置调查表　某些产品的外观质量是考核的指标之一,外观的缺陷可能发生在不同的部位,且有多种类型。缺陷位置调查表就是先画出产品平面示意图,把图面划分成若干小区域,并规定不同外观质量缺陷的表示符号。调查时,按照产品的缺陷位置在平面图的相应小区域内打记号,最后归纳统计记号,可以得出某一缺陷比较集中在哪一个部位上的规律,这就能为进一步调查或找出解决办法提供可靠的依据。

现以麦乳精食品包装袋的印刷质量缺陷位置调查为例说明,见图 2-1。

（3）质量分布调查表　质量分布调查表是通过对现场抽查质量数据的加工整理,找出其分布规律,从而判断生产工序是否正常。具体是根据已有的资料,将某一特性项目的数据分布范围分成若干个区间而制成的表格,用以记录和统计每一质量特性数据落在某一区间的频数（表2-4）。从表格形式看,质量分布调查表与后面要讲到的直方图的频数分布表相似,所不同的是质量分布调查表的区间范围是根据以往资料,首先划分区间范围,然后制成表格,以供现场调查记录数据;而直方图频数分布表则是首先收集数据,再适当划分区间,然后制成图表,以供分析现场质量分布状况之用。此类调查表又称为工序分布检查表。

| 品名 | 麦乳精包装袋 | 检查起止日期 | 1998.12.3 至 1998.12.13 |
|---|---|---|---|
| 工序 | 印刷 | 检查者 | ××× |
| 调查目的 | 彩印质量 | 检查件数 | 100 |

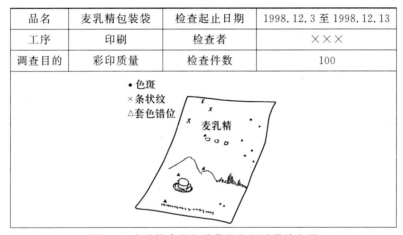

**图 2-1　麦乳精食品包装袋的印刷质量检查图**

由表 2-4 可以分析出,产品质量（重量）分布在规定范围内,但分布呈"左偏"态势,应引起注意,可寻找原因加以纠正。

**表 2-4　某产品质量（重量）实测值分布调查表**

产品名称：　　　　　生产线：　　　　　　　　日期：

| 质量/g | 频数 | 5 | 10 | 15 | 20 | 25 | 30 | 小计 |
|---|---|---|---|---|---|---|---|---|
| | 4.2 | | | | | | | |
| | 4.3 | | | | | | | |
| 下限 | 4.4 | / | | | | | | 1 |
| | 4.5 | / | | | | | | 1 |
| | 4.6 | / | | | | | | 1 |
| | 4.7 | //　//　/ | //　// | | | | | 9 |
| | 4.8 | //　//　/ | //　// | | | | | 10 |
| | 4.9 | //　//　/ | //　//　/ | //　//　/ | //　//　/ | / | | 21 |
| 中心值 | 5.0 | //　//　/ | //　//　/ | //　//　/ | //　//　/ | //　//　/ | / | 31 |
| | 5.1 | //　//　/ | //　//　/ | //　// | | | | 14 |
| | 5.2 | //　//　/ | / | | | | | 6 |

续表 2-4

| 质量/g ＼频数 | | 5 | 10 | 15 | 20 | 25 | 30 | 小计 |
|---|---|---|---|---|---|---|---|---|
| | 5.3 | // // / | | | | | | 5 |
| | 5.4 | // | | | | | | 2 |
| | 5.5 | / | | | | | | 1 |
| 上限 | 5.6 | | | | | | | |
| | 5.7 | | | | | | | |
| | 5.8 | | | | | | | |
| 总计 | | | | | | | | 100 |

注:"/"表示 1 次。

经理:　　　　　　　　主管:　　　　　　　　制表:

（4）矩阵调查表　矩阵调查表是一种多因素调查表,它要求把产生问题的对应因素分别排列成行和列,在其交叉点上标出调查到的各种缺陷、问题以及数量。这种方法是通过多元思考,明确解决问题的方法,它主要用来寻找新产品开发方案、分析产生不合格品原因等。矩阵图有多种形式,表 2-5 是挂面产品研发时应用的矩阵调查表。

表 2-5　影响挂面质量的原因调查表

| 项目影响因素 | 气味 | 口感 | 耐煮性 | 断条率 | 酥条 |
|---|---|---|---|---|---|
| 面粉 | ⊕ | ⊕ | | ⊙ | ⊕ |
| 加水量 | ⊕ | | ⊙ | | ⊕ |
| 水温 | | | ⊙ | | |
| 熟化时间 | ⊕ | ⊕ | ⊙ | ⊙ | |
| 食盐用量 | ⊙ | | ⊙ | | ⊙ |
| 碱面用量 | ⊙ | | | | ⊕ |
| 添加剂 | ⊙ | | | | ⊕ |
| …… | | | | | |

注:主要因素⊙;次要因素⊕。

## 2.3　相关图法

我们经常会遇到这样一类问题:两个变量之间是否有互相联系、互相影响的关系? 如果存在关系,那么这种关系是什么样的关系? 例如某些食品的水分含量与霉变;酿酒中酒药量与出酒率等。在对两个变量进行分析后,可以得出有无关系、什么样的关系等结论。

两个有关系的变量,通常有以下两种关系。

（1）确定性的函数关系　这种关系是两个变量之间存在着完全确定的函数关系。例如圆的周长 $C$ 和圆的直径 $D$ 之间存在着 $C＝\pi\times D$ 的关系,只要知道圆的直径就能精确地求出圆的周长;或者知道圆的周长,就可求得圆的直径。这种变量间的关系是完全确定的关系。

（2）非确定性的相关关系　这种关系是非确定性的依赖或制约的关系。例如儿童的年龄和体重之间虽有一定关系,但只能一般地说儿童年龄越大,体重也越重。然而并不是所有的同龄儿童,体重都相同。我们把这种关系叫相关关系,它可以借助统计技术来分析和描述。

相关图法也叫散布图法,就是用来研究、判断两个变量之间或两种质量特性之间有无相关性及相关关系如何的一种直观判断的方法。

### 2.3.1　相关图的作图方法

相关图由一个纵坐标、一个横坐标、很多散布的点子组成,图 2-2 是鲜奶亚甲蓝还原试验中,总菌数与亚甲蓝褪色时间两个变量之间关系的相关图。

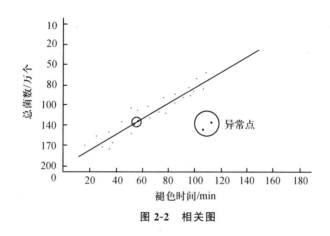

图 2-2　相关图

从相关图上的点子分布状况,可以观察分析出两个变量($x$,$y$)之间是否有相关关系,以及关系的密切程度如何。

在质量管理活动中,我们可以运用相关图来判断各种因素对产品质量特性有无影响及影响程度的大小。当两个变量相关程度很大时,则找出他们的关系式,然后借助于这一关系式,只需观察其中一个变量就可以推断出另一个变量,特别是对于不容易测量获得的变量;还可以从控制一个变量,估计另一个变量的数值。

相关图的绘制程序为:

①选定分析对象;

②收集数据;

③找出数据中的最大值与最小值;

④在坐标纸上建立直角坐标系;

⑤将各组对应数据标示在坐标上;

⑥特殊点的处理;

⑦填上资料的收集地点、时间、测定方法、制作者等项目。

下面用一个酒厂的实例来说明相关图的画法。

某酒厂为判定中间产品酒醅中酸度含量和酒度两变量之间有无关系以及存在什么关系,使用了相关图法。

做相关图的数据一般应搜集 30 组以上,数据太少,相关就不太明显,因而会导致判断不准确;数据太多,计算的工作量就太大。本例搜集了 30 组酒醅中酸度和对应酒度的数据,填入数据表中,把酸度定为自变量 $x$ 值,对应的酒度定为应变量 $y$ 值,见表 2-6。

表 2-6　酒醅中酸度与酒度数据表

| 序号 | 酸度 $x$ | 酒度 $y$ | 序号 | 酸度 $x$ | 酒度 $y$ |
|---|---|---|---|---|---|
| 1 | 0.5 | 6.3 | 16 | 0.7 | 6.0 |
| 2 | 0.9 | 5.8 | 17 | 0.9 | 6.1 |
| 3 | 1.2 | 4.8 | 18 | 1.2 | 5.3 |
| 4 | 1.0 | 4.6 | 19 | 0.8 | 5.9 |
| 5 | 0.9 | 5.4 | 20 | 1.2 | 4.7 |
| 6 | 0.7 | 5.8 | 21 | 1.6 | 3.8 |
| 7 | 1.4 | 3.8 | 22 | 1.5 | 3.4 |
| 8 | 0.8 | 5.7 | 23 | 1.4 | 3.8 |
| 9 | 1.3 | 4.3 | 24 | 0.9 | 5.0 |
| 10 | 1.0 | 5.3 | 25 | 0.6 | 6.3 |
| 11 | 1.5 | 4.4 | 26 | 0.7 | 6.4 |
| 12 | 0.7 | 6.6 | 27 | 0.6 | 6.8 |
| 13 | 1.3 | 4.6 | 28 | 0.5 | 6.4 |
| 14 | 1.0 | 4.8 | 29 | 0.5 | 6.7 |
| 15 | 1.2 | 4.1 | 30 | 1.2 | 4.8 |

在坐标纸上画纵坐标和横坐标。横坐标为自变量,取值范围应包括自变量数据($x$ 值)的最大值与最小值,越往右取值越大。本例中 $x$ 值最小为 0.5,最大为 1.6。则横坐标值从 0.4 取到 1.8 为宜;纵坐标为应变量,应包括应变量数值($y$ 值)的最大值与最小值,越往上取值越大。本例中 $y$ 值最小是 3.4,最大是 6.8,则纵坐标值从 3.0 取到 7.0 为宜。

把数据表中的各组对应数据按坐标位置用坐标点表示出来。如果碰上一组数据和另一组数据完全相同(本例的第 3 组和第 30 组数据完全相同),则在点上加一个圈表示(⊙);如碰上 3 个数据相同,则加上两重圈表示(◎)。把本例 30 组数据都打上点后就得到图 2-3。

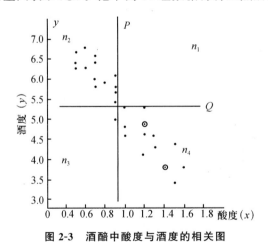

图 2-3　酒醅中酸度与酒度的相关图

把数据收集地点、时间、测定方法、制图者等填在图的相应位置。

### 2.3.2　相关图的判断分析

相关图的判断分析有两种方法。

（1）对照典型图例法　这是最简单的方法。图 2-4 是 6 种典型相关图图例，把画出的相关图与典型图例对照就可得出两个变量之间是否相关及属哪一种相关的结论。

把上述例子与典型图例对照就可以得出酸度与酒度呈负相关的结论。

（2）简单象限法　仍以图 2-3 为例。

在图上画一条与 $y$ 轴平行的 $P$ 线，使 $P$ 线的左、右两侧的点数相等或大致相等。本例各为 15 个点。

在图上再画一条与 $x$ 轴平行的 $Q$ 线，使 $Q$ 线上、下两侧的点数相等或大致相等。本例 $Q$ 线通过两个点，两侧各 14 个点。

| 图例 | 名称与说明 | | | |
|---|---|---|---|---|
| 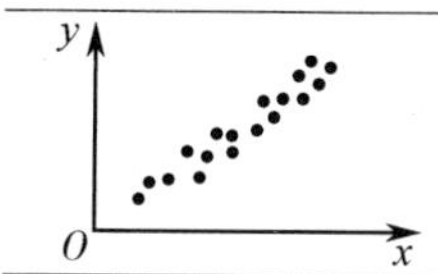  | 正相关 | $x$ 变量增加<br>$y$ 变量随之增加 | 强正相关 | 点子分布比较密集，相关关系明显呈直线趋向 |
| 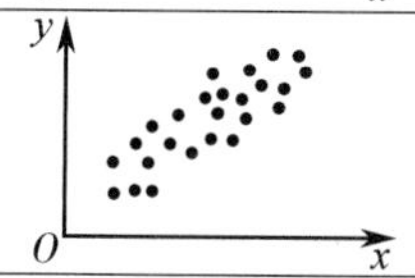 | | | 弱正相关 | 点子分布比较松散、相关关系大致呈直线趋向 |
|  | 负相关 | $x$ 变量增加<br>$y$ 变量随之减少 | 强负相关 | 点子分布比较密集，相关关系明显呈直线趋向 |
| 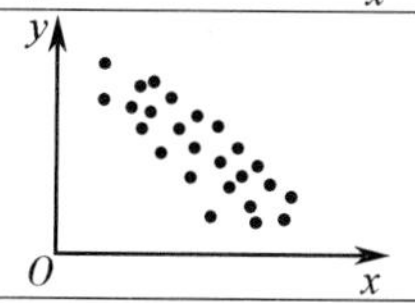 | | | 弱负相关 | 点子分布比较松散、相关关系大致呈直线趋向 |
| 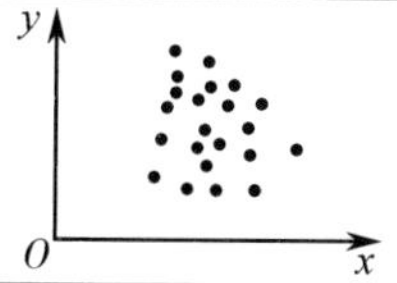 | 不相关 | | | |
|  | 非线性相关（曲线相关） | | | |

**图 2-4　典型相关图图例**

$P$、$Q$ 两线把图形分成 4 个象限区域。分别计数各象限区域的点数（线上的点不计），得 $n_1 = 0$，$n_2 = 14$，$n_3 = 1$，$n_4 = 13$。

分别计算对角象限区域的点数 $n_1 + n_3$，$n_2 + n_4$。本例为 $n_1 + n_3 = 0 + 1 = 1$，$n_2 + n_4 = 14 + 13 = 27$。

当 $n_1+n_3>n_2+n_4$ 时,为正相关;当 $n_1+n_3<n_2+n_4$ 时,为负相关。

应该说明的是,用描点作图的方法再进行相关分析是最简单的方法。但由于分析较为粗糙,难以在生产实践中作精确分析。当需要进行课题研究时,必须应用计算的方法,比较精确地计算出相关关系,还可进一步找出变量之间的内在联系,即使用回归分析法。

相关图法在应用中还应该注意,应将不同性质的数据分层作图,否则将会导致不真实的判断结论;相关图相关性规律的适用范围一般局限于观测值数据的范围内,不能任意扩大相关判断范围;相关图中出现的个别偏离分布趋势的异常点,应在查明原因后予以剔除。

## 2.4 排列图法和因果图法

### 2.4.1 排列图法

排列图又称帕累托图(Pareto),是寻找主要问题或影响质量的主要原因所使用的一种重要的分析工具。它是由两个纵坐标、一个横坐标、几个按高低顺序依次排列的长方形和一条累计百分比折线所组成的图。

排列图最早是由意大利经济学家帕累托用来分析社会财富的分布状况。他发现少数人占有社会上大量财富,而绝大多数人却处于贫困的状态。这是少数人左右社会经济发展的现象,即所谓"关键的少数,次要的多数"。后来,美国质量管理专家朱兰(J. M. Juran)博士把这个"关键的少数,次要的多数"的原理应用于质量管理中,排列图法便成为常用方法之一。它还被广泛应用于其他的专业管理,目前在仓库、物资管理中常用 ABC 分析法就出自排列图的原理。

(1)排列图的作图方法

①将收集的数据按类整理分层,每一层为一个项目,并统计出每个项目的频数。

②在坐标纸上均衡匀称地画出纵横坐标。纵轴表示件数,但如果以金额表示显得更加强烈。

③各项目依照频数的大小在横轴上自左至右排列,并画出表示频数的直方图。

④画右纵坐标表示累计百分比,找出各项目的累计百分点,连接累计曲线。

⑤填上图的名称、时间、数据来源、目的、制图者等其他说明事项。

下面以某乳品厂对其生产的婴儿配方Ⅱ段奶粉抽样检验时质量不合格项目调查统计数据为例说明排列图的作图过程。

该厂搜集的一定时期内的质量数据,按类整理加以分层,如表 2-7 所示,并作缺陷项目统计表。为简化计算和作图,把频数较少的微量元素含量不足、有异味、有凝块三项缺陷合并为其他项,其频数为 3,把各分层项目的缺陷频数,由多到少顺序填入缺陷项目统计表,其他项放在最后,见表 2-8。

在坐标纸上画横坐标,标出项目的等分刻度。本例共 6 个项,按统计表的序号,从左到右在每个刻度间距下填写每个项目的名称,如水分、总糖……其他(图 2-5)。

画左纵坐标,表示频数(件数、金额等)。确定原点为 0 和坐标的刻度比例,并标出相应数值,水分 71、总糖 12、脂肪 7、溶解度 5、杂质度 3、其他 3。

按频数画出每一项目的直方图形,并在上方标以相应的项目频数,如水分 71、总糖 12 等。

表 2-7　质量缺陷调查表

| 项目 | 水分 | 总糖 | 脂肪 | 溶解度 | 杂质度 | 微量元素 | 异味 | 凝块 |
|---|---|---|---|---|---|---|---|---|
| 缺陷数 | 71 | 12 | 7 | 5 | 3 | 1 | 1 | 1 |

表 2-8　缺陷项目统计表

| 序号 | 项目 | 频数 | 累计频数 | 累计百分比/% |
|---|---|---|---|---|
| 1 | 水分 | 71 | 71 | 70.2 |
| 2 | 总糖 | 12 | 83 | 82.2 |
| 3 | 脂肪 | 7 | 90 | 89.1 |
| 4 | 溶解度 | 5 | 95 | 94.6 |
| 5 | 杂质度 | 3 | 98 | 97.0 |
| 6 | 其他 | 3 | 101 | 100 |

画右纵坐标表示累计百分比。画累计百分比折线,可用两种方法。

方法 1:累计百分比坐标以频数总数 $N$ 的对应高度定为 100%,以各项目的直方高度为长度而截取的各点,用折线连接,如图 2-5 所示。

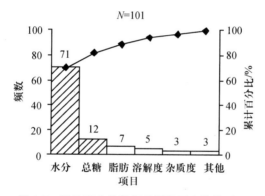

图 2-5　婴儿配方Ⅱ段奶粉质量不合格排列图

方法 2:定累计百分比坐标的原点为 0,并任意取坐标比例(即累计百分比的比例与频数坐标的比例无关)。按各项目直方图形的右边线或延长线与累计百分比数值的水平线的各交点,用折线连接,如图 2-6 所示。

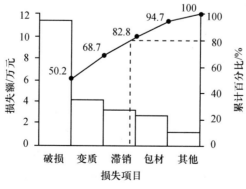

图 2-6　月度质量损失排列图

最后标注必要的说明。在图的左上方标以总频数 $N$，并注明频数的单位；在图的右下方或适当位置上填写排列图的名称、作图时间、绘制者及分析结论等。

（2）排列图的分析　绘制排列图的目的在于从诸多的问题中寻找主要问题并以图的方法表示出来。通常把问题分为三类，A 类属于主要或关键问题，在累计百分比 80％ 左右；B 类属于次要问题，在累计百分比 80％～90％；C 类属于一般问题，在累计百分比 90％～100％。在实际应用中，切不可机械地按 80％ 来确定主要问题，它只是根据"关键的少数，次要的多数"的原则，给以一定的划分范围而言，A、B、C 三类应结合具体情况来选定。

主要问题项目（A 类）可以用画线及 A 表示，如图 2-6 所示（在累计百分比 80％ 处画虚线通过累计百分比折线上的某一点向下至横坐标），或用阴影线表示，如图 2-5 所示；或用文字叙述来表示，如图 2-7 所示。在排列图上，一般只分析标注主要问题（A 类），抓住这关键项采取措施，将能很好地解决质量问题。

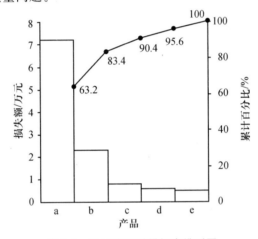

**图 2-7　不同产品质量损失排列图**

结论：主要质量损失问题（A 类）在 a、b 两个产品上，占据总损失的 **83.4%**。

排列图法在应用中要注意的几点是，主要项目以 1～2 个为宜，过多就失去了画排列图找主要问题的意义。如果出现主要项目过多的情况，就应考虑重新确定分层原则，再进行分层；其他项应放置在最后；图形应完整。在采取措施后，为验证其实施效果，还要画新的排列图以进行比较。

绘制排列图可以通过图形直观地找到主要问题，但当问题的项目较少、主次问题已十分明显时，也可以用统计表代替画图。

为了更有效地分析问题和多方面采取措施，往往可以对 1 组数据采用不同的分层来绘制排列图。

### 2.4.2　因果图法

因果图是表示质量特性与原因关系的图。产品质量在形成的过程中，一旦发现了问题就要进一步寻找原因。我们知道问题的产生往往不是一种或两种原因影响的结果，而常常是多种复杂原因影响的结果。在这些错综复杂的原因中，找出其中真正起主导作用的原因往往比较困难，因果图就是能系统地分析和寻找影响质量问题原因的简单而有效的方法。首先提出这个概念的是日本品管权威石川馨博士，所以因果图又叫石川图。有时人们又把它叫特性要因图、树枝图、

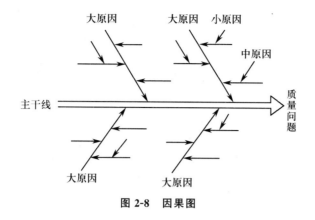

图 2-8 因果图

鱼刺图等。它是一种系统分析方法,也是 QC 小组常用的一种分析方法,其形状如图 2-8 所示。

因果图的作图要点如下。

(1)明确需要分析的质量问题和确定需要解决的质量特性 例如产品质量、质量成本、产量、销售量、工作质量等问题。

(2)召集同该质量问题有关的人员参加的"诸葛亮会" 充分发扬民主,各抒己见,集思广益,把每个人的分析意见都记录在图上。

(3)画图 画一条带箭头的主干线,箭头指向右端,将质量问题写在图的右边,确定造成质量问题的大原因。影响产品质量一般有五大因素(人、机器、材料、方法、环境),所以经常见到按五大因素分类的因果图。不同的行业、不同的问题应根据具体情况增减或选定因素,把大原因用箭头排列在主干线两侧。然后围绕各大原因分析展开,按中、小原因及相互间原因与结果的关系,用长短不等的箭头线画在图上,逐级分析展开到能采取措施为止。

(4)讨论分析主要原因 把主要的、关键的原因分别用粗线或其他颜色的线标记出来,或者加上框进行现场验证。

(5)记录必要的有关事项 如参加讨论的人员、绘制日期、绘制者以及其他可供参考查询的事项。

图 2-9 是某乳品厂的质量管理小组为提高鲜奶的卫生质量分析其原因的因果图。

注意事项如下:

①要结合具体质量问题进行分析,边讨论边画图,避免确定的质量问题笼统不具体,或在一张因果图上包含几个问题,致使无法进行针对性的原因分析。

②原因分析要细到能采取措施,防止各原因之间层次不清,因果关系颠倒,不同原因混淆。

③讨论分析时应邀请有经验的工人、专业人员、领导参加。

④画法要规范,如箭头方向要由原因到结果。

⑤对关键原因采取措施后,应再用排列图检验其效果。

## 2.5 直方图法

直方图是频率直方图的简称,是通过对数据的加工整理,从而分析和掌握质量数据的分布状况和估算工序不合格品率的一种方法。将全部数据按其顺序分成若干间距相等的组。以组距为底边,以该组距相应的频数为高,按比例而构成的若干矩形,即为直方图。

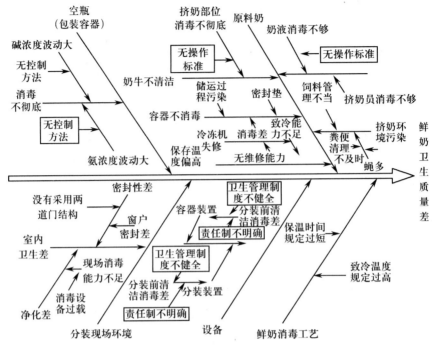

**图 2-9　影响鲜奶卫生质量的因果图**

为什么要使用直方图呢？以前我们描述质量情况虽说已经有一级品率、平均尺寸或平均含量等统计数据，但是这些统计数据还不完善，不能充分说明问题。例如，下面两组数据是 5 次抽测两个班组控制冷却温度的数据：

甲班(℃)：5、5、6、7、7

乙班(℃)：2、4、6、8、10

如果计算两组数据的平均值，用"$\overline{X}$"表示，则甲班 $\overline{X}=6$℃，乙班 $\overline{X}=6$℃。两班的 $\overline{X}$ 是一样的，可是很明显，两班的控制水平是不一样的，甲班控制得较稳定，集中在 5～7℃，最大与最小相差 2℃，即甲班极差 $R=7-5=2$(℃)，而乙班的温度波动较大，乙班 $R=10-2=8$(℃)。可以说两班数据的分散程度不一样。

再看另外两个班组数据：

丙班(℃)：3、3、4、4、5

丁班(℃)：7、7、8、9、9

这两个班的温度控制都比较稳定，丙班 $R=5-3=2$(℃)，丁班 $R=9-7=2$(℃)。但两班的平均温度不一样，丙班 $\overline{X}=4$℃，丁班 $\overline{X}=8$℃，可见在分析质量情况时只看平均值或只看分散程度都是片面的，要综合起来看分布。直方图法就是用以帮助我们分析产品质量的分布状况，它的用途十分广泛，主要有以下几方面。

①比较直观地看出产品质量特性值的分布状态，以便掌握产品质量分布情况。

②判断工序是否处于稳定状态。

③对总体进行推断，判断其总体质量分布情况。

④掌握工序能力，估算工序不合格品率等。

### 2.5.1 直方图的画法

举例说明,某罐头厂生产的火腿罐头,重量标准要求在 1 000～1 050 g。为了分析产品的重量分布状况,搜集一段时间内生产的罐头 100 个,测定重量得到 100 个数据,做一张直方图。

作直方图有三大步骤:作频数分布表,画直方图,进行有关计算。

(1)作频数分布表 频数就是出现的次数。将数据按大小顺序分组排列,反映各组频数的统计表,称为频数分布表。频数分布表可以把大量的原始数据综合起来,以比较直观、形象的形式表示分布的状况,并为作图提供依据。具体做法按下述步骤。

①搜集数据:将搜集到的数据填入数据表。作直方图的数据要大于 50 个,否则反映分布的误差太大。本例搜集了 100 个数据,为了简化计算,数据表中每个测量值($X_i$)只列出波动范围的数值,如表 2-9 所示。表中数字均省去 1 000 g,只取后两位数字。例如 43 代表的测量值是 1 043 g,34 代表的测量值是 1 034 g,依此类推。

表 2-9 产品质量(重量)数据表(测量数据) g

| 43 | 28 | 27 | 26 | 33 | 29 | 18 | 24 | 32 | 14 |
|----|----|----|----|----|----|----|----|----|----|
| 34 | 22 | 30 | 29 | 22 | 24 | 22 | 28 | 48 | 1 |
| 24 | 29 | 35 | 36 | 30 | 34 | 14 | 42 | 38 | 6 |
| 28 | 32 | 22 | 25 | 36 | 39 | 24 | 16 | 28 | 16 |
| 38 | 34 | 21 | 20 | 26 | 20 | 18 | 8 | 12 | 37 |
| 40 | 28 | 28 | 12 | 30 | 31 | 30 | 24 | 28 | 47 |
| 42 | 32 | 24 | 20 | 28 | 34 | 20 | 24 | 27 | 24 |
| 29 | 18 | 21 | 46 | 14 | 10 | 21 | 22 | 34 | 22 |
| 28 | 28 | 20 | 38 | 12 | 32 | 19 | 30 | 28 | 19 |
| 30 | 20 | 24 | 35 | 20 | 28 | 24 | 24 | 32 | 40 |

②计算极差 $R$:表 2-9 中,最大值 $X_{max}=48$,最小值 $X_{min}=1$。

$$R = X_{max} - X_{min} = 48 - 1 = 47$$

③进行分组:组数($k$)的确定要适当,组数太少会掩盖各组内的变化情况,引起较大的计算误差;组数太多则会造成各组的高度参差不齐,影响数据分布规律的明显性,反而难以看清分布的状况,而且计算工作量大。组数的确定可以参考组数选用表,见表 2-10。本例取 $k=10$。

④确定组距 $h$:本例

$$h = \frac{R}{k} = \frac{47}{10} = 4.7 \approx 5$$

⑤确定各组界限:为了避免出现数据值与组的边界值重合而造成频数计算困难的问题,组的边界值单位应取最小测量单位的 1/2,也就是把数据的位数向后移动一位,并取数值为 5。例如个位数(1)取 0.5;小数一位数(0.1)取 0.05;小数 2 位数(0.01)取 0.005。本例表 2-10 中所有数据的最小位数为个位数 1,因此 1/2 最小测量单位是 $1/2 \times 1 = 0.5$。分组的范围应能把数据表中最大值和最小值包括在内。

表 2-10　组数选用表

| 数据数目 | 组数 | 常用分组数 |
|---|---|---|
| 50～100 | 6～10 | |
| 100～250 | 7～12 | 10 |
| 250 以上 | 10～20 | |

第一组的下限为

$$最小值-\frac{最小测量值}{2}$$

本例第一组下限为

$$X_{min}-\frac{1}{2}=1-\frac{1}{2}=0.5$$

第一组上界限值为下界限值加上组距：

$$0.5+5=5.5$$

第二组的下界限值就是第一组的上界限值,第一组的上界限值加上组距是第二组的上界限值。照此类推,定出各组的组界。

⑥编制频数分布表:频数分布表的表头设计与形式参考上述 2.2.2 调查表法中的质量分布调查表。

填入组顺序号及上述已计算好的组界。

计算各组组中值并填入表中。各组的组中值为

$$X_{中}=\frac{上界限值+下界限值}{2}$$

例如,第二组组中值为 $\frac{5.5+10.5}{2}=8$

实际上,上一组的组中值加组距就是下一组的组中值。

统计各组频数。统计时可在频数栏里画记号。这一步骤很容易出差错,所以要注意力集中。统计后立即算出总数 $\sum f$,看是否与数据总个数 $N$ 相等。

(2)画直方图

①先画纵坐标,再画横坐标。纵坐标表示频数,定纵坐标刻度时,考虑的原则是把频数中最大值定在适当的高度。本例中频数最大为 27,我们就将适当高度定为 30,原点为 0,均匀标出中间各值。

②横坐标表示质量特性。定横坐标刻度时要同时考虑最大、最小值及规格范围(公差)都应含在坐标值内。本例中 $X_{max}=48$,$X_{min}=1$,规定下限 $T_1$ 为 0,上限 $T_u$ 为 50,因而坐标值范应包括从 0～50 g。在横坐标上画出规格线,规格下限与频数坐标轴间稍留一些距离,以方便看图。

③以组距为底,频数为高,画出各组的直方图形。

④在图上标图名,记入搜集数据的时间和其他必要的记录。总频数 $N$、统计特征值 $\overline{X}$ 与 $S$ 是直方图上的重要数据,一定要标出。见图 2-10。

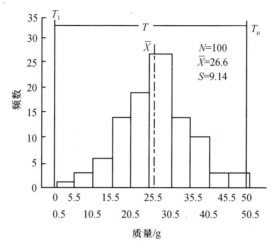

图 2-10　火腿罐头重量直方图

### 2.5.2　直方图的观察分析

直方图能够比较形象、直观地反映产品质量的分布状况。观察的方法是对图形的形状进行观察;对照规格标准(公差)进行比较。

(1)对照直方图形进行观察　直方图绘制后,通过对其图形形状分析可判断总体(生产过程)是正常或异常,进而采取措施保持稳定或寻找异常的原因。常见的直方图典型形状(图 2-11)有以下几种。

①正常型:又称对称型。它的特点是中间有一个峰,两边低,且左右基本对称,这说明工序处于稳定状态。

②孤岛型:在主分布图形之两侧出现小的直方形,形如孤岛。孤岛的存在向我们揭示,短时间内有异常因素在起作用,使加工条件起了变化,例如原料混杂、操作疏忽、短时间内有不熟练的工人替班或测量有误等。

③偏向型:直方形的顶峰偏向一侧,所以也叫偏坡形,有偏左和偏右之分。计量值只控制一侧界限时,常出现此形状。例如食品包装时,为了不低于规定的重量标准,往往多装,而造成右偏。

④双峰型:这是由于把来自两个总体的数据混在一起作图所致。如把不同材料、不同加工者、不同操作方法、不同设备生产的两批产品混为一批。这种情况应分别作图后再进行分析。

⑤平顶型:直方图没有突出的顶峰。往往是由于生产过程中有缓慢变化的因素在起作用所造成的,例如刀具的磨损、操作者疲劳等。应查明原因,采取措施控制该因素稳定地处于良好的水平上。

⑥锯齿型:直方图出现参差不齐,但图形整体看起来还是中间高、两边低、左右基本对称。造成这种情况不是生产上的问题,主要是分组过多,或测量仪器精度不够、读数有误等原因所致。

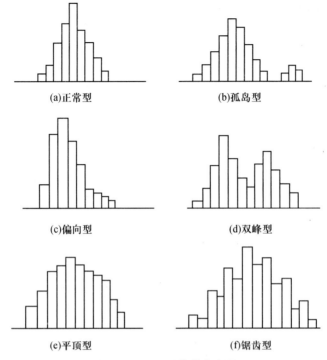

(a)正常型　　　　　　　　(b)孤岛型

(c)偏向型　　　　　　　　(d)双峰型

(e)平顶型　　　　　　　　(f)锯齿型

**图 2-11　不同形状的直方图**

(2)对照规格标准进行分析比较　当工序处于稳定状态时(直方图为正常型),还需要进一步将直方图与规格标准进行比较,以判定工序满足标准要求的程度。常见的典型直方图有以下几种(图 2-12 中,$B$ 是实际尺寸分布范围;$T$ 是规格标准范围)。

①理想型:$B$ 在 $T$ 的中间,平均值也正好与规格中心重合,实际尺寸分布的两边距规格界限有一定余量,约为 $T/8$。

②偏向型:虽然分布范围落在规格界限之内,但分布中心偏离规格中心,故有超差的可能,说明控制有倾向性。例如,工人主观上认为杀菌温度高可以杀得更彻底,于是就往高温控制。这种情况,工序如稍有变化,就可能出现不合格品,应调整分布中心使之合理。

③无富余型:分布虽然落在规格范围之内,但完全没有余量,一不小心就会超差。必须采取措施,缩小分布的范围。

④能力富余型:这种图形说明规格范围过分大于实际尺寸分布范围,质量过分满足标准的要求,虽然不出现不合格品,但属于过剩质量,很不经济。除特殊精度要求外,可以考虑改变工艺,放松加工精度或缩小规格范围,或减少检验频次,以便有利于降低成本。

⑤能力不足型:实际分布尺寸的范围太大,造成超差。这是由于质量波动太大,工序能力不足,出现了一定量不合格品,应查明原因,立即采取措施,缩小分布范围,也可以从规格标准制订的严格程度方面来考虑。

⑥陡壁型:这是工序控制不好,实际尺寸过分地偏离规格中心,造成了超差或废品。但在作图时,数据中已剔除了不合格品,所以应该没有超出规格线外的直方部分,可能是初检时的误差或差错所致。

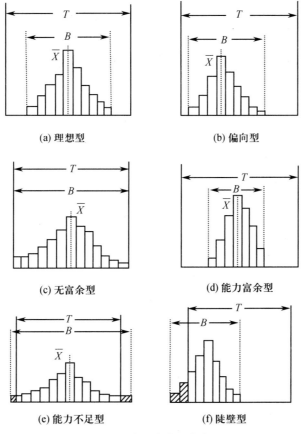

图 2-12　常见的典型直方图

### 2.5.3　直方图的定量描述

如果画出的直方图比较典型,我们对照以上各种典型图,便可以做出判断。但是实践活动中画出来的图形多少有些参差不齐,或者不那么典型。而且,由于日常的生产条件变化不太大,因此画出的图形较相似,往往从外形上难以观察分析,得出结论。例如图 2-13 是用连续 2 个月生产数据画出的直方图,其规格中心为 10.25,从外形上观察很难分清哪个图表示的生产状况更好些。如果能用数据对直方图进行定量的描述,那么分析直方图就会更有把握些。描述直方图的关键参数有两个,一是平均值 $\overline{X}$,另一个是标准偏差 $S$。关于平均值和标准偏差的计算方法在数理统计中有详细介绍,在此不再叙述。

在直方图中,平均值 $\overline{X}$ 表示数据的分布中心位置,它与规格中心 $M$ 越靠近越好。标准偏差 $S$ 表示数据的分散程度。标准偏差 $S$ 决定了直方图图形的“胖瘦”,$S$ 越大,图形越“胖”,表示数据的分散程度越大,说明这批产品的加工精度越差。

据此,再观察图 2-13,我们就可以容易地注意到 7 月和 8 月这 2 个月的生产状况是有差异的:$\overline{X}_8$ 比 $\overline{X}_7$ 更靠近规格中心 10.25,表明 8 月质量控制得更合理;$S_8$ 比 $S_7$ 小,说明控制更严格,质量波动小。因此,8 月生产的产品质量要更好些。

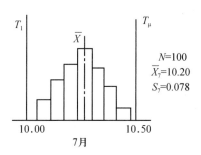
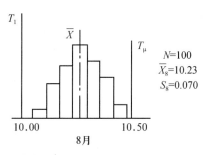

图 2-13 生产数据直方图

### 2.5.4 直方图与分布曲线

在第一节中,我们已经叙述了样本与总体的推断关系,就是说,从总体中随机抽取部分样本,通过测得样本的统计特征值来推断总体的质量状况。对计量数据来说,当生产处于控制状态时,通过从总体中随机抽取样本测得的质量特性数据,可以计算出样本的平均值 $\overline{X}$、标准偏差 $S$ 和画出直方图。可以设想,随着抽取的样本数量不断增加,直方图的分组数也不断增多,组距不断减少,直方图形也就越来越密,继而得到连续的分布曲线。这就是说,当生产处于稳定状态下,总体存在着一定的分布,且其统计特征值的参数是平均值为 $\mu$,标准偏差为 $\sigma$,然而从理论上说,$\mu$ 和 $\sigma$ 是无法精确计算的。数理统计学的原理告诉我们,当总体服从正态分布规律时,由随机抽取得到的样本质量数据也服从正态分布规律,而且样本的

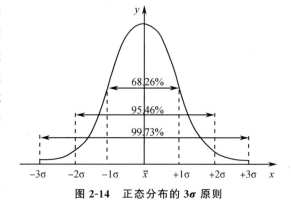

图 2-14 正态分布的 $3\sigma$ 原则

平均值 $\overline{X}$ 近似于总体的平均值 $\mu$,样本的标准偏差 $S$ 近似于总体的标准偏差 $\sigma$,因此在质量管理中对于样本而言常以 $\overline{X}$、$S$ 来表示总体统计特征值,用来估计、推断总体的 $\mu$ 和 $\sigma$。正态分布下平均值 $\mu$ 的两侧各取一个标准偏差 $\sigma$ 的宽度,在此范围内出现的概率为 68.27%,取 $2\sigma$,在此范围内出现的概率为 95.45%,如果取 $3\sigma$,则在此范围内出现的概率为 99.73%,也就是说落在 $\pm 3\sigma$ 以外的概率只有大约 0.3%,1 000 次内约有 3 次的可能机会。见图 2-14。

分布图不仅可得到产品的准确度和精密度,而且比较起直方图,可得到实际的数值,可以提供给人们更正确的信息,以便采取矫正措施。

## 2.6 控制图法

控制图又叫管理图,它是用于分析和判断工序是否处于控制状态所使用的带有控制界限线的图。

控制图是通过图形的方法,显示生产过程随着时间变化的质量波动,并分析和判断它是由于偶然性原因还是由于系统性原因所造成的质量波动,从而提醒人们及时做出正确的对策,消

除系统性原因的影响,保持工序处于稳定状态而进行动态控制的统计方法。

### 2.6.1 控制图的原理

当生产条件正常、生产过程处于控制状态时(生产过程只有偶然性原因起作用),产品总体的质量特性数据的分布一般服从正态分布规律。由正态分布的性质可以知道,质量指标值落在 $\pm 3\sigma$ 范围内的概率约为 99.7%;落在 $\pm 3\sigma$ 以外的概率只有 0.3%。按照小概率事件原理,在一次实践中超出 $\pm 3\sigma$ 的范围的小概率事件几乎是不会发生的,若发生了,则说明工序已不稳定。也就是说,生产过程中一定有系统原因在起作用。这时提醒我们应追查原因,采取措施,使工序恢复到稳定(控制)状态。

利用控制图来判断工序是否稳定,实际是一种统计推断的方法。进行统计推断就会产生两种错误,第一类错误是将正常判为异常,即工序本来并没有发生异常,只是由于偶然性原因的影响,使质量波动过大而超过了界限线,而我们却把它判为存在系统性原因造成工序异常,从而因"虚报警"给生产造成损失。第二类错误是将异常判为正常,即工序虽然已经存在系统性因素的影响,但因某种原因,质量波动并没有超过界限线,因此认为生产仍旧处于控制状态而没有采取相应的措施加以改进。这样由于"漏报警"而导致产生大量不合格品,因而给生产造成损失。数理统计学告诉我们,放宽控制界限线范围固然可以减少犯第一类错误的机会,但却会增加犯第二类错误的可能;反之,压缩控制界限线范围可以减少犯第二类错误的机会,但却会增加犯第一类错误的可能。显然,控制图的控制界限线的范围的确定应以两类错误的综合总损失最小为原则,$3\sigma$ 方法确定的控制图控制界限线被认为是最经济合理的方法。因此,中国、美国、日本等世界大多数国家都采用这个方法,通常称为"$3\sigma$ 原理"。当然,一些行业根据自己的生产性质和特点,也有采用 $2\sigma$、$4\sigma$ 来确定控制图控制界限线的。

### 2.6.2 控制图的种类

控制图的基本形式包括两部分:一是标题部分,包括工厂、车间、设备、时间、制图者等;二是控制图部分,它有 2 个坐标,纵坐标为质量特性值,横坐标为抽样时间或样本序号。图上有三条线:上面一条虚线叫上控制界限线(简称上控制线),用符号 UCL 表示;中间一条实线叫中心线,用符号 CL 表示;下面一条虚线叫下控制界限线(简称下控制线),用符号 LCL 表示。这三条线是通过搜集过去在生产稳定状态下某一段时间的数据计算出来的。使用时,定时抽取样本,把所测得的质量特性数据用点子一一描在图上。根据点子是否超越上、下控制线和点子排列情况来判断生产过程是否处于正常的控制状态。

按被控制对象的数据性质不同,控制图可分为计量值控制图和计数值控制图两大类。

(1)计量值控制图 计量值控制图主要有以下几种。

$\overline{X}-R$:平均值与极差控制图;

$\tilde{X}-R$:中位数与极差控制图;

$X-R_m$:单值与移动极差控制图;

$\overline{X}-\sigma$:平均值与标准差控制图。

其中以 $\overline{X}-R$ 使用最为普遍。

（2）计数值控制图　　计数值控制图主要有以下几种。

$P$—Chart：不良率控制图；

$Pn$—Chart：不良数控制图；

$C$—Chart：缺陷数控制图；

$U$—Chart：单位缺陷数控制图。

其中以 $P$—Chart 控制图应用较广。

按用途不同，控制图又可分为分析用控制图和控制用控制图。分析用控制图主要是对过程进行研究，了解过程的稳定性和能力，是对过程的事后了解；而控制用控制图用于正在进行中的过程，对过程进行控制，保持过程的稳定，是对过程的事前控制。

### 2.6.3　控制图的制作方法

下面仅以 $\overline{X}$—$R$ 控制图为例介绍其制作方法。

$\overline{X}$—$R$ 控制图的制作步骤如下。

①收集 100 个以上数据，依测定先后顺序排列。

②以 2～5 个数据为一组（一般采用 4～5 个）分成 20～25 组。

③将各组数据计入数据表栏内。

④计算各组平均值 $\overline{X}$（取至测定值最小单位下一位数）。

⑤计算各组极差 $R$（$R$＝最大值－最小值）。

⑥计算总平均值 $\overline{\overline{X}}$。

$$\overline{\overline{X}}=(\overline{X}_1+\overline{X}_2+\overline{X}_3+\cdots+\overline{X}_k)/k=\sum\overline{X}_i/k$$

⑦计算极差的平均值 $\overline{R}$。

$$\overline{R}=(R_1+R_2+R_3+\cdots+R_k)/k=\sum R_i/k$$

⑧计算控制界限。

$\overline{X}$ 控制图：

中心线（CL）＝$\overline{\overline{X}}$；上控制线（UCL）＝$\overline{\overline{X}}+A_2\overline{R}$；下控制线（LCL）＝$\overline{\overline{X}}-A_2\overline{R}$。

$R$ 控制图：

中心线（CL）＝$\overline{R}$；上控制线（UCL）＝$D_4\overline{R}$；下控制线（LCL）＝$D_3\overline{R}$。

$A_2$、$D_3$、$D_4$ 的数值，随每组样本数不同而有差异，是遵循三个标准差原理计算而得，已被整理成常用系数表，见表 2-11。

表 2-11　控制图系数表

| 系数 $n$ | $A_2$ | $A_3$ | $m$ | $mA_2$ | d | d | $D_2$ | $D_3$ | $D_4$ | $E_2$ |
| --- | --- | --- | --- | --- | --- | --- | --- | --- | --- | --- |
| 2 | 1.880 | 2.224 | 1.000 | 1.880 | 1.128 | 0.853 | 3.686 | | 3.267 | 2.660 |
| 3 | 1.023 | 1.009 | 1.160 | 1.187 | 1.693 | 0.888 | 4.358 | | 2.575 | 1.772 |
| 4 | 0.729 | 0.758 | 1.092 | 0.796 | 2.059 | 0.880 | 4.698 | | 2.282 | 1.457 |
| 5 | 0.577 | 0.594 | 1.198 | 0.691 | 9.323 | 0.864 | 4.918 | | 2.115 | 1.290 |
| 6 | 0.483 | 0.495 | 1.135 | 0.549 | 2.534 | 0.848 | 5.978 | | 2.004 | 1.184 |

续表 2-11

| 系数 $n$ | $A_2$ | $A_3$ | $m$ | $mA_2$ | d | d | $D_2$ | $D_3$ | $D_4$ | $E_2$ |
|---|---|---|---|---|---|---|---|---|---|---|
| 7 | 0.419 | 0.429 | 1.214 | 0.509 | 2.704 | 0.833 | 5.203 | 0.076 | 1.924 | 1.109 |
| 8 | 0.373 | 0.380 | 1.166 | 0.432 | 2.847 | 0.820 | 5.307 | 0.136 | 1.864 | 1.054 |
| 9 | 0.337 | 0.343 | 1.223 | 0.412 | 2.970 | 0.808 | 5.394 | 0.184 | 1.816 | 1.010 |
| 10 | 0.308 | 0.314 | 1.177 | 0.363 | 3.173 | 0.797 | 5.469 | 0.233 | 1.777 | 0.975 |

注：$D_3$ 栏中空白表示不考虑下控制界限。

⑨绘制中心线及控制界限，并将各点点入图中，画出控制图。

⑩将有关项目、数据来源及特殊原因计入，以备查证、分析、判断。

举例介绍 $\overline{X}-R$ 控制图的制作方法。

某食品公司为控制产品的重量，每小时从生产线上抽取 5 个样本来测定其重量，共得 25 组数据，见表 2-12，试根据这些数据绘制 $\overline{X}-R$ 控制图。

表 2-12　产品重量测定值　　　　　　　　　规格标准为（60±5）g

| 样组 | 测定值 | | | | | $\overline{X}$ | $R$ | 样组 | 测定值 | | | | | $\overline{X}$ | $R$ |
|---|---|---|---|---|---|---|---|---|---|---|---|---|---|---|---|
| | $X_1$ | $X_2$ | $X_3$ | $X_4$ | $X_5$ | | | | $X_1$ | $X_2$ | $X_3$ | $X_4$ | $X_5$ | | |
| 1 | 56 | 61 | 64 | 62 | 58 | 60.2 | 8 | 14 | 58 | 60 | 57 | 59 | 61 | 59.0 | 4 |
| 2 | 59 | 61 | 62 | 60 | 60 | 60.4 | 3 | 15 | 61 | 61 | 61 | 62 | 61 | 61.2 | 1 |
| 3 | 58 | 62 | 62 | 62 | 64 | 61.6 | 6 | 16 | 63 | 59 | 63 | 56 | 58 | 59.8 | 7 |
| 4 | 64 | 60 | 60 | 56 | 60 | 60.8 | 8 | 17 | 59 | 58 | 60 | 60 | 62 | 59.8 | 4 |
| 5 | 63 | 59 | 59 | 63 | 59 | 60.6 | 4 | 18 | 57 | 59 | 59 | 60 | 62 | 59.4 | 5 |
| 6 | 57 | 64 | 61 | 61 | 61 | 60.8 | 7 | 19 | 62 | 60 | 62 | 57 | 59 | 60.0 | 5 |
| 7 | 59 | 62 | 62 | 61 | 60 | 60.8 | 3 | 20 | 58 | 58 | 62 | 58 | 62 | 59.6 | 4 |
| 8 | 57 | 55 | 63 | 60 | 61 | 59.2 | 8 | 21 | 61 | 62 | 60 | 59 | 64 | 61.2 | 5 |
| 9 | 57 | 56 | 63 | 60 | 61 | 59.4 | 7 | 22 | 56 | 63 | 61 | 61 | 60 | 60.2 | 7 |
| 10 | 58 | 62 | 60 | 58 | 61 | 59.8 | 4 | 23 | 60 | 58 | 60 | 60 | 60 | 59.6 | 2 |
| 11 | 58 | 61 | 60 | 60 | 56 | 59.0 | 5 | 24 | 64 | 59 | 60 | 61 | 60 | 60.8 | 5 |
| 12 | 58 | 61 | 63 | 60 | 60 | 60.4 | 5 | 25 | 61 | 61 | 60 | 56 | 61 | 59.8 | 5 |
| 13 | 62 | 62 | 61 | 58 | 63 | 61.2 | 5 | | | | | | | | |

计算控制图控制界限。

$n=5$　　　查表得 $A_2=0.577$

$$CL=\overline{\overline{X}}=\sum \overline{X}_i/k=1503.8/25=60.15$$

$$UCL=\overline{\overline{X}}+A_2\overline{R}=60.15+0.577\times5.08=63.08$$

$$LCL=\overline{\overline{X}}-A_2\overline{R}=60.15-0.577\times5.08=57.22$$

计算 $R$ 控制图控制界限。

$n=5$　　　查表得 $D_4=2.115$

$$CL=\overline{R}=\sum R_i/k=127/25=5.08$$

$$UCL=D_4\overline{R}=2.115\times5.08=10.74$$

LCL 不考虑。

绘制控制图如图 2-15 所示。

制造单位 _____  管制图编号 _____

| 制程名称 | 成品包装 | 规格 | 厂内标准 | QI-002 | 管制图 | 图 | R图 | 制造部门 | 成品科 | 期限 | 2000 年 5 月 4 日 |
|---|---|---|---|---|---|---|---|---|---|---|---|
| 品质特性 | 包装重量 | 最大值 | 65 g | | 上限 | 63.08 | 10.07 | 机器号码 | | 抽样方法 | 每小时 5 个（日班） |
| 测量单位 | g | 平均值 | 60 g | | 中心值 | 60.15 g | 5.08 | 工作者 | 张伟 | 测定者 | 李爱国 |
| | | 最小值 | 55 g | | 下限 | 57.22 | 0 | | | | |

| 日时 | 2/9 | 2/10 | 2/11 | 2/12 | 2/14 | 2/15 | 2/16 | 2/17 | 3/9 | 3/10 | 3/11 | 3/12 | 3/13 | 3/14 | 3/15 | 3/16 | 3/17 | 4/9 | 4/10 | 4/11 | 4/12 | 4/14 | 4/15 | 4/16 | 4/17 | 4/18 | 合计 |
|---|---|---|---|---|---|---|---|---|---|---|---|---|---|---|---|---|---|---|---|---|---|---|---|---|---|---|---|
| 批号 | | 1 | 2 | 3 | 4 | 5 | 6 | 7 | 8 | 9 | 10 | 11 | 12 | 13 | 14 | 15 | 16 | 17 | 18 | 19 | 20 | 21 | 22 | 23 | 24 | 25 | |
| 样本测定值 $X_1$ | | 56 | 59 | 58 | 64 | 62 | 58 | 59 | 57 | 58 | 58 | 58 | 62 | 58 | 61 | 57 | 63 | 59 | 57 | 62 | 58 | 61 | 56 | 60 | 60 | 61 | |
| $X_2$ | | 61 | 61 | 62 | 60 | 60 | 64 | 62 | 55 | 62 | 61 | 61 | 61 | 60 | 61 | 59 | 59 | 58 | 59 | 58 | 58 | 62 | 63 | 58 | 60 | 61 | |
| $X_3$ | | 64 | 62 | 62 | 60 | 56 | 61 | 62 | 63 | 60 | 58 | 63 | 61 | 57 | 60 | 57 | 63 | 59 | 60 | 62 | 62 | 60 | 60 | 60 | 61 | 60 | |
| $X_4$ | | 62 | 60 | 62 | 56 | 63 | 59 | 61 | 60 | 58 | 61 | 60 | 58 | 59 | 58 | 59 | 56 | 61 | 60 | 57 | 58 | 59 | 56 | 63 | 58 | 60 | 60 | |
| $X_5$ | | 58 | 60 | 64 | 60 | 61 | 61 | 60 | 61 | 61 | 61 | 56 | 63 | 61 | 63 | 62 | 58 | 58 | 62 | 59 | 62 | 64 | 61 | 60 | 60 | 61 | |
| 合计 | | 301 | 302 | 308 | 300 | 303 | 304 | 304 | 296 | 299 | 299 | 295 | 302 | 295 | 306 | 295 | 299 | 297 | 298 | 300 | 306 | 298 | 301 | 298 | 299 | 304 | 299 | 299 |
| X̄ | | 60.2 | 60.4 | 61.6 | 60 | 60.6 | 60.8 | 60.8 | 59.2 | 59.8 | 59.8 | 59 | 60.4 | 59 | 61.2 | 59 | 59.8 | 59.4 | 59.6 | 60 | 61.2 | 59.6 | 60.2 | 59.6 | 59.8 | 60.8 | 59.8 | X̄=60.15 |
| R | | 8 | 3 | 6 | 8 | 7 | 6 | 3 | 8 | 4 | 3 | 5 | 5 | 4 | 5 | 5 | 7 | 1 | 5 | 4 | 5 | 7 | 2 | 5 | 5 | 3 | 5 | R̄=5.08 |

$$\sum \overline{X}_i = 1\,503.8$$

$$\sum R_i = 127$$

$$\overline{\overline{X}} = 60.15$$

$$\overline{R} = 5.08$$

X̄ 管制图
R 管制图

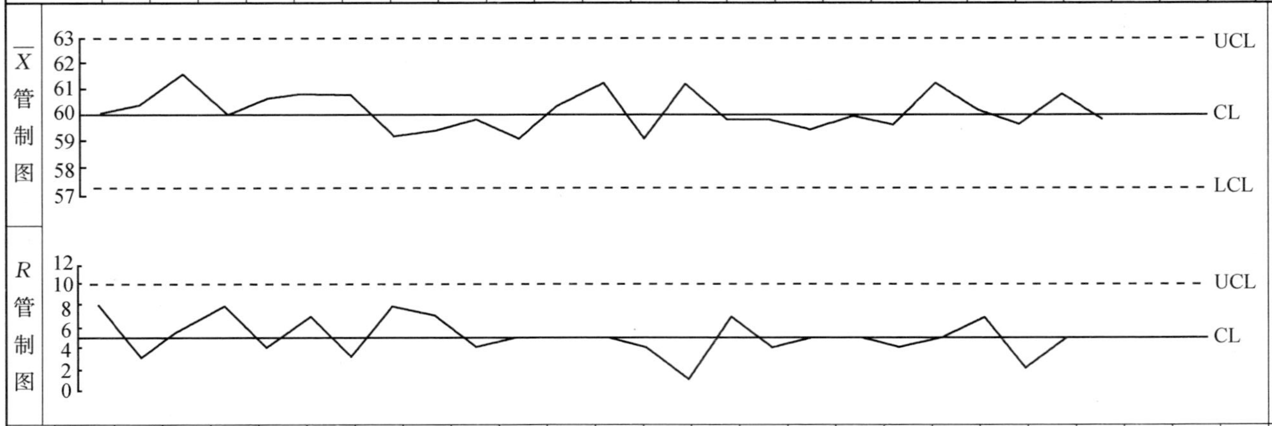

计算: $n = 5$
$A = 0.577$
$D = 2.115$
$\overline{X}$ chart
$UCL = 60.15 + 0.577 \times 5.08 = 63.08$
$LCL = 60.15 - 0.577 \times 5.08 = 57.22$
$R$ chart
$UCL = 2.115 \times 5.08 = 10.74$
$LCL = 0 \times 5.08 = 0$
所有点子均于管制界限内,且呈随机分布状态,可沿用管制界限

原因追查

图 2-15  X̄－R 控制图

### 2.6.4 控制图的分析与判断

(1)受控状态 如果控制图上所有的点都在控制界限以内,而且排列正常,说明生产过程处于统计控制状态,如图 2-16 所示。这时生产过程只有偶然性因素影响,在控制图的正常表现如下。

①所有样本点都在控制界限之内;

②样本点均匀分布,位于中心线两侧的样本点约各占 1/2;

③靠近中心线的样本点约占 2/3;

④靠近控制界限的样本点极少。

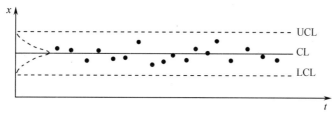

**图 2-16 控制图的受控状态**

(2)失控状态 生产过程处于失控状态的明显特征是有一部分样本点超出控制界限。除此之外,如果没有样本点出界,但样本点排列和分布异常,即所谓的数据点排列分布有缺陷,也说明生产过程状态失控。典型失控状态主要是指出现"链状""偏离""倾向""周期""接近"等情况,如表 2-13 所示,这时必须把引起变化的异常原因找出来,加以解决。

**表 2-13 (数据)点的分布缺陷及分析**

| 缺陷种类 | 说 明 |
|---|---|
| 链<br><br>状 | 点连续出现在中心线一侧,链的长度用链内所含点数多少来判别,如图所示:<br><br>①当连续出现 5 点在中心线一侧,应注意其发展情况,当出现 6 点时,应查明原因;<br>②当连续出现 7 点在中心线一侧,判定为有异常状态,应采取措施解决。 |
| 偏<br><br>离 | 较多的点间断地出现在中心线的一侧,如图所示:<br><br>出现以下情况可判断为异常状态:<br>①连续的 11 点中至少有 10 点出现在中心线的一侧时;<br>②连续的 14 点中至少有 12 点出现在中心线的一侧时;<br>③连续的 17 点中至少有 14 点出现在中心线的一侧时;<br>④连续的 20 点中至少有 16 点出现在中心线的一侧时。 |

续表 2-13

| 缺陷种类 | 说　　　明 |
|---|---|
| 倾　向 | 点连续上升或连续下降的状态,如图所示:<br><br>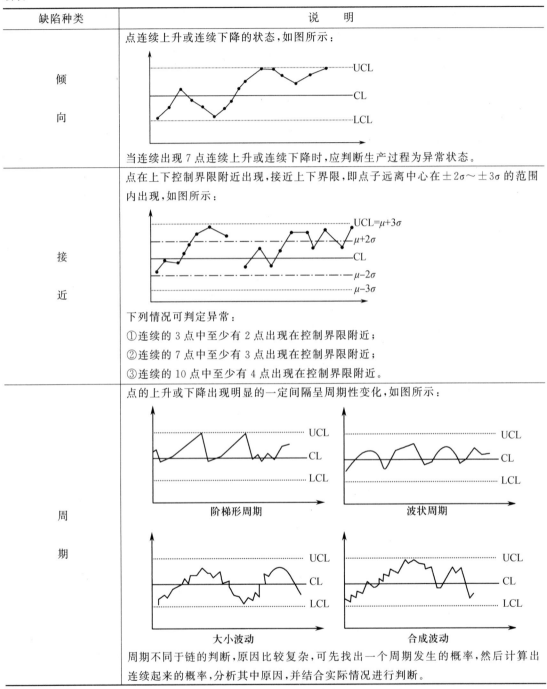<br><br>当连续出现 7 点连续上升或连续下降时,应判断生产过程为异常状态。 |
| 接　近 | 点在上下控制界限附近出现,接近上下界限,即点子远离中心在 $\pm2\sigma \sim \pm3\sigma$ 的范围内出现,如图所示:<br><br>下列情况可判定异常:<br>①连续的 3 点中至少有 2 点出现在控制界限附近;<br>②连续的 7 点中至少有 3 点出现在控制界限附近;<br>③连续的 10 点中至少有 4 点出现在控制界限附近。 |
| 周　期 | 点的上升或下降出现明显的一定间隔呈周期性变化,如图所示:<br><br>阶梯形周期　　波状周期　　大小波动　　合成波动<br><br>周期不同于链的判断,原因比较复杂,可先找出一个周期发生的概率,然后计算出连续起来的概率,分析其中原因,并结合实际情况进行判断。 |

**❓ 思考题**

1.质量波动分哪两类? 它们之间有什么区别?

2.常用的随机抽样方法有几种? 分别是什么?

3. 说明平均值、中位数、极差和标准偏差的含义。

4. 总结一下质量管理传统 7 种工具的原理及应用范围。

5. 想要了解送到顾客餐桌上咖啡的温度,如何用直方图法分析,要求温度在 55～60℃。

6. 质量管理新 7 种工具的特点是什么? 能有效解决哪些问题?

7. 测量 50 个蛋糕的重量($N=50$),重量规格为($310\pm8$) g,如表 2-14 所示。请做分布表并做直方图,对图形进行分析。

**表 2-14　测量表**

| 1 | 308 | 317 | 306 | 314 | 308 |
|---|---|---|---|---|---|
| 2 | 315 | 306 | 302 | 311 | 307 |
| 3 | 305 | 310 | 309 | 305 | 304 |
| 4 | 310 | 316 | 307 | 303 | 318 |
| 5 | 309 | 312 | 307 | 305 | 317 |
| 6 | 312 | 315 | 305 | 316 | 309 |
| 7 | 313 | 307 | 317 | 315 | 320 |
| 8 | 311 | 308 | 310 | 311 | 314 |
| 9 | 304 | 311 | 309 | 309 | 310 |
| 10 | 309 | 312 | 316 | 312 | 318 |
| 行最大 | 315 | 317 | 319 | 314 | 320 |
| 行最小 | 304 | 306 | 302 | 303 | 304 |

8. 某饮料厂生产的固体饮料橘梅晶的每个内包装小袋的重量规格为($50\pm0.5$) g。用甲、乙、丙三台包装机包装,检查的质量特性 $\overline{X}$、$S$ 分别列于表 2-15,请判别哪台包装机生产的工序质量最好。

**表 2-15　质量特征值**

| 特征值 | 甲 | 乙 | 丙 |
|---|---|---|---|
| $\overline{X}$ | 50.20 | 49.70 | 49.80 |
| $S$ | 0.15 | 0.15 | 0.10 |

9. 某食品厂针对某一生产线生产的产品每 4 h 抽查 150 个样品,其不合格率如表 2-16 所示。试绘制 P—Chart 控制图。

**表 2-16　抽查表**

| 样组 | 1 | 2 | 3 | 4 | 5 | 6 | 7 | 8 | 9 | 10 | 11 | 12 | 13 |
|---|---|---|---|---|---|---|---|---|---|---|---|---|---|
| 不合格数 | 6 | 3 | 1 | 6 | 4 | 6 | 5 | 2 | 8 | 1 | 6 | 2 | 0 |
| 不合格率/% | 4 | 2 | 0.7 | 4 | 2.7 | 4 | 3.3 | 1.3 | 5.3 | 0.7 | 4 | 1.3 | 0 |
| 样组 | 14 | 15 | 16 | 17 | 18 | 19 | 20 | 21 | 22 | 23 | 24 | 25 | 合计 |
| 不合格数 | 3 | 5 | 2 | 9 | 1 | 4 | 5 | 3 | 1 | 9 | 5 | 5 | 102 |
| 不合格率/% | 2 | 3.3 | 1.3 | 6 | 0.7 | 2.7 | 3.3 | 2 | 0.7 | 6 | 3.3 | 3.3 | 0 |

**指定学生参考书**

杨吉华. 质量工具简单讲(质量管理工具分析与高效应用)[M]. 广州:广东经济出版社,2012.

**参考文献**

[1] 刘广第. 质量管理学(第3版)[M]. 北京:清华大学出版社,2018.

[2] 龚益鸣. 现代质量管理学(第3版)[M]. 北京:清华大学出版社,2012.

[3] 颜廷才,习恩杰. 食品安全与质量管理学(第2版)[M] 北京:化学工业出版社,2016.

[4] 刘倩等. 控制图在乳品企业质量控制中的应用[J]. 食品安全质量检测学报,2018(21):5772-5780.

[5] 李海滨. 数理统计在食品质量控制中的应用[J]. 食品安全导刊,2017(36):37.

编写人:刘翠翠(天津农学院)

# 第 3 章
# 质量成本管理

## 学习目的与要求

1. 了解质量成本的概念、质量成本管理的内容和方法；

2. 掌握质量成本管理的基本知识和基本理论，并能够在企业中实际运用。

质量成本的概念是 20 世纪 50 年代由美国著名质量管理专家朱兰(J. M. Juran)和费根堡姆(A. V. Feigenbaum)等提出的。质量成本管理就是通过对质量成本进行统计、核算、分析、报告、控制和优化,找到降低成本的途径,找出质量管理的薄弱环节和存在的问题,进而提高企业的经济效益。质量成本管理探讨的是产品质量与企业经济效益之间的关系,它对深化质量管理的理论和方法,以及改进企业的经营观念,提高质量管理水平都有重要意义。

## 3.1 质量的经济性

### 3.1.1 质量效益与质量损失

"向质量要效益"这个口号反映了质量与效益之间的内在联系。质量好的产品才可能有市场,质量过硬的产品在市场上得到认同,才有可能成为名牌产品。质量效益可理解为通过保证、改进和提高产品质量而获得的效益,它来自于消费者对产品的认同及其支付。反之,质量问题严重的产品会引起一系列的损失,这些损失会直接或间接地转嫁到消费者头上,这会使消费者失去对产品的信任,使产品失去市场,失去市场的产品同时也失去了价值,也就无效益可谈。所以,对企业而言,"提高经济效益的巨大潜力蕴藏在产品质量之中"是经营企业的至理名言。生产过程中的不良品损失仅仅属于企业内部的质量损失范畴,质量损失应该是产品在整个生命周期中,由于质量不符合规定要求,对生产者、消费者以及社会所造成的全部损失之和,涉及多方面的利益。不良品损失犹如水中冰山,暴露在水上面的显见比例并不大,而大部分隐患和损失都潜在水面下。所以,朱兰认为,"在次品上发生的成本等于一座金矿,可以对它进行有利的开采"。

(1)生产者损失  因质量问题而造成的生产者损失既有出厂前的,也有出厂后的,有有形损失,也有无形损失。对于食品生产企业,有形损失主要有:废品损失、返工损失、销售中的退货、赔偿、降级降价损失、运输贮存中的损坏变质等。这些损失占总损失的大部分。这些损失通过价值计算都可计入成本,从而转嫁到消费者头上,如转嫁不成,则表现为企业利润减少,效益恶化。无形损失也有种种表现,例如,产品质量低劣,影响企业信誉,直接影响到订货,严重时可使企业丧失市场。这种损失虽然难以直接计算,但对企业的危害极大,甚至是致命的。国内外均有食品企业因质量安全问题而一朝覆灭的例子。相反,不合理地追求过高的质量,使产品质量超过了消费者的实际需求,通常称为"剩余质量",剩余质量使生产者花费过多的费用,成为不必要的损失。

(2)消费者损失  产品在食用或使用中因质量缺陷而使消费者蒙受的各种损失属于消费者损失。消费者损失的表现形式很多。对于食品来讲,主要是由于产品不卫生、不安全而使消费者的健康甚至生命受到的危害,并由此而造成的各种损失。按我国的有关法律规定,对消费者的损失,生产商要给予部分甚至全部的赔偿,直至依法追究刑事责任。在消费者损失中也存在无形损失的现象,主要表现为构成产品的内外包装或成分功能不匹配,使用寿命不一致或不能充分发挥作用。如食品由于营养构成、功能成分不合理使其不能起到应有的营养、保健作用等,消费者由此而产生损失。虽然这类无形损失很难完全避免,往往也不需要生产者赔偿损失,但这些却是消费者实实在在的损失,如果能够在设计中减少这类损失,也有利于提高企业产品在消费者心目中的地位。

（3）社会损失　生产商和消费者都是社会成员,他们的损失也是社会损失的一部分。除此以外还存在另一类社会损失,它是由于产品的缺陷对社会造成的污染或公害而引起的损失,对社会环境的破坏和资源的浪费而造成的损失等。由于这类损失的受害者并不十分确定,难以追究赔偿,生产商往往不重视。各类食品的塑料包装给环境造成的污染就是个典型的例子,受污染之害的对象不容易确定,生产商的责任也难以界定。为减少这类损失,除了生产商必须提高社会责任意识外,政府部门的干预是非常必要的,可以采取法律的、行政的、经济的等种种手段,迫使生产商改进产品质量,减少社会损失。因此,我们要坚定不移贯彻创新、协调、绿色、开放、共享的新发展理念,避免或减少由于质量等问题造成的损失,使我国经济社会持续健康发展。

### 3.1.2　质量波动与质量损失

产品的质量状态是由质量特性描述的,对质量特性的测量数值称为质量特性值。食品的质量特性主要表现为:感官特性、理化特性、卫生特性、贮存性、适用性、经济性等方面。每一批产品在相同的环境下制造出来,其质量特性或多或少总会有所差别,呈现出波动性。质量波动性源于生产过程的系统性因素和以 4M1E,即操作者（man）、机器设备（machine）、原料（material）、方法（method）及环境条件（environment）为代表的偶然性因素,这两方面的因素是始终存在的,因此质量波动是不可避免的。质量波动大不利于质量控制,严重时会使不良品率上升,质量损失随之增加,这些观点已经为大家所熟知。问题是质量波动与质量损失之间是否存在着某种可定量估计的联系。日本的质量专家田口玄一提出了损失函数的如下表达式:

$$L(y) = k\Delta^2$$

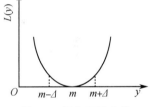

**图 3-1　损失函数曲线**

式中,$L(y)$ 为质量特性值为 $y$ 时的波动损失;$y$ 为实际测定的质量特性值;$m$ 为质量特性的标准值;$\Delta = y - m$ 为偏差;$k$ 为比例常数。

这是一个二次曲线的表达式,曲线形状如图 3-1 所示。

由图 3-1 可知,当质量特性值正好等于质量标准值 $m$ 时,质量损失为零,随着偏差的增加,损失逐步变大。损失函数在本质上表达的是质量波动和质量损失之间的逻辑关系。

提高精度,缩小波动,对于减小质量损失具有十分显著的作用。但是,要提高工序加工精度,缩小质量特性值的波动,就必须提高工序能力。提高工序能力,依赖于技术进步,也依赖于管理进步,这一切都意味着大量的投入。从企业长期发展看,技术和管理水平的进步毕竟是企业竞争力的基础,只要确实能带来质量改进,在这方面的投入应该是值得的。

## 3.2　质量成本的基本概念

### 3.2.1　质量成本的含义

质量成本有时也叫质量费用。1987 年国际标准化组织第 176 技术委员会制定的"ISO

9004 质量管理和质量体系要素——指南"国际标准中把质量成本作为质量体系要素提了出来。质量成本可划分为由内部运行而发生的质量费用和由外部活动而发生的质量费用。ISO 8402 给出了质量成本的定义,所谓质量成本(quality costs)是指"为了确保和保证满意的质量而发生的费用以及没有达到满意的质量所造成的损失。"

质量成本有别于各种传统的成本的概念,是会计核算中的一个新科目。它既发生在企业内部,又发生在企业外部;既和满意的质量有关,又和不良的质量有关。质量成本的构成见图 3-2。

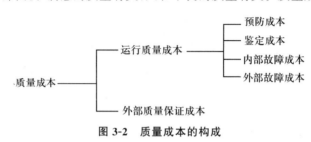

图 3-2　质量成本的构成

从图 3-2 可知,质量成本分为两部分:运行质量成本(operating quality costs)和外部质量保证成本(external assurance quality costs)。运行质量成本是企业内部运行而发生的质量费用,又可分为两类:一类是企业为确保和保证满意的质量而发生的各种投入性费用,如预防成本和鉴定成本;另一类是因没有获得满意的质量而导致的各种损失性费用,如内部故障成本和外部故障成本。外部质量保证成本是指根据用户要求,企业为提供客观证据而发生的各种费用。

严格说来,企业发生的所有费用都和质量问题存在直接或间接的关系,质量成本只是其中和满意质量或不满意质量有直接的密切关系的那部分费用。不能认为质量成本是指高质量所需要的高成本,恰恰相反,如换一种角度看,质量成本的内容大多和不良质量有直接的密切关系,或者是为避免不良质量所发生的费用,或者是发生不良质量后的补救费用。因此美国质量管理协会前主席哈林顿(H. J. Harrington)于 1987 年在其著作《不良质量成本》中提出,应将质量成本改称为"不良质量成本"。虽然哈林顿的看法尚未被普遍认同,但这种观点对于澄清人们关于质量成本的种种误解,以及推动质量成本在企业经营决策中的应用是十分有益的。

### 3.2.2　质量成本的构成分析

由于企业产品、工艺及成本核算制度等差别,对质量成本的具体构成有不同的认识和处理。质量成本的构成分析直接影响企业会计科目的设置及管理会计工作的运作,国际及国内对此都十分重视。下面根据 ISO 9000 对质量成本的定义和有关规定,从共性的角度,对质量成本的具体构成作一简单的介绍。

#### 3.2.2.1　运行质量成本

(1)预防成本(prevention cost)　致力于预防产生故障或不合格品所需的各项费用。大致包括:①质量工作费(企业质量体系中为预防发生故障、保证和控制产品质量,开展质量管理所需的各项有关费用);②质量培训费;③质量奖励费;④工序质量控制费;⑤质量改进措施费;

⑥质量评审费;⑦工资及附加费(指从事质量管理的专业人员);⑧质量情报及信息费等。

(2)鉴定成本(appraisal cost)　评定产品是否满足规定质量要求所需的鉴定、试验、检验和验证方面的费用。一般包括:①进货检验费;②工序检验费;③成品检验费;④检验试验设备校准维护费;⑤试验材料及劳务费;⑥检验试验设备折旧费;⑦办公费(为检验、试验发生的);⑧工资及附加费(指专职检验、计量人员)等。

(3)内部故障成本(internal failure cost)　在交货前产品未满足规定的质量要求所发生的费用。一般包括:①废品损失;②返工或返修损失;③复检费用;④因质量问题发生的停工损失;⑤质量事故处理费;⑥质量降等、降级损失等。

(4)外部故障成本(external failure cost)　交货后,由于产品未满足规定的质量要求所发生的费用。一般包括:①索赔损失;②退货或退换损失;③诉讼损失费;④降级、降价损失等。

#### 3.2.2.2　外部质量保证成本

在合同环境条件下,根据用户提出的要求,为提供客观证据所支付的费用,统称为外部质量保证成本。其项目如:①为提供特殊附加的质量保证措施、程序、数据等所支付的费用;②产品的验证试验和评定的费用,如经认可的试验机构对食品的安全性能、保健功能进行检测试验所发生的费用;③为满足用户要求,进行质量体系认证所发生的费用等。

应当指出,对质量成本的认识和应用还处于发展阶段。严格说来,质量成本并不属于成本会计范畴,而属于管理会计范畴。因此,研究质量成本的目的并不是为了计算产品成本,而是为了分析寻找改进质量的途径,达到降低成本的目的。

### 3.2.3　质量成本的数据

由于产品质量形成于整个生产过程之中,质量管理是一项全员全过程的管理,企业中的每一项活动都有可能与质量有关,而每一项活动又都有费用支出,所以很容易混淆质量成本的界限。在收集质量成本数据时,必须明确质量成本的边界条件。第一,质量成本只针对生产过程的符合性质量而言。因此,只有在设计已经完成、质量标准已经确定的条件下,才开始质量成本计算。对于重新设计或改进设计以及用于提高质量等级或水平而发生的费用,不能计入质量成本。第二,质量成本是指在生产过程中与不合格品密切相关的费用,它并不包括与质量有关的全部费用。例如生产工人的工资、材料消耗费、车间和企业管理费,多多少少与质量有关,但这些费用是正常生产所必须具备的前提条件,不应计入质量成本。

(1)质量成本数据的记录　质量成本数据是质量成本构成项目中的各细目在报告期内所发生的费用数额。正确记录质量成本数据是研究质量成本的第一步工作,在记录时既要防止重复,又要避免遗漏。例如,生产了废品,则记录废品损失,在废品损失中已包括了人工、材料、机时等损失,如果再记录这些损失会造成重复计算;又如,企业在接受了消费者或用户的质量改进意见后,对消费者或用户给以奖励,如把该费用计入公关费用,则发生了记录遗漏,因为该费用应计入预防费用。

(2)原始凭证　为了正确记录质量成本数据,可把质量成本的发生分成两类,即计划内和计划外。根据质量成本构成项目的特点,预防成本和鉴定成本划归计划内,而故障成本归入计划外,外部质量保证成本可根据合同要求纳入计划内。凡是计划内的质量成本只需按计划从企业原有的会计账目中提取数据,不必另外设计原始凭证。而故障成本可根据实际损失情况设计原始凭证,做好原始记录。记录故障成本数据的原始凭证主要有以下 9 种:①计划外生产任务单;②计划外物资领用单;③废品通知单;④停工损失报告单;⑤产品降级、降价处理报告单;⑥计划外检验或试验通知单;⑦退货、换货通知单;⑧消费者或用户服务记录单;⑨索赔、诉讼费用记录单。

为了便于质量成本分析,所有的凭证设计有一些共同的内容,如时间、产品、费用、数量、责任者、发生原因、质量成本科目、审核部门等。

### 3.2.4 质量成本的项目及核算

设置质量成本项目的原则是根据质量成本的定义。在如前所述质量成本构成的基础上,质量成本项目可按照企业的实际情况以及质量费用的用途、目的、性质而定。由于不同企业生产条件具有不同的特点,所以具体成本项目可能不尽相同,但基本上是大同小异的。同时,在设置具体质量成本项目的时候,还要考虑便于核算和正确归集质量费用,使科目的设置和现行会计核算制度相适应,符合一定的成本开支范围,并和质量成本责任制相结合,做到针对性强,目的明确,便于施行。

通常作质量成本核算时应设置"质量成本"一级科目,下面按质量成本的构成分设"预防成本""鉴定成本""内部故障成本""外部故障成本"和"外部质量保证成本"5 个二级科目,往下可设二十多个三级细目。同时还要设置汇总表和有关的明细表,计有:①质量成本汇总表;②质量成本预防费用明细表;③质量成本鉴定费用明细表;④质量成本内部损失明细表;⑤质量成本外部损失明细表;⑥质量成本外部保证费用明细表。其表例如表 3-1 和表 3-2 所示。

表 3-1　质量成本汇总表

| 项目 | 单位 | 质量成本单位 | | | | | | 合计 | |
| --- | --- | --- | --- | --- | --- | --- | --- | --- | --- |
| | | 生产车间 | 包装车间 | 原料库 | 品控部 | 销售部 | …… | 金额 | 百分比/% |
| 内部故障成本 | 废品损失费 | | | | | | | | |
| | 返工损失费 | | | | | | | | |
| | 降级损失费 | | | | | | | | |
| | 停工损失费 | | | | | | | | |
| | 处理故障费 | | | | | | | | |
| | 小计 | | | | | | | | |
| 外部故障成本 | 索赔费 | | | | | | | | |
| | 降价损失费 | | | | | | | | |
| | 退货损失费 | | | | | | | | |
| | 诉讼损失费 | | | | | | | | |
| | 其他损失费 | | | | | | | | |
| | 小计 | | | | | | | | |
| 鉴定成本 | 各种检验费 | | | | | | | | |
| | 检测设备维修、更新费 | | | | | | | | |
| | 小计 | | | | | | | | |

续表 3-1

| 项目 \ 单位 | | 质量成本单位 | | | | | | 合计 | |
|---|---|---|---|---|---|---|---|---|---|
| | | 生产车间 | 包装车间 | 原料库 | 品控部 | 销售部 | …… | 金额 | 百分比/% |
| 预防成本 | 质量工作费 | | | | | | | | |
| | 新产品评审费 | | | | | | | | |
| | 工序质量控制费 | | | | | | | | |
| | 质量情报费 | | | | | | | | |
| | 质量改进费 | | | | | | | | |
| | 检测设备费 | | | | | | | | |
| | 质量培训费 | | | | | | | | |
| | 质量奖励费 | | | | | | | | |
| | 小计 | | | | | | | | |
| 合计 | | | | | | | | | |

其他几项质量成本明细表的形式与表 3-2 相似,可自行参照设计。

**表 3-2　预防成本明细表**

| 项目 \ 产品 | 质量工作费 | 质量培训费 | 质量奖励费 | 工序质量控制费 | 质量改进费 | 质量评审费 | 工资、附加费 | 质量情报费 | 合计 |
|---|---|---|---|---|---|---|---|---|---|
| | | | | | | | | | |
| | | | | | | | | | |
| | | | | | | | | | |
| | | | | | | | | | |

## 3.3　质量成本管理

质量成本管理包括质量成本的预测、计划、分析、报告、控制、考核等内容。

### 3.3.1　质量成本预测

质量成本的预测是质量成本计划的基础工作,甚至是计划的前提,是企业质量决策依据。预测时要求综合考虑消费者或用户对产品质量的要求、竞争对手的质量水平、本企业的历史资料以及企业关于产品质量的竞争策略,采用科学的方法对质量成本目标值做出预测。

(1)质量成本预测的目的　主要有 3 个方面:①为企业提高产品质量和降低质量成本指明方向;②为企业制订质量成本计划提供依据;③为企业内各部门指出降低质量成本的方向和途径。

(2)质量成本预测的分类　按预测时间的长短可分为短期预测和长期预测。一年以内的属于短期预测,用于近期的计划目标与控制;二年甚至更长时间的属于长期预测,用于制定企业竞争战略。

(3)质量成本预测的准备工作　预测是对事物发展趋势的超前认识,首先需要掌握大量的观测数据和资料。主要收集以下资料:①消费者或用户资料。收集消费者或用户关于产品质量和售后服务的要求。②竞争对手资料。包括产品质量、质量成本(这类资料很难获得)、消费者或用户对竞争对手产品质量的反应等。③企业资料,主要包括本企业关于质量成本的历史资料,如质量成本结构、质量成本水平等。④技术性资料,即企业所使用的检验设备、检验标准、检验方法以及企业所使用的原材料对产品质量及质量成本的影响资料,还有企业关于新产品开发、新技术新工艺使用的情况。⑤宏观政策,即国家或地方关于产品质量政策等。然后对收集到的资料进行整理分析,从中寻找质量成本变化的规律、消费者或用户需求的规律、质量成本不同构成要素之间相互作用的规律等。在充分准备的基础上作预测。

(4)质量成本的预测方法　质量成本预测时要求对各成本构成的明细科目逐项进行。由于影响不同科目的方式不同,表现出的规律也不相同,所以对不同科目可采用不同的预测方法。通常采用下列两种方法。

①经验判断法:当影响因素比较多,或者影响的规律比较复杂,难以找出哪怕是很粗糙的函数关系,这时可组织经验丰富的质量管理人员、有关的财会人员和技术人员,根据已掌握的资料,凭借自己的工作经验作预测。此外,对于长期质量成本也适宜使用经验判断方法。

②计算分析法:如果经过对历史数据作数理统计方法的处理后,有关因素之间呈现出较强的规律性,则可以找到某些反映内在规律的数学表达式,用来作预测。

### 3.3.2　质量成本计划

质量成本计划是在预测基础上,用货币量形式规定当生产符合质量要求的产品时,所需达到的质量费用消耗计划。主要包括质量成本总额及其降低率,四项质量成本构成的比例,以及保证实现计划的具体措施。

质量成本计划的内容应该由数值化的目标值和文字化的责任措施两部分组成。

(1)数据部分计划内容

①企业质量成本总额和质量成本构成项目的计划。它们是企业在计划期内要努力达到的目标。

②主要产品的质量成本计划。这里所谓的主要产品是相对于产品质量成本对企业效益的影响程度而言的。

③质量成本结构比例计划。质量成本结构比例对企业效益有一定的影响,在质量成本总额一定的条件下,不同的质量成本结构效益是不同的(后面将作详细讨论)。

④各职能部门的质量成本计划。

(2)文字部分计划内容　此部分的计划主要包括对计划制订的说明,拟采取的计划措施、工作程序等,具体内容:①各职能部门在计划期所承担的质量成本控制的责任和工作任务;②各职能部门质量成本控制的重点;③开展质量成本分析,实施质量成本改进计划的工作程序等说明。

### 3.3.3　质量成本分析

质量成本分析和报告是质量成本管理工作的两个重要环节。通过质量成本分析可以找出产品质量的缺陷和管理工作中的不足之处,为改进质量提出建议,为降低质量成本、寻求最佳质量水平指出方向。质量成本分析的内容如下。

(1)质量成本总额分析 通过核算计划期的质量成本总额,与上期质量成本总额或计划目标值作比较,以分析其变化情况,从而找出变化原因和变化趋势。此项分析可以掌握企业产品质量整体上的情况。

(2)质量成本构成分析 质量成本的不同项目之间是互相关联的,通过核算内部故障成本、外部故障成本、鉴定成本和预防成本分别占运行质量成本的比率,以及分别计算运行质量成本和外部质量保证成本各占质量成本总额的比率,来分析企业运行质量成本的项目构成是否合理,可以寻求比较合理的质量成本水平。

(3)质量成本与企业经济指标的比较分析 即计算各项质量成本与企业的整体经济指标,如相对于企业销售收入、产值、利润等指标的比率,有利于分析和评价质量管理水平。例如,故障成本总额与销售收入总额的比率可称为百元销售收入故障成本率,它反映了因产品质量而造成的经济损失对企业销售收入的影响程度;再如,外部故障成本与销售收入总额的比率,称为百元销售收入外部故障成本率,它反映了企业为消费者或用户服务的费用支出水平,也反映因质量问题给消费者或用户造成的经济损失。

(4)故障成本分析 由于预防成本、鉴定成本和外部质量保证成本的计划性较强,而故障成本发生的偶然因素较多,所以,故障成本分析是查找产品质量缺陷和管理工作中薄弱环节的主要途径。可以从部门、产品种类、外部故障等角度进行分析。

①部门故障成本分析:追寻质量故障的原因,会涉及企业的各个部门,按部门分析可以直接了解各部门的质量管理工作状况,所以是很必要的。分析的主要方法是采用如下两张统计图。

Ⅰ部门故障成本汇总金额时间序列图。图 3-3 统计了某厂生产车间的质量损失时间序列。图中实线表示损失的实际金额,虚线表示计划目标。

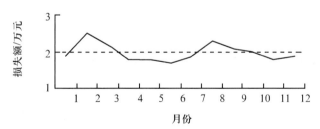

图 3-3 车间质量损失金额时间序列统计图

Ⅱ部门故障成本累计金额统计图。把图 3-3 各月的成本逐月累加后得到图 3-4。

②按产品分类作故障成本分析:同一企业,由于设计的、设备的、工艺的、原料的以及其他种种原因,产品之间会有较大的质量差异。通过按产品的故障成本分析,可以发现质量问题较为严重的产品,把它选作质量工作的重点。考虑到各产品的产量有差别,分析时可采用相对数,如各产品的故障损失与各自销售额的比率。在此基础上可作 ABC 分类,选择重点研究对象。

③对 A 类产品作重点分析:经 ABC 分析确定为 A 类的产品,其故障成本的比重可达

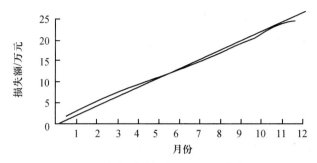

图 3-4　车间质量损失累积金额统计图

70%。经过责任分析,目的在于发现 A 类产品质量管理中存在的问题。图 3-5 为某产品故障成本的责任分析。

图 3-5 说明该产品的故障成本主要是由生产车间和检验部门造成的,在此基础上可进一步做深入的分析,如进一步确定是设备、仪器原因,还是员工的主观原因等。

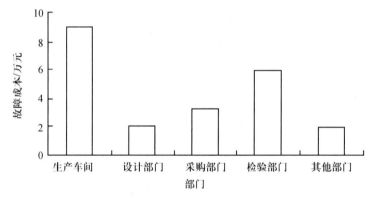

图 3-5　产品故障成本的部门责任分析

④外部故障成本分析:同样的产品质量缺陷,交货前和交货后所造成的损失差别是很大的,外部损失要大于内部损失。一般从三方面进行分析:第一,作质量缺陷分类分析,从中可以发现产品的主要缺陷和对应的质量管理工作的薄弱环节;第二,按产品分类作 ABC 分析,即占外部故障成本总额 70% 左右的产品属于 A 类,占 25% 左右的为 B 类,其余的为 C 类,从中找出几种外部故障成本较高的产品作为重点研究对象;第三,按产品的销售区域分析,不同的地理环境和人群往往有可能引起不同的故障,按地区分析有利于查找原因,分析的结果对于改进产品设计,提高产品质量有很重要的意义。

质量成本分析可采用定性和定量相结合的方法。定性分析可以加强企业质量成本管理工作的科学性,可以提高企业员工对质量工作重要性的认识,有利于增强员工的质量意识,推动企业质量管理工作。而定量分析的作用在于作精确的计算,求得比较确切的经济效果。定量分析有以下 3 种。

(1)指标分析法　指标分析法是把上面质量成本分析内容中介绍的有关内容作数量计算,主要计算增减值和增减率两大类数值。假定,设 C 为质量成本总额在计划期与基期的差额,即

$$C = 基期质量成本总额 - 计划期质量成本总额$$

设其增减率为 $P$，则有

$$P = \frac{C}{基期质量成本总额} \times 100\%$$

其余质量成本构成可依此类推。

（2）质量成本趋势分析 趋势分析的目的是为了掌握企业质量成本在一定时期内的变化趋势。可有短期趋势分析和长期趋势分析。分析 1 年内各月的变化情况属于短期分析，2 年以上的属于长期分析。趋势分析可采用表格法和作图法两种形式。前者以具体的数值表达，准确明了，后者以曲线表达，直观清晰。

（3）排列图分析 排列图是质量管理中的一种基本方法，根据不同的分析目的，把质量缺陷进行分类，然后按数值大小排列。在质量成本分析中按质量成本大小排列，如图 3-6 所示。

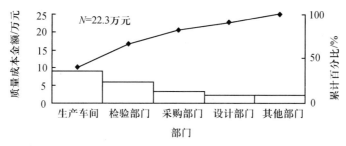

图 3-6 部门质量成本排列图

图 3-6 中显示生产车间质量成本所占比重最大，其次是检验部门，可见使用排列图可以找出主要矛盾。也可以用排列图进一步层层深入作追踪分析，直到最后找出真正的问题。如上例中可对生产车间质量成本作深入分析，一直分析到一个产品、一台设备、一个工位、一道工序、一位操作者，最后找出可采取的措施。

### 3.3.4 质量成本报告

质量成本报告是在质量成本分析的基础上写成的书面文件，它们是企业质量成本分析活动的总结性文件，供领导及有关部门决策使用。质量成本报告的内容与形式视报告呈送对象而定。给高层领导的报告，要求简明扼要地说明企业质量成本总体情况、变化趋势、计划期所取得的效果以及主要存在问题和改进方向；送给中层部门的报告，除了报告总体情况外，还应该根据各部门的特点提供专题分析报告，使他们能从中发现自己部门的主要问题与改进重点。质量成本报告的次数，对高层领导的要少一些，如公司规模大又无异常变化，可一季度一次，而对中层领导则应该一月一次，如情况有异常，可每旬报告一次，以便及时处理质量问题。质量成本报告应该由财务部门和质量部门联合提出，以保证成本数据的正确性。

（1）质量成本报告的基本内容 报告一般需要包括质量成本发生额的汇总数据、原因分析和质量改进对策三大内容，所以要包括以下 5 个方面：①质量成本计划执行和完成情况与基期的对比分析；②质量成本的四项构成比例变化分析；③质量成本与主要经济指标的效益比较分析;④典型事例和重点问题的分析以及处理意见;⑤对企业质量问题的改进建议。

（2）质量成本报告的形式　质量成本报告内容可以繁简各异,形式可以各种各样。按时间可采用定期报告和不定期报告;书面形式可采用报表式、图表式和陈述式。

①报表式:报表是一种最常用的质量成本报告方式,具有准确性高、综合性强的特点。质量成本报表如表 3-3 所示。

表 3-3　质量成本报表

| 质量成本项目 | 月份 | | 比较基数 | | 比率/% |
|---|---|---|---|---|---|
| | 金额<br>/万元 | 占总质量<br>成本/% | 名称 | 金额/万元 | |
| 预防成本<br>质量工作费<br>质量培训费<br>……<br>合计 | | | 产品总成本 | | $\dfrac{总内部故障（损失）成本}{总产值}=$ |
| | | | 产值 | | |
| 鉴定成本<br>检测试验费<br>检测设备<br>折旧费<br>……<br>合计 | | | 利润 | | $\dfrac{总内部故障（损失）成本}{总销售额}=$ |
| | | | 销售额 | | $\dfrac{总质量成本}{总销售额}=$ |
| | | | … | | $\dfrac{总质量成本}{总利润}=$ |
| 内部损失成本<br>废品损失<br>返工损失<br>停工损失<br>……<br>合计 | | | … | | $\dfrac{总质量成本}{产品总成本}=$ |
| 外部损失成本<br>退货费用<br>索赔费<br>……<br>合计 | | | 分析结果处理意见: | | |

制表人:　　　　　　　　　　　　　　　　日期:

②图表式:图表式是技术人员较乐意采用的一种方法,它具有醒目、形象、简单的特点。如图 3-7 所示。

③陈述式:该形式是用语言来表述的一种方法,陈述式的报告表达全面、详细、易懂,因此也经常被采用。

在企业编制年度质量成本报告时,往往是 3 种形式混用,而月度报告可以单独使用某一方式,但无论采用何种方式都要针对报告的内容和接受的对象,力求准确、简明、易懂。

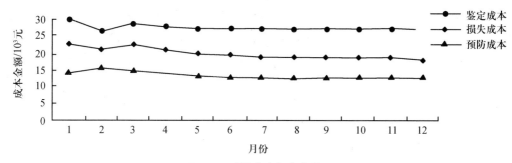

图 3-7　质量成本报告曲线图

### 3.3.5　质量成本控制

质量成本控制是以质量计划所制订的目标为依据,以降低成本为目标,把影响质量总成本的各个质量成本项目控制在计划范围内的一种管理活动,是质量成本管理的重点。质量成本控制是完成质量成本计划、优化质量目标、加强质量管理的重要手段。

(1)质量成本控制的步骤　质量成本控制贯穿质量形成的全过程,一般应采取以下步骤。

①事前控制:事先确定质量成本项目控制标准。按质量成本计划所定的目标作为控制的依据,分解、展开到单位、班组、个人,采用限额费用控制等方法作为各单位控制的标准,以便对费用开支进行检查和评价。

②事中控制:按生产经营全过程进行质量成本控制,即按开发、设计、采购、生产、销售服务几个阶段提出质量费用的要求,分别进行控制,对日常发生的费用对照计划进行检查对比,以便发现问题和采取措施,这是监督控制质量成本目标的重点和有效的控制手段。

③事后控制:查明实际质量成本偏离目标值的问题和原因,在此基础上提出切实可行的措施,以便进一步为改进质量、降低成本进行决策。

(2)质量成本控制的方法　质量成本控制的方法一般有以下几种。

①限额费用控制的方法。

②围绕生产过程重点提高合格率水平的方法。

③运用改进区、控制区、过剩区的划分方法进行质量改进、优化质量成本的方法。

④运用价值工程原理进行质量成本控制的方法。

企业应针对自己的情况选用适合本企业的控制方法。

### 3.3.6　质量成本考核

质量成本考核就是定期对质量成本责任单位和个人考核其质量成本指标完成情况,评价其质量成本管理的成效,并与奖惩挂钩以达到鼓励鞭策、共同提高的目的。因此,质量成本考核是实行质量成本管理的关键之一。

为了对质量成本实行控制和考核,企业应该建立质量成本责任制,形成质量成本控制与考核管理的网络系统。对构成质量成本费用项目分解、落实到有关部门和人员,明确责、权、利,实行统一领导、部门归口、分级管理。

质量成本的考核应与经济责任制和"质量否决权"相结合,也就是说,是以经济尺度来衡量质量体系和质量管理活动的效果。一般由质量管理部门和财会部门共同负责,会同企业综合计划部门总的考核指标体系和监督检查系统进行考核奖惩。因此,企业应在分工组织的基础上制定详细考核奖惩办法。对车间、科室按其不同的性质、不同的职能下达不同的指标进行考核奖惩,使指标更体现经济性,并具有可比性、实用性、简明性。质量成本开展初期,还应考核报表的准确性、及时性。建立科学完善的质量成本指标考核体系是企业质量成本管理的基础。实践证明,企业建立质量成本指标考核体系应坚持以下 4 个原则。

(1)全面性原则  产品质量的形成贯穿于开发、设计、生产到销售服务的全过程。因此必须有一套完备、科学而实用的指标体系,才能全面反映质量成本状况,以进行综合的切合实际的评价和分析。强调全面性,不能使质量成本考核项目多而杂,应该力求简练、综合性强。最终产品质量是各方面工作质量的综合体现,同时,质量的效用性是质量的主要方面,是质量的物质承担者。因此,质量成本考核指标应以产品的实物质量为核心。

(2)系统性原则  质量成本考核系统是质量管理系统中的一个子系统,而质量管理系统又是企业管理系统中的一个子系统,质量成本考核指标与其他经济指标是相互联系、相互制约的关系,分析子系统的状况,能促使企业不断降低质量成本,起到导向的作用。

(3)有效性原则  质量成本考核指标体系的有效性,是指所设立的指标要具有可比性、实用性、简明性。可比性是指质量成本考核指标可以在不同范围、不同时期内进行横向的动态比较;实用性是指考核指标均有处可查,有数据可计算,可定量考核,并相对稳定;简明性就是要求考核指标简单易行、定义简明精练,考核计算简便易行。

(4)科学性原则  企业质量成本考核对改进和提高产品质量,降低消耗,提高企业经济效益具有重要的实际意义,在实际中也是企业开展以上工作的依据。因此,质量成本考核指标体系必须具有科学性。其科学性主要是指考核指标项目的定义范围应当明确,有科学依据、符合实际,真实反映质量成本的实际水平。

根据上述原则建立企业的质量成本考核指标体系是完善的,能够比较全面地、系统地、真实地反映质量成本的实际水平,为企业综合评价和分析提供决策、控制和引导的科学依据。各系统的考核评价应服从大系统的优化。质量成本考核指标体系从纵向形成一个多层次的递阶结构,各层次之间相互衔接、不可分割。也就是说,高层次是对低层次的汇总,低层次是高层次的分解,这样就构成了一个有内在联系和规律的考核网络。

## 3.4  质量成本优化

所谓质量成本的优化,就是要确定质量成本各项主要费用的合理比例,以便使质量总成本达到最低值。换句话说,质量成本总额相同,但只要质量成本构成不同就会有不同的效益。由于这个特性,为质量成本优化提供了可能性。

### 3.4.1  质量成本的合理构成

质量成本的构成主要是指预防成本、鉴定成本、内部故障成本和外部故障成本 4 项,质量成本的优化与质量成本的合理构成有关。据国外资料分析,质量成本的 4 个项目之间有一定的比例关系,通常是,内部故障成本占质量成本总额的 25%～40%;外部故障成本占到 20%～

40%;鉴定成本占 10%～50%;预防成本仅占 0.5%～5%。比例关系随企业产品的差别和质量管理方针的差异而有所不同。对于生产精度高或产品可靠性要求高的企业,预防成本和鉴定成本之和可能会占质量成本的主要部分。

4 项成本相互之间有着内在的联系,例如,出厂前疏于检验,内部故障成本减少了,但是产品出厂后的外部故障成本肯定增加。反之,出厂检验加强了,内部故障成本和鉴定成本增加,但外部故障成本会减少。如果企业采取预防为主的质量管理方针,预防成本会有所增加,但其他 3 项费用会减少。所谓质量成本的合理构成就是寻求一个比例,使质量成本总额尽可能小一些。

20 世纪 60 年代初,美国质量管理专家费根堡姆曾经做过分析,当时美国企业尚未普遍推行质量成本管理,内部与外部故障成本在质量成本总额中的比重高达 70%,鉴定成本占 25%,而预防成本很少有超过 5%的企业。由于忽视了预防措施的重要性,不合格品率很高,直接导致故障成本大量支出。为了减少故障损失,企业又采取加强检验剔除不合格品,于是增加鉴定成本。为限制总成本,不得不减少预防成本,但结果适得其反,不合格品率反而上升了,进入恶性循环。费根堡姆指出,实行预防为主的全面质量管理,预防成本增加 3%～5%,可以取得质量成本总额降低 30%的良好效果。从推行全面质量管理的结果来看,适当增加预防成本,确实可以减少故障成本和鉴定成本,使质量成本总额降低,取得较好的经济效益。

食品是关系到人体健康、人身安全甚至人类繁衍的特殊产品。为了保证食品的质量,特别是食品的卫生安全,国际上和各国家对食品的生产、销售等都制定了相应的法律、法规和标准,食品生产企业必须遵守这些规定。食品生产企业的质量管理更加突出以预防为主,把质量控制的措施放到各生产环节中去,十分注重对原料、半成品、成品的质量检验,这样就对食品质量,特别是食品的卫生安全提供了可靠的保证。因此,对于食品生产来讲,预防成本和鉴定成本之和将会占质量成本的主要部分。

### 3.4.2　质量成本特性曲线

质量成本 4 项费用的大小与产品质量的合格率之间存在内在的联系,反映这种关系的曲线称为质量成本特性曲线。如图 3-8 所示。

图 3-8 中横坐标表示产品质量的合格率,最右端表示 100%合格。曲线 1 代表预防成本和鉴定成本之和,曲线 2 代表内部故障成本和外部故障成本之和,4 项质量成本之和就是质量成本总额,由曲线 3 表示(总额中没有包括外部质量保证成本是因为该项成本比较稳定,对质量成本优化的影响不大,所以不予考虑)。从图 3-8 上可以发现质量成本的构成对质量水平影响很大。在100%不合格的极端情况下,此时的预防成本和鉴定成本几乎为零,说明企业完全放弃了对质量的控制,后果是故障成本极大,企业是无法生存下去的。随着企业对质量问题的日益重视,对质量管理的投入逐步加大,从图 3-8 上可以看出,预防成本和鉴定成本逐步增加,产品

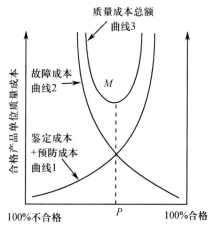

图 3-8　质量成本特性曲线示意图

合格率上升,同时故障成本明显下降。当产品合格率达到一定水平以后,如要再进一步提高合格率,则预防成本和鉴定成本将会急剧增加,而故障成本的降低却十分微小。从曲线3可以看出存在质量成本的极值点 $M$ , $M$ 点对应着产品质量水平点 $P$ ,企业如果把质量水平维持在 $P$ 点,则有最佳质量成本。

### 3.4.3 质量成本优化方法

质量成本优化是指在保证产品质量满足消费者或用户的前提下,寻求质量成本总额最小。由于质量成本构成的复杂性,对大多数企业来说很难找到质量成本曲线,现有的基于数学理论的优化方法很难在质量成本优化中使用。比较实用的优化方法是基于质量管理理论和经验的综合使用。

图3-8的质量成本特性曲线是在定性分析的基础上推断得到的,无论从理论上还是实践上分析,企业质量成本存在一个最佳值的推断是可以接受的。在上述曲线存在条件下,对质量成本最佳 $M$ 点附近的范围作研究,可将其分成3个区域。如图3-9所示。

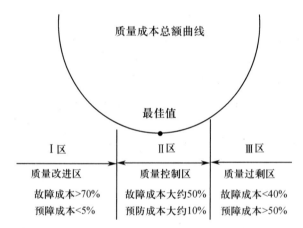

图 3-9　质量成本曲线区域划分示意图

左边区域为质量改进区。企业质量状态处在这个区域的标志是故障成本比重很大,可达到 $70\%$ ,而预防成本很小,比重不到 $5\%$ 。此时,质量成本的优化措施是加强质量管理的预防性工作,提高产品质量,可以大幅度降低故障成本,质量总成本也会明显降低。

中间区域为质量控制区。此区域内,故障成本大约占 $50\%$ ,预防成本在 $10\%$ 左右。在最佳值附近,质量成本总额是很低的,处于理想状态,这时质量工作的重点是维持和控制在现有的水平上。

右边区域为质量过剩区。处于这个区域的明显标志是鉴定成本过高,鉴定成本的比重超过 $50\%$ ,这是由于不恰当的强化检验工作所致,当然,此时的不合格品率得到了控制,是比较低的,故障成本比重一般低于 $40\%$ 。相应的质量管理工作重点是分析现有的质量标准,适当地放宽标准,减少检验程序,维持工序控制能力,可以取得较好的效果。

应当指出,从整个变化规律看,各个企业质量成本的变化模式基本相似,但不同企业由于生产类型不同、产品不同、工艺条件不同,所以质量总成本的最低点的位置及其对应的不合格品率 $P$ 的大小也各不相同。同样,3个区域(Ⅰ、Ⅱ、Ⅲ)所对应的各项费用的大小比例也各不相同。以上的讨论只是供一般性的参考,对食品生产企业来讲,对产品的质量要求很严格,预防成本和鉴定成本占的比重很高。但可以借助质量成本特性曲线所揭示的规律,通过实践与总结逐步建立起自己的质量成本模型,去摸索进行质量成本优化的方法和途径,这样可以避免盲目性。例如,如果企业在原来基础上采取某些质量改进措施,即增加预防成本和鉴定成本,得到的结果是质量总成本有所下降,则基本上可以肯定企业的质量成本工作处于改进区;如果采取质量改进措施后,质量总成本反而上升了,则可以认为质量成本工作处于过剩区,则可以考虑撤销原有措施,或采取逆向措施,即降低预防费用;增加预防费用,可在一定程度上降低鉴定成本;而增加鉴定成本,可降低外部故障成本,但可能增加内部故障成本。

目前,我国少数食品企业进行了质量成本管理。为了提高质量管理水平,保证食品安全,许多食品企业和行业人士充分认识到进行质量成本核算和优化分析的必要性和重要性。但食品生产具有自身的特殊性、复杂性,行业的质量成本管理也没有标准模式和程序可参照,实际应用起来还有很多困难。因此,在食品行业质量成本管理中有许多问题需要进行深入研究和实践验证,如何进行质量成本的核算和优化也是一个十分有意义的课题。

## 3.5　全面质量成本的概念

### 3.5.1　问题的提出

虽然质量成本的概念已经提出了半个多世纪,但在企业中推行质量成本管理还是新生事物。因此,质量成本无论从它的概念、定义、内容及其管理模式和管理方法来看,都尚在发展和完善之中。本节前面所讨论的有关质量成本的主要内容尽管已纳入国际标准的体系要素,但正如我们前面所说过的,这种质量成本有它特定的含义。例如,它由五大部分费用所组成,即预防、鉴定、内部故障、外部故障及外部质量保证成本。显然,正如我们前面已经说明过的,它并没有包括与质量有关的全部费用,而只是同出现不合格品密切相关的那部分费用,这不能不使人们经常为此而提出疑问。其次,以上在质量成本特性曲线分析中还提出了"最佳质量成本"的概念,但企业能否或如何真正测得最佳质量成本,仍是一个难题。另外,最重要的一个问题是,与最佳质量成本(经济平衡点)$M$ 相对应的不合格品率,如图 3-8 中的 $P$,意味着企业可以接受一个适当的不合格品率,对企业是有利的。但是,这同现代全面质量管理(TQM)的不断改进的思想是不相容和矛盾的。现代质量管理的主要观点之一是质量竞争已进入"ppm"和"零缺陷"的阶段。在最新的研究理论中,将质量成本曲线改进为如图 3-10 所示。当预防成本(包括鉴定成本)上升到一定水平时,便会逐渐稳定下来,而故障成本会逐渐缓慢下降,最终质量成本的主要成分为预防成本,此时,产品质量水平已经很高,浪费很少,成本较低且构成合理,生产处于稳定的良好状态。可以看出,这一理论更加符合食品生产企业的实际情况。

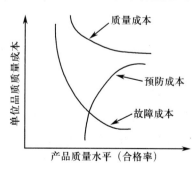

图 3-10　质量成本曲线图

朱兰后来也承认,他的"经济平衡点"模式有局限性,对于十分接近于"零缺陷"生产的产品,他的模式不适用。但朱兰的质量成本模式不仅已纳入标准,而且在企业中还广为采用,并取得良好的效果,采取完全否定或拒绝的态度,显然是不实际的。为此,人们称它为一种反应型的传统质量成本模式,需要有一个新的模式以解决传统模式中如下未能解决的问题。

①质量投资与其收效之间的时间差。

②提供评价现有质量状态和预测改进效果的方法。

③更好地理解质量、成本、生产率和利润率等概念以及它们之间的相互关系。

④构造一种多目标的模式,以便更清晰、更准确地表明质量与效益之间的关系。

⑤找到一种测量长远效益的方法,以克服追求短期效益的倾向。

⑥增设若干非财务方面的要求。

根据以上分析,质量成本应分为两类基本要素:反应型要素和进攻型要素。传统的"预防—鉴定—故障"质量成本模式是反应型的,对其3项成本的监督和管理都是对企业内部各种过程实际作业的反应。这一类反应型的要素在新的质量模型中,可归为单独一类,即反应型成本要素。另一类更重要的是进攻型成本要素。这两类要素结合在一起,则为新的质量成本模式,即全面质量成本。

### 3.5.2 全面质量成本的构成

如前所述,全面质量成本由反应型要素和进攻型要素组成,如图 3-11 所示。

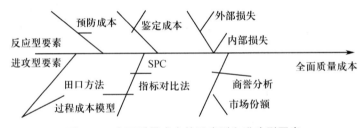

**图 3-11 全面质量成本的反应型和进攻型要素**

进攻型要素包括的主要内容如下。

(1)过程成本模式 为了使质量成本理论与 TQM 原理协调一致,提出了一种称为"过程成本模式"的新质量成本模式。过程是将输入转化为输出的活动。过程成本将质量成本划分为合格质量成本和不合格质量成本两大部分。所谓合格质量成本是以 100% 的有效方法提供产品和服务所固有的成本;而不合格质量成本则包含不是使用 100% 的有效方法造成的各种浪费,即在各种规定过程中存在的低效能和不必要的开支。过程成本模型是一项重要的进攻型模式方法,因为它与 TQM 不断改进的思想相一致。而注重于过程本身就是进攻型最重要的问题,因为它为设计一个组织内的各项活动提供了新思路。

(2)指标对比法 把指标作为竞争的连接器,不断将本企业提供的产品或服务与最强劲的竞争对手和世界一流水平进行对比,找出差距。为企业制订新的目标,目标既要追求高水平,又要实际可行,能够实现。

(3)市场份额分析 研究表明,具有高质量的产品,其市场份额也高,而投资回报将比低质量产品高出约6倍。即使市场份额不佳,高质量至少也能部分地抵偿其对投资回报带来的影响。因此,企业必须努力克服质量低劣,做出生产优质产品的长远战略性决策。大量研究结果都证明,质量投入的增加必然带来相对大得多的市场份额。研究结果并得出,质量同生产率之间存在正相关的关系,即使仅仅考虑对生产率的影响,在质量上的投资也是值得的。

还应指出,产品质量的提高在导致销量上升的同时,还可降低单位成本。因此在计量提高质量的效益时,应计算企业市场份额的增加对公司利润和企业长期效益的影响。所以,市场份额分析构成了进攻型质量成本模式的重要组成部分。

(4)商誉分析　商誉是企业重要的无形资产。据国外统计表明,一位不满意的顾客平均会告知9~10他所发现的某公司的产品质量问题。不满意的顾客中有13%的人所告诉的人数会达到20人以上。这是一种重要的广告宣传,其影响之大,难于估量。所以对企业来说,如果丧失在顾客中的商誉可能是一种觉察不到而又十分可怕的危机。在质量成本分析中忽视它更是极端错误的。一旦你的一位老顾客去试用你的竞争对手的产品,那么你将面临永远失去他,甚至失去一批顾客的危险。总之,丧失顾客的信任所造成的损失是无法估量的,因此,在企业经营管理中,对商誉贡献的研究是有重要实际价值的。

(5)统计过程控制SPC(statistical process control)　从过程成本模式的概念出发,统计质量控制是企业各个"转化"过程中不可缺少的决策手段。而SPC是以数据和信息为基础的,所以说质量成本管理是一种以数据和信息为基础的企业经营活动。

在实际运作的各式各样的过程中,SPC能阻止人们对过程做出没有充分依据的决策,从而保持过程的稳定性。统计质量控制就是应用统计的方法对生产过程加以控制。其常用的统计方法有控制图、工序能力分析、方差分析、相关分析等。由于国际市场竞争激烈,而质量又是竞争的焦点,所以工业发达国家特别重视和强调统计质量控制,把它看作是一项重要的新技术,采用质量控制的手段和方法已成为各国公司质量管理的新课题。那么,计算SPC的投入和取得的效益,当然就成为质量成本管理的进攻型要素。统计质量控制就其实质来说,是一种预防性管理活动,其控制的重点是生产现场,而生产现场的关键则是工序,选择影响质量的重点工序作为控制点,严格进行工序的统计控制,是确保质量、防止出现故障和缺陷、减少损失的重要手段。这是因为SPC能帮助人们在缺陷未发生之前就发现它,从而采取措施加以消除。

就质量成本而言,SPC具有反应型要素及进攻型要素双重性。就反应型要素看,有的学者甚至把SPC视为"预防—鉴定—故障"质量成本模式中的第五项构成因素。从主动进攻的角度来使用SPC就意味着企业要使用它来提高工作绩效,而不是经常地应付顾客提出的要求。SPC在制造业已被广泛采用,特别是在TQM促进下,在质量改进的进攻型意识推动下,SPC越来越成为一项不可缺少的质量改进工具。

(6)田口方法　田口玄一是日本和世界已熟悉的著名的质量管理专家,尽管当前质量界对田口的理论和方法在部分人中存在不同观点和看法,但都不得不承认他的质量思路已大大地改变了质量控制的方法。他创造的线内线外质量控制理论,特别是"三次设计"的优化方法,在世界许多企业得到采用并取得良好效果,在田口所建立的质量损失二次方程和对质量设计方法的简化上尤为显著。

田口将"质量"定义为自产品交货起对社会所造成的有关损失,这对质量赋予了新的含义。

田口方法的另一观点就是质量在研制过程的设计阶段就必须认真考虑和妥善设计,他强调设计质量可以获得产品稳定可靠的运行状态。为此,田口发展了试验设计技术,提出了利用信噪比进行试验设计的概念和方法;把质量和经济紧密联系在一起,根据质量特性值对目标值的偏离大小,由质量损失函数来计算损失的数量;他还提出了"系统设计、参数设计和容差设计"的三次设计方法,大大提高和优化了设计质量,建立了《质量工程学》的理论。因此,利用田口方法设计和制造出来的产品,不仅质量好,而且能为社会带来显著节约。

### ❓ 思考题

1. 质量成本的定义是什么?怎样理解?
2. 试分析食品生产企业质量成本的构成及含义。
3. 质量成本研究的目的是什么?
4. 如何对质量成本进行核算?
5. 质量成本报告的内容有哪些?可采用何种形式?
6. 如何对质量成本进行优化?
7. 试述全面质量成本的构成和含义。

### ▣ 指定学生参考书

杨文培.现代质量成本管理,2版[M].北京:中国质检出版社、中国标准出版社,2016.

### ▣ 参考文献

[1] 余绪缨,汪一凡.管理学会计,3版[M].北京:中国人民大学出版社,2010.

[2] 梁国明.企业质量成本管理方法,4版[M].北京:中国质检出版社,2015.

[3] 朱霖昊,亓晓云,王爱华.食品制造企业质量成本管理初探[J].管理会计,2015(6):80~82.

[4] 吴人为.安琪酵母质量成本管理探讨[D].南昌:江西财经大学,2019.

[5] 周治江.基于作业成本法的H食品企业质量成本管理研究[D].西安:西安理工大学,2017.

编写人:刘金福(天津农学院)

# 第4章
# 食品安全管理系统工程及监管体系

## 学习目的与要求

1.掌握食品安全的基本概念及国际共识；

2.了解食品安全管理系统工程的主要内容；

3.掌握政府的食品安全监督管理职责；

4.了解现代食品安全的核心理念，承担起社会责任。

## 4.1 食品安全概述

### 4.1.1 食品安全的概念

《中华人民共和国食品安全法》对食品安全的定义是：食品无毒、无害，符合应当有的营养要求，对人体健康不造成任何急性、亚急性或者慢性危害（按其原定用途进行制作和/或食用时）。

WHO 的食品安全（food safety）定义是：食物中有毒、有害物质对人体健康有影响的公共卫生问题。

另一个食品安全（food security）的概念通常是指食品量的安全，即是否有能力得到或者提供足够的食物或者食品。世界粮农组织（FAO）对 food security 的定义是：指所有人在任何时候都能在物质上和经济上获得足够、安全和富有营养的食物以满足其健康而积极生活的膳食需要（世界食品首脑会议行动计划第一段）。这涉及四个条件：①充足的粮食供应或可获得量；②不因季节或年份而产生波动或不足的稳定供应；③具有可获得的并负担得起的粮食；④优质安全的食物。

食品安全越来越成为一个全球性的问题，各国都对其进行了深入的研究，在食品安全概念的理解上，国际社会已经基本形成如下共识。

首先，食品安全是个综合概念。作为一种概念，食品安全包括食品卫生、食品质量、食品营养等相关方面的内容和食品（食物）种植、养殖、加工、包装、贮藏、运输、销售、消费等环节。而作为属概念的食品卫生、食品质量、食品营养等（通常被理解为部门概念或者行业概念），均无法涵盖上述全部内容和全部环节。食品卫生、食品质量、食品营养等在内涵和外延上存在许多交叉，正因如此，也就造成食品安全的重复监管。

其次，食品安全是个社会概念。与卫生学、营养学、质量学等学科概念不同，食品安全是个社会治理概念。不同国家以及不同时期，食品安全所面临的突出问题和治理要求有所不同。在发达国家，食品安全所关注的主要是因科学技术发展所引发的问题，如转基因食品对人类健康的影响；而在发展中国家，食品安全所侧重的则是市场经济发育不成熟所引发的问题，如假冒伪劣、有毒有害食品的非法生产经营。我国的食品安全问题则包括上述全部内容。

再次，食品安全是个政治概念。无论是发达国家，还是发展中国家，食品安全都是企业和政府对社会最基本的责任和必须做出的承诺。食品安全与生存权紧密相连，具有唯一性和强制性，通常属于政府保障或者政府强制的范畴。而食品质量等往往与发展权有关，具有层次性和选择性，通常属于商业选择或者政府倡导的范畴。近年来，国际社会逐步以食品安全的概念替代食品卫生、食品质量的概念，更加突显了食品安全的政治责任。

第四，食品安全是个法律概念。自 20 世纪 80 年代以来，一些国家以及有关国际组织从社会系统工程建设的角度出发，逐步以食品安全的综合立法替代卫生、质量、营养等要素立法。1990 年，英国颁布了《食品安全法》；2000 年，欧盟发表了具有指导意义的《食品安全白皮书》；2003 年，日本制定了《食品安全基本法》；部分发展中国家也制定了《食品安全法》。综合型的《食品安全法》逐步替代要素型的《食品卫生法》《食品质量法》《食品营养法》等，反映了时代发展的要求。

基于以上认识,食品安全的概念可以表述为:食品(食物)的种植、养殖、加工、包装、贮藏、运输、销售、消费等活动符合国家强制标准和要求,不存在可能损害或威胁人体健康的有毒有害物质以导致消费者病亡或者危及消费者及其后代的隐患。该概念表明,食品安全既包括生产安全,也包括经营安全;既包括结果安全,也包括过程安全;既包括现实安全,也包括未来安全。

### 4.1.2　食品安全是社会公共安全体系的重要一环

如上所述,食品安全问题是基础性、战略性问题。食品安全事关人民群众身体健康和生命安全,是重大的民生问题、经济问题和政治问题,既关系老百姓切身利益,又关系政府的形象与声誉。在中国,重大的食品安全事故几乎都会演变成为重大社会公共事件或重大社会公共危机,掀起一场轩然大波,引发一波社会震荡,挨骂的是政府,遭难的是消费者,受损的是食品行业。少数人违法行为制造的恶果却叫政府、消费者和合法生产经营者付出了高昂代价。

由此可见,食品安全是社会治理体系的组成部分,是社会公共安全体系(system of social public security)的重要一环。我国国家安全体系集 11 个安全于一体,包括政治安全、国土安全、军事安全、经济安全、文化安全、社会安全、科技安全、信息安全、生态安全、资源安全、核安全等。食品安全则是社会公共安全的重要方面之一。2011 年 6 月全国人大常委会就提出,应提高对食品安全重要性的认识,把食品安全作为"国家安全"的组成部分,认为食品安全的重要性不亚于金融安全、粮食安全、能源安全、生态安全。2015 年 7 月 1 日发布的《国家安全法》体现了"以人民安全为宗旨"的立法理念,强调"保护人民的根本利益"。新国家安全法涵盖了传统领域安全和非传统领域安全。传统领域安全包括政治安全、国土安全、军事安全、经济安全。非传统领域安全包括文化安全、社会安全、科技安全、信息安全、生态安全、资源安全等。再次以法律形式确认食品安全是社会安全的重要内容。

### 4.1.3　我国食品安全状况

2015 年英国经济学人智库发布《全球食品安全指数报告》,该指数包括食品价格承受力、食品供应能力、质量安全保障能力等三方面定性和定量指标。中国在 107 个国家中位居 42,列入表现良好一档(good performance)。应该说,此评价比较客观公正,能反映我国食品质量安全的总体水平。我国食品行业的基础较发达国家相对薄弱,标准水平和食品生产的工业化水平仍有一定的差距,提高食品质量任重道远。

我国食品质量和安全水平随着改革开放和经济发展不断提高,回望历程艰险坎坷,向前看充满信心。《中华人民共和国食品安全法》(以下简称《食品安全法》)是食品安全的大法,《食品安全法》的发布扭转了我国食品质量与安全严重下滑的态势。因此可以把《食品安全法》作为划分我国食品质量与安全状况的分水岭。

(1)前食品安全法时期食品质量与安全状况　前食品安全法时期是我国食品安全事故高发期和矛盾凸显期。当时我国有关食品质量安全的法规有:1993 年制定的《中华人民共和国产品质量法》,1995 年发布的《中华人民共和国食品卫生法》,2006 年发布的《中华人民共和国农产品质量安全法》。

2007 年发布的《中国的食品质量安全状况白皮书》描述了当时我国食品质量和安全状况,

食品企业存在制售假冒伪劣、无证照经营、偷工减料、掺杂使假、以假充真、不按标准生产、滥用添加剂等违法行为,其中尤为突出的是以变质原料加工食品以及使用非食品原料生产加工食品和滥用食品添加剂的违法行为。

此时期,全国范围内重大食品安全事故连年不断,政府主管部门疲于应对,食品业界和消费者则忧心忡忡。如 2001 年某企业用陈馅翻制月饼事件;2003 年用敌敌畏防止火腿生虫事件;2004 年用工业盐腌青菜、用吊白块增白食品、注水肉、食用伪劣婴幼儿奶粉致 100 多名婴儿成"大头娃娃"并致 10 名婴儿夭折,以及毒米酒甲醇中毒致 6 人死亡的特大食品安全事件;2005 年又有水产品孔雀石绿事件;2006 年消费者瘦肉精中毒事件等。出口食品则有 2006 年输日泥鳅和活鳗硫分超标事件;2007 年输新加坡咸鸭蛋含苏丹红事件,输美小麦蛋白粉和大米蛋白粉含三聚氰胺致宠物死亡事件,输美鲶鱼含违禁抗生素事件。特别是 2008 年某企业向生产的婴幼儿配方奶粉中添加三聚氰胺,食用后致泌尿系统异常患儿 29 万余人,6 人死亡的重大恶性食品安全事件,严重危害了公众的身心健康,给我国政府和相关产业造成了极其恶劣的影响。

(2)后食品安全法时期食品质量与安全状况　《食品安全法》和一系列政策法规形成了组合拳,沉重地打击了食品加工中的违法行为,基本上取得了食品安全的控制权。2009 年《食品安全法》显示了政府治理整顿食品安全的坚定决心,所采取的措施有千钧之力和可操作性,因而立显功效,使食品安全总体形势稳中向好,食品质量与安全管理水平有较大幅度提高,有效遏制违法犯罪行为,没有再出现全国性、大范围、严重的食品安全事故,使全国人民看到了希望。虽然此阶段仍发生了区域性的食品安全事故,但都能被及时发现,及时披露和及时处置,如 2011 年染色馒头事件,2011 年瘦肉精健美猪事件,2011 年地沟油制售食用油事件,2013 年制售病死猪肉事件。

2009 年发布《食品安全法》以来,我国还出台一系列政策法规,如 2008 年国家卫生部、公安部、农业部、工商总局和质检总局等 9 部委,在全国范围内开展打击食品中违法添加非食用物质及滥用食品添加剂的专项行动。2009 年国务院发布《食品安全法实施条例》。2010 年最高人民法院、最高人民检察院、公安部、司法部联合下发《关于依法严惩危害食品安全犯罪活动的通知》。2013 年国务院机构改革,组建国家食品药品监督管理总局,统一监督管理食品生产、流通、消费环节的安全,新组建的国家卫生和计划生育委员会则负责评估食品安全风险和制定食品安全标准,农业部则负责农产品质量安全监督管理,并将商务部的生猪定点屠宰监督管理职责划入农业部。2013 年两高出台《最高人民法院、最高人民检察院关于办理危害食品安全刑事案件适用法律若干问题的解释》。2013 年国家食药监管总局部署打击保健食品"四非"专项行动。2015 年对《食品安全法》进行了再次修订,着力解决食品安全领域中存在的突出问题:①加强对食用农产品的管理;②禁止剧毒高毒农药用于果蔬茶叶;③严格监管特殊食品;④严格监管网络食品;⑤建立食品安全全程追溯制度和食品召回制度;⑥严惩重处食品安全违法行为。2015 年公布了 2015 年版《食品生产许可管理办法》。

(3)今后食品安全的发展趋势　2017 年国家发改委、工业和信息化部发布了《食品工业"十三五"发展意见》,该意见的首要的基本原则为"诚信为本、安全为基。强化企业质量安全主体责任,加强食品全产业链质量安全管理,健全食品安全诚信自律制度。营造良好市场环境,提高食品监管能力。实施品牌提升行动,强化食品品牌建设,培育国际品牌。"2017 年 2 月,经李克强总理签批,国务院印发《"十三五"国家食品安全规划》,提出到 2020 年食品安全抽检覆盖全部食品类别,品种,国家统一安排计划,各地区各有关部门每年组织实施的食品检验量达到每千人四份;农业污染源头得到有效治理,主要农产品质量安全监测总体合格率达到 97%以上;食品安全现场检查全面加强,对食品生产经营者每年至少检查一次;食品安全标准更加完善;食品安全监管和技术支撑能力得到明显提升。

### 4.1.4　近年来领导人谈食品安全工作

我国党和政府十分重视食品安全工作,在各种文件和会议讲话中反复强调食品安全工作的重要性,指导政府、社会和企业共同努力,保障食品安全。

2015 年中共中央国务院《关于加大改革创新力度加快农业现代化建设的若干意见》,即2015 年"一号文件",强调要"提升农产品质量和食品安全水平;加强县乡农产品质量和食品安全监管能力建设;严格农业投入品管理,大力推进农业标准化生产;落实重要农产品生产基地、批发市场质量安全检验检测费用补助政策;建立全程可追溯、互联共享的农产品质量和食品安全信息平台;开展农产品质量安全县、食品安全城市创建活动;大力发展名特优新农产品,培育知名品牌;健全食品安全监管综合协调制度,强化地方政府法定职责;落实生产经营者主体责任,严惩各类食品安全违法犯罪行为,提高群众安全感和满意度。"

习近平总书记一直以来都非常重视食品安全问题,就食品安全问题多次发表重要讲话。早在 2012 年 9 月习总书记就指出:"民以食为天,食品安全是重大的民生问题。对食品安全问题,要在加强监管、严厉打击的同时,动员全社会广泛参与,努力营造人人关心食品安全、人人维护食品安全的良好社会氛围,不断增强公众对食品安全的信心。"

2013 年 12 月 23 日在中央农村工作会议上习近平总书记还指出:"食品安全,也是'管'出来的。必须完善监管制度,强化监管手段,形成覆盖从田间到餐桌全过程的监管制度。我们建立食品安全监管协调机制,设立相应管理机构,目的就是要解决多头分管、责任不清、职能交叉等问题。定职能、分地盘相对好办,但真正实现上下左右有效衔接,还要多下气力、多想办法。""食品安全社会关注度高,舆论燃点低,一旦出问题,很容易引起公众恐慌,甚至酿成群体性事件。'三鹿奶粉'事件的负面影响至今还没有消除,老百姓还是谈国产奶粉色变,出国出境四处采购婴幼儿奶粉,弄得一些地方对中国人限购。想到这些事,我心情就很沉重。能不能在食品安全上给老百姓一个满意的交代,是对我们执政能力的重大考验。我们党在中国执政,要是连个食品安全都做不好,还长期做不好的话,有人就会提出够不够格的问题。所以,食品安全问题必须引起高度关注,下最大气力抓好。"

2015 年 5 月 29 日,习近平在谈到健全公共安全体系时指出:"要牢固树立安全发展理念,努力为人民安居乐业、社会安定有序、国家长治久安编织全方位、立体化的公共安全网。要切实提高农产品质量安全水平,以更大力度抓好农产品质量安全,完善农产品质量安全监管体系,把确保质量安全作为农业转方式、调结构的关键环节,让人民群众吃得安全放心。要切实加强食品药品安全监管,用最严谨的标准、最严格的监管、最严厉的处罚、最严肃的问责,加快建立科学完善的食品药品安全治理体系,坚持产管并重,严把从农田到餐桌、从实验室到医院的每一道防线。"

2020年5月,习近平参加十三届全国人大三次会议内蒙古代表团审议时强调,要始终把人民安居乐业、安危冷暖放在心上,用心用情用力解决群众关心的就业、教育、社保、医疗、住房、养老、食品安全、社会治安等实际问题,一件一件抓落实,一年接着一年干,努力让群众看到变化、得到实惠。

### 4.1.5　食品安全管理是一个系统工程

食品安全管理是一个系统工程。把一个极其复杂的研究对象称为系统,即由相互作用和相互依赖的若干组成部分结合成具有特定功能的有机整体,而且这个系统本身又是它所从属的一个更大系统的组成部分。系统工程则是组织管理这种系统的规划、研究、设计、制造、试验和使用的科学方法。系统工程的目的是解决总体优化问题。建立食品安全管理体系的目的是杜绝结构性错误,减少偶然性错误。

食品安全管理系统工程可分为:食品安全监管体系、食品安全支持体系和食品安全过程控制体系。

①食品安全监管体系包括机构设置、明确责任等。(其内容在本章讲解。)

②食品安全支持体系包括食品安全法律法规体系、安全标准体系、认证体系、检验检测体系、信息交流和服务体系、科技支持体系及突发事件应急反应机制等。(其大部分内容在第5章、第6章、第7章、第10章和第11章中讲解。)

③食品安全过程控制体系包括农业良好生产规范(GAP)、食品生产良好操作规范(GMP)、卫生标准操作程序(SSOP)、危害分析与关键控制点(HACCP)体系等。(其主要内容在第8章和第9章讲解。)

由此可见,食品安全管理把各种技术性措施以及非技术性措施科学合理地组装在一起,共同完成艰巨复杂的任务。技术性措施有科学研究、标准、检验检测、风险评估、管理规范、生产规范、关键点控制、信息交流等。非技术性措施有顶层设计、核心理念、规划计划、政府监督、舆论监督、法律法规、制度政策、行政刑事处罚、道德诚信、乡规民约、宣传教育、协调沟通等。单纯依靠一个或几个措施绝不能完成此艰巨复杂的任务,单纯依靠技术性措施或单纯依靠非技术性措施也绝不能完成此艰巨复杂的任务。必须指出,从事科学研究和技术工作的人员往往强调技术性措施的重要性,这是"单纯军事观点"的反映。

## 4.2　现代食品安全的核心理念

在食品安全治理中,我国坚持理念创新、体制创新、法制创新和方式创新。2015版食品安全法规定,食品安全工作实行预防为主、风险管理、全程控制、社会共治,建立科学、严格的监督管理制度。这些科学的核心理念是食品质量与安全管理的指导方针。

### 4.2.1　预防为主的理念

在食品安全问题上应以预防为主,而不是在事件发生后采取补救措施。食品生产经营者应切实把好食品安全的源头关、生产关、流通关和入口关,认真贯彻GAP、GMP、HACCP,开展食品安全自查,定期对食品安全状况进行检查评价,排查食品安全隐患,把安全隐患消灭在萌芽状态,确保不发生系统性结构性错误。食品生产经营者一旦发现存在食品安全事故潜在风险,应当立即停止食品生产经营活动,并向所在地政府食品药品监督管理部门报告。

政府食品药品监督管理等部门要加强食品安全风险监测,全面排查食品安全隐患,加强食品安全舆情管理,强化社会监督,及时发现和解决食品安全的苗头性、倾向性问题。如果政府食品药品监督管理等部门未及时发现食品安全系统性风险,未及时消除监督管理区域内的食品安全隐患,本级政府就应对其主要负责人进行责任约谈。被约谈的食品药品监督管理等部门应当立即采取措施,对食品安全监督管理工作进行整改。

### 4.2.2　风险管理的理念

广义的风险(risk, hazard)表现为不确定性,可能有收获,也可能有损失,如买彩票、炒股。狭义风险,强调风险表现为损失的不确定性,即风险只能表现出损失,没有从风险中获利的可能性,如泥石流。食品安全为狭义风险,而且不存在"零风险"。为应对不断暴露的食品安全问题,国际社会共同采用了食品安全风险评估(food safety risk assessment)的方法,科学评估食品中有害因素可能对人体健康造成的风险,为政府制定食品安全法规、标准和政策提供依据。风险评估是指通过对影响食品安全质量的各种生物、物理和化学危害进行评估,定性或定量的描述风险的特征,提出和实施风险管理措施,并对有关情况进行交流的过程。危险性分析是由危险性评价、危险性管理和危险性信息交流三部分组成。

国家建立食品安全风险监测制度(food safety risk monitoring system)对食源性疾病、食品污染以及食品中的有害因素进行风险评估。食品安全风险评估结果是制定、修订食品安全标准和实施食品安全监督管理的科学依据。经食品安全风险评估,得出食品产品不安全结论的,食品药品监督管理、质量监督等部门应当立即向社会公告,告知消费者停止食用或者使用,并停止生产经营。

食品生产经营者和消费者也应强化风险意识,牢记食品安全质量是食品质量的核心。人们绝不能以牺牲食品的安全质量为代价,片面地追求食品的感官质量。例如,只有在技术上确有必要、经过风险评估证明安全可靠的食品添加剂,才能被允许使用。必须本着不用、慎用、少用原则;能不用的就不用;能少用的就少用。确需使用食品添加剂的,必须按标准使用食品添加剂,食品生产者应当按照食品安全标准关于食品添加剂的品种、使用范围、用量的规定使用食品添加剂。

### 4.2.3　全程控制的理念

ISO 22000:2005, 3.2 关于食品链(food chain)定义为:食品链从初级生产直至消费的各环节和操作的顺序,涉及食品及其辅料的生产、加工、分销、储存和处理。今天的食品链是互联网大潮中的全球化食品供应链,从初级生产到消费者终端,供应途径也许经过了若干个国家。食品安全问题可能涉及食品的生产者、经营者、消费者、市场管理者和政府管理部门等各个层面,涉及食品原料的生产、采集、加工、包装、储藏、运输和食用等各个环节。因此理论上,每个层面每个环节都可能存在安全隐患。全程控制(whole process control)要求食品供应链全程各个层面和各个环节都处于被严格控制的状态,特别是在生产加工环节的接缝处更应严加关注。三鹿奶粉事件中三聚氰胺加到牛奶中去的违法行为发生在收奶站,收奶站是牛奶生产环节和加工环节的结合部,也就最容易逃避监管和最容易出事故。因此必须实行涵盖整个食品产业链的从农田(牧场)到餐桌的全程无缝隙监管,对环节的接缝处尤其要关注。

### 4.2.4 可追溯管理的理念

可追溯性(traceability),即根据记载的标识,追踪实体的历史、应用情况和所处场所的能力。质量可追查性,即具有鉴别产品及其由来的能力。食品生产过程中的可追溯管理以及食品的可追溯性,即应用身份鉴定和健康等标识对食品尤其是动物源性食品进行追查的能力。只要监管部门履行了职责,有真实完整的监管记录,即使发生了食品安全事故,政府及管理部门均可及时追踪事故的源头,找到责任人,从而控制事故的规模,及时把事故限制在很小的区域。找到了责任人,政府也不必为事故造成的损失买单。食品安全法规定,国家建立食品安全全程追溯制度。食品生产经营者应当建立食品安全追溯体系,保证食品可追溯。国家鼓励食品生产经营者采用信息化手段采集、留存生产经营信息,建立食品安全追溯体系。国务院食品药品监督管理部门会同国务院农业行政等有关部门建立食品安全全程追溯协作机制,保证从农田到餐桌的质量控制。建立生产企业的全过程记录,食品原料、食品添加剂、食品相关产品进货查验与出厂检验记录制度。

### 4.2.5 社会共治的理念

在一个开放社会中,食品安全必须依靠政府、市场与社会合作共治,才能实现治理效果。食品生产经营者对其生产经营食品的安全负主体责任,政府负监督管理责任。除此之外,食品行业协会、消费者协会、其他社会组织、基层群众性自治组织和新闻媒体都有引导、督促、宣传教育、普及和舆论监督的责任。高等学校和科研机构也应开展与食品安全有关的基础研究、应用研究,支持食品生产经营者为提高食品安全水平采用先进技术和先进管理规范。国家鼓励食品生产经营企业参加食品安全责任保险,调动社会本身的修复和救济功能转移相关风险,减轻政府的责任与负担,体现了现代社会的社会成员自我服务、自我负责和自我保障的治理本质。

## 4.3 我国食品安全监管体系及沿革历史

政府监管(governmental supervision)应该是统一、高效、严格、严谨、严肃、专业、规范、透明、公开、公正和常规化的。政府应按照"职权法定、依法行政、有效监督、高效便民"的要求,努力建设行为规范的法治政府、责任政府、信用政府。各级食品药品监督管理和其他有关部门应依法严格执行各自的监督管理职责,履行各自的食品安全监督管理义务,不允许出现"越位"、"缺位"和"错位"问题。

### 4.3.1 国际食品安全监管体系

在国际上,食品安全监管体系基本上有 3 种模式:①单一部门管理模式。这是防止出现"模糊地带"堵塞监管漏洞的办法。②多部门管理模式。这是目前世界上多数国家采用的模式,各部门按食品门类或生产、加工、流通的阶段分兵把守。③综合管理模式。由一个部门负责牵头协调,其他部门各司其职。国际主流观点认为,单一部门管理模式只是一种理想化模式,这是因为食品的产业链很长,涉及行业多,专业性强,很难由单一部门进行管理。

下面介绍美国和德国食品安全监管体系,它们各有特点,各有所长,都值得我们学习参考。

#### 4.3.1.1　美国食品安全监管体系

美国食品安全监管体系的主要特点是,统一领导和按品种划分职能。

统一领导方面,1998 年美国政府成立了"总统食品安全管理委员会"来协调全国的食品安全监管政策。卫生部的食品药品管理局(FDA)、农业部的食品安全检验局(FSIS)、动植物健康检验局(APHIS)、环境保护署(EPA)、商业部的国家海洋渔业服务中心(NMFS)、卫生部的疾病控制与预防中心(CDC)等 6 部门参加食品安全委员会的工作。委员会主席则由农业部部长、卫生部部长、科学与技术政策办公室主任共同担任。食品安全管理委员会的权力等级高,能领导、指挥和协调全美国的食品安全监管工作。

按品种划分职能方面,食品药品管理局(FDA)负责除肉、禽等以外 80% 的食品以及部分化妆品的安全监管;美国农业部(USDA)下属的食品安全检验局(FSIS)则负责肉、禽、蛋等安全风险较高食品的监管;环境保护署(EPA)则负责与农药及环境污染有关的食品的安全监管。除此之外,商业部的国家海洋渔业服务中心(NMFS)负责海产品的安全监管;财政部的酒精、烟草和火器管理局(BATF)则负责烟酒制品的安全监管。很显然,美国监督管理职责是按照监管食品的品种划分,而不是由一个部门监管一个阶段或环节。明确分工有利于理顺管理体制,避免部门之间推诿扯皮。

2011 年 1 月 4 日,美国总统奥巴马签署了《FDA 食品安全现代化法案》,构建更为积极的和富有战略性的现代化的食品安全保护体系,进一步扩大和强化了 FDA 对国内食品和进口食品安全监督管理权限。

#### 4.3.1.2　德国食品安全监管体系

德国食品安全监管体系的特点是,形成了一张完善的食品安全监管网络。

2001 年 1 月德国改组食品、农业和林业部(BML)为消费者保护、食品和农业部(BM-VEL)。BMVEL 有 3 大职能:保护消费者、保护食品安全和推进适合于环境和动物的农业生产。BMVEL 的一项重要任务是保持与欧盟总部布鲁塞尔的紧密联系,并且在欧盟代表德国的利益。

BMVEL 下设联邦消费者保护与食品局(BVL)和联邦风险评估研究所(BFR)2 个机构。联邦消费者保护与食品局(BVL)相当于美国的食品药品管理局(FDA),是德国食品安全的协调和危机处理中心,它的任务是加强联邦州之间的沟通合作和支持各州的工作,并负责联邦、州和欧盟之间的沟通协调。一旦出现食品危机,BMELV 即在 BVL 设立危机指挥中心。BVL 的大量实验室具有"国家基准实验室"的地位。德国的 16 个州均设有州食品、农业和消费者保护部,负责协调州层次的食品安全监管工作,并与联邦部密切合作。416 个行政区均设有食品和兽医监督局,负责对本辖区企业的产品和质量管理进行抽样检查。

### 4.3.2　我国食品安全监管体系的历史沿革

改革开放以来,我国不断学习国外经验和实践摸索,从粗放监管到多部门管理监管模式,后来又过渡到由一个部门综合协调,其他部门各司其职的模式。当今,我国实行的是:国务院设立食品安全委员会,国务院食品安全监督管理部门实施监督管理,国务院其他有关部门各司其职的监管模式。

### 4.3.2.1 初级监管阶段(1995—2004年)

1995年10月30日通过《食品卫生法》,规定了卫生行政部门是卫生监督执行主体,标志着我国卫生监督法律体系初步形成。国务院卫生部门主管全国卫生监督工作,县级以上地方人民政府卫生行政部门在本行政区域内行使食品卫生监督职责。食品生产企业只要取得卫生许可证和工商营业执照就可以开工生产。2002年我国开始推行食品质量安全市场准入制度。依照产品质量法,食品企业除了要取得卫生许可证和工商营业执照,还必须获得质量技术监督部门颁发的生产许可证才可以开工。2003年国务院宣布,在原国家药品监督管理局的基础上,组建食品药品监督管理局,目的是希望食品药品监督管理局能像美国的食品药品管理局(FDA)一样,在我国部门林立的食品安全监管体系中起到一个特殊的作用,担负起食品安全综合监督、组织协调和重大事故查处工作。但在此阶段重大食品安全事故时有发生,证明食品药品监督管理局(副部级单位)在权力等级上不足以担当此重任,而且其职责也未经法律确认,担负不起综合监督、组织协调和事故查处工作。

### 4.3.2.2 多头分段管理阶段(2004—2008年)

2004年开始,我国实行多头分管,即多部门按生产环节分段监管为主、品种监管为辅的模式。2004年国务院发布了《国务院关于进一步加强食品安全监管工作的决定》,按照一个生产环节由一个部门监管的分工原则进行分段监管,试图理顺食品安全监管部门的职能,明确政府各部门的责任。该模式将食品安全监管分为4个环节,分别由农业、质检、工商、卫生4个部门实施。其中,农业部门负责初级食用农产品生产环节的监管,质检部门负责食品生产加工环节的质量监督和日常卫生监管以及进出口农产品和食品监管,工商部门负责食品流通环节的监管,卫生部门负责餐饮业和食堂等消费环节的监管,而食品药品监管部门仍然负责食品安全的综合监督、组织协调和依法组织查处重大事故。特点是,监督管理职责按照监管环节划分,以分段监管为主,品种监管为辅,而监管部门又处于同一权力等级,它们之间的沟通与衔接肯定不如上下级之间那么顺畅,因而监管效率低下,加之各部门执行各自的部门法规。为克服上述缺点,2007年国务院成立了"产品质量和食品安全领导小组",任务是开展调查研究,制定政策建议,加强产品质量和食品安全工作,督查落实和对外发布信息。领导小组由时任国务院副总理吴仪任组长,时任质检总局局长李某和时任国务院副秘书长任副组长。此后,产品质量和食品安全领导小组组织了为期4个月的全国产品质量和食品安全专项整治行动。

但在此阶段重大食品安全事故频发,其中最严重的有2004年安徽阜阳"大头娃娃"事件和2005年"苏丹红一号"事件。实践再一次证明,在中国,由一个副总理领导的小组和一个副部级单位(食品药品监管部门)负责食品安全的综合监督、组织协调和依法查处重大事故还是行不通的。

### 4.3.2.3 综合协调监管阶段(2008—2009年)

2008年十一届全国人大一次会议启动了新一轮的国务院机构改革。2008年3月21日,国务院议事协调机构进行了调整,撤销了国务院产品质量和食品安全领导小组,其工作分别由国家质量监督检验检疫总局和卫生部承担。国务院要求,各部门要密切协同,形成合力,共同做好食品安全监管工作。由卫生部牵头建立食品安全综合协调机制,负责食品安全综合监督。卫生部承担食品安全综合协调、组织查处食品安全重大事故的责任,农业部负责农产品生产环节的监管,国家质量监督检验检疫总局负责食品生产加工环节和进出口食品安全的监管,国家工商行政管理总局负责食品流通环节的监管,国家食品药品监督管理局负责餐饮业、食堂等消费环节食品安全的监管。

　　而就在这一年,食品安全领域发生的大事件震动了全中国,震动了全世界,令中国政府蒙羞,令中国食品行业蒙羞。2008 年 9 月三鹿牌婴幼儿配方奶粉中被查出含有三聚氰胺,国家普查了受到劣质奶粉影响儿童 3 000 万人,确定泌尿系统出现异常的患儿 29 万余人,其中 6 人死亡。国家花了 20 亿元,给受到奶粉影响的儿童上了为期 20 年的保险。我国乳业损失约 200 亿元。2008 年 9 月 22 日正部级官员质检总局局长李某引咎辞职。实践证明,在中国,由一个正部级单位(国家质量监督检验检疫总局或卫生部)承担综合协调其他权力等级相同的部门更是行不通的。

#### 4.3.2.4　国务院食品安全委员会领导下的综合协调监管阶段(2009 年至今)

　　2009 年 2 月 28 日全国人大常务委员会通过了《中华人民共和国食品安全法》,确定《食品安全法》于 2009 年 6 月 1 日起施行,标志着新的综合协调监管阶段的开始,即在国务院食品安全委员会领导下卫生行政部门承担综合协调监管工作的阶段。

　　食品安全法规定,国务院设立食品安全委员会。2010 年 2 月 6 日国务院发布了关于设立国务院食品安全委员会的通知。通知规定,国务院食品安全委员会的主要职责是:①分析食品安全形势,研究部署、统筹指导食品安全工作;②提出食品安全监管的重大政策措施;③督促落实食品安全监管责任。

　　国务院食品安全委员会组成如下:主任是时任国务院副总理李克强;副主任是时任国务院副总理回良玉和王岐山;委员有国务院副秘书长、发展改革委副主任、科技部副部长、工业和信息化部部长、公安部副部长、财政部副部长、环境保护部副部长、农业部部长、商务部副部长、卫生部部长、工商总局局长、质检总局局长、粮食局局长、食品药品监管局局长、国务院食品安全委员会办公室主任。国务院食品安全委员会设立国务院食品安全委员会办公室,具体承担委员会的日常工作。

　　国务院食品安全委员会在行政规格上较以往有一个大的升级。2007 年"产品质量和食品安全领导小组"负责人是当时的副总理,而 2010 年"国务院食品安全委员会"则是中共中央政治局常委、国务院副总理李克强,副主任是两位副总理。因此,国务院各部门之间的协调在速度上应该更快,在效率上应该更高。

　　在国务院食品安全委员会领导下,在国家层面上,我国实行国务院食品安全委员会领导下卫生行政部门承担综合协调监管工作的体制。国务院卫生行政部门承担六大任务:①食品安全综合协调职责,②负责食品安全风险评估,③食品安全标准制定,④食品安全信息公布,⑤食品检验机构的资质认定条件和检验规范的制定,⑥组织查处食品安全重大事故。国务院农业、质量监督、工商行政管理和国家食品药品监督管理部门依照食品安全法和国务院规定的职责,分别对食用农产品生产、食品加工生产、食品流通、餐饮服务活动实施监督管理。

2013年3月国务院进行机构改革和职能转变,把①国务院食品安全委员会办公室的职责,②国家食品药品监督管理局的职责,③国家质量监督检验检疫总局的生产环节食品安全监督管理职责,④国家工商行政管理总局的流通环节食品安全监督管理职责等四个职责整合到一起,组建了"国家食品药品监督管理总局"。

2015年10月1日实施的《食品安全法》规定,国务院设立食品安全委员会,国务院食品药品监督管理部门对食品生产经营活动实施监督管理。国务院卫生行政部门组织开展食品安全风险监测和风险评估,会同国务院食品药品监督管理部门制定并公布食品安全国家标准。国务院其他有关部门依照本法和国务院规定的职责,承担有关食品安全工作。地方政府对本行政区域的食品安全监督管理工作负责,统一领导、组织、协调本行政区域的食品安全监督管理工作以及食品安全突发事件应对工作,建立健全食品安全全程监督管理工作机制和信息共享机制。地方政府,确定本级食品药品监督管理、卫生行政部门和其他有关部门的职责。

2018年3月,根据第十三届全国人民代表大会第一次会议批准的国务院机构改革方案,将国家工商行政管理总局的职责,国家质量监督检验检疫总局的职责,国家食品药品监督管理总局的职责,国家发展和改革委员会的价格监督检查与反垄断执法职责,商务部的经营者集中反垄断执法以及国务院反垄断委员会办公室等职责整合,组建国家市场监督管理总局,作为国务院直属机构。在其职责中负责食品安全监督管理综合协调和食品安全监督管理等。国家卫生健康委员会则负责食品安全风险评估和食品安全标准制定。农业农村部则负责农产品质量安全监督管理。新的管理机构在管理职责上高度集中,解决了多头分管、责任不清、职能交叉等问题。

2019年10月31日中国共产党第十九届中央委员会第四次全体会议通过了《中共中央关于坚持和完善中国特色社会主义制度 推进国家治理体系和治理能力现代化若干重大问题的决定》,对坚持和完善中国特色社会主义制度、推进国家治理体系和治理能力现代化作出重大部署。2022年10月16日党的二十大报告中再次对"坚持全面依法治国,推进法治中国建设"做出全面部署。随着全面深化改革、全面依法治国的深入推进,我国在食品质量管理、食品安全的防控等法律、法规和体制机制及治理效能方面会不断的创新、完善和提高,使中国特色社会主义制度的优越性得到充分展现。

## 4.4　政府对食品安全的监管职责

食品安全是关系到我们党在中国执政的重大问题。政府应牢记安全责任重于泰山,要始终牢记为人民服务的宗旨,以人为本、执政为民,扎扎实实做好食品安全的各项工作。政府应切实加强公务员队伍建设,使全体干部始终坚持立党为公、执政为民,牢记守土有责,不辱使命。

### 4.4.1　食品安全监管能力建设

政府应当加强食品安全监督管理能力建设,为食品安全工作提供保障,在制定国民经济和社会发展规划时把食品安全工作作为重要内容列入规划,在编制政府财政预算时把食品安全工作经费列入预算。政府食品药品监督管理部门和其他有关部门应当加强沟通、密切配合,按照各自职责分工,依法行使职权,承担责任。地方政府应组织食品药品监督管理、质量监督、农业行政等部门制订食品安全年度监督管理计划,向社会公布并组织实施。

政府未履行食品安全职责,未及时消除区域性重大食品安全隐患的,上级政府可以对其主要负责人进行责任约谈。政府食品药品监督管理等部门未及时发现食品安全系统性风险,未及时消除监督管理区域内的食品安全隐患的,本级政府可以对其主要负责人进行责任约谈。被约谈的地方政府、食品药品监督管理等部门应当立即采取措施,对食品安全监督管理工作进行整改。

政府食品药品监督管理、质量监督等部门发现涉嫌食品安全犯罪的,应当按照有关规定及时将案件移送公安机关并及时审查。

政法部门必须依法严惩危害食品安全犯罪活动,保持对危害食品安全犯罪活动的高压态势。

### 4.4.2　食品安全信息的通报和公布

政府的食品安全监督管理部门应准确、及时、客观公布信息,避免误导消费者和社会舆论。国家建立统一的食品安全信息平台,实行食品安全信息统一公布制度。国家食品安全监督管理部门统一公布国家食品安全总体情况、食品安全风险警示信息、重大食品安全事故及其调查处理信息。有关省、自治区、直辖市人民政府食品药品监督管理部门公布食品安全风险警示信息和重大食品安全事故及其调查处理信息。政府食品药品监督管理、质量监督、农业行政部门依据各自职责公布食品安全日常监督管理信息。政府食品药品监督管理、卫生行政、质量监督、农业行政部门应当相互通报获知的食品安全信息。任何单位和个人不得编造、散布虚假食品安全信息。政府食品药品监督管理部门发现可能误导消费者和社会舆论的食品安全信息时,应当立即组织有关部门、专业机构、相关食品生产经营者等进行核实、分析,并及时公布结果。

政府应当加强食品安全的宣传教育,普及食品安全知识,鼓励社会组织、基层群众性自治组织、食品生产经营者开展食品安全法律、法规以及食品安全标准和知识的普及工作,倡导健康的饮食方式,增强消费者食品安全意识和自我保护能力。

政府应要求食品广告的内容真实合法,不得含有虚假、夸大的内容,不得涉及疾病预防、治疗功能。政府应严禁食品安全监督管理部门或者承担食品检验职责的机构、食品行业协会、消费者协会以广告或者其他形式向消费者推荐食品。

### 4.4.3　食品安全事故的处置和责令召回

国务院组织制定国家食品安全事故应急预案(food safety accident emergency),地方政府应当制定本行政区域的食品安全事故应急预案,并报上一级人民政府备案。食品安全事故应急预案应当对食品安全事故分级、事故处置组织指挥体系与职责、预防预警机制、处置程序、应急保障措施等作出规定。

食品生产经营企业应当制定食品安全事故处置方案,定期检查本企业各项食品安全防范措施的落实情况,及时消除事故隐患。发生食品安全事故的单位应当立即采取措施,防止事故扩大。事故单位和接收病人进行治疗的单位应当及时向事故发生地县级人民政府食品药品监督管理、卫生行政部门报告。

政府质量监督、农业行政等部门在日常监督管理中发现食品安全事故或者接到事故举报，应当立即向同级食品药品监督管理部门通报。发生食品安全事故，接到报告的县级政府食品药品监督管理部门应当按照应急预案的规定向本级政府和上级政府食品药品监督管理部门报告。县级政府和上级政府食品药品监督管理部门应当按照应急预案的规定上报。任何单位和个人不得对食品安全事故隐瞒、谎报、缓报，不得隐匿、伪造、毁灭有关证据。医疗机构发现其接收的病人属于食源性疾病病人或者疑似病人的，应当按照规定及时将相关信息向县级政府卫生行政部门报告。县级政府卫生行政部门认为与食品安全有关的，应当及时通报同级食品药品监督管理部门。政府卫生行政部门在调查处理传染病或者其他突发公共卫生事件中发现与食品安全相关的信息，应当及时通报同级食品药品监督管理部门。

政府食品药品监督管理部门接到食品安全事故的报告后，应当立即会同同级卫生行政、质量监督、农业行政等部门进行调查处理，并采取措施防止或者减轻社会危害：①开展应急救援工作，组织救治因食品安全事故导致人身伤害的人员；②封存可能导致食品安全事故的食品及其原料，并立即进行检验；对确认属于被污染的食品及其原料，责令食品生产经营者依照规定召回或者停止经营；③封存被污染的食品相关产品，并责令进行清洗消毒；④做好信息发布工作，依法对食品安全事故及其处理情况进行发布，并对可能产生的危害加以解释、说明。

发生食品安全事故需要启动应急预案的，政府应当立即成立事故处置指挥机构，启动应急预案，依照规定进行处置。发生食品安全事故，疾病预防控制机构应当对事故现场进行卫生处理，并对与事故有关的因素开展流行病学调查，有关部门应当予以协助。疾病预防控制机构应当向同级食品药品监督管理、卫生行政部门提交流行病学调查报告。

发生食品安全事故时，食品药品监督管理部门应当立即会同有关部门进行事故责任调查，督促有关部门履行职责，向本级政府和上一级政府食品药品监督管理部门提出事故责任调查处理报告。调查食品安全事故，应当及时、准确查清事故性质和原因，认定事故责任，提出整改措施。调查食品安全事故，除了查明事故单位的责任，还应当查明有关监督管理部门、食品检验机构、认证机构及其工作人员的责任。

国家建立食品召回制度（food recall system）。食品生产者发现其生产的食品不符合食品安全标准或者有证据证明可能危害人体健康的，应当立即停止生产，召回已经上市销售的食品，通知相关生产经营者和消费者，并记录召回和通知情况。食品生产经营者应当对召回的食品采取无害化处理、销毁等措施，防止其再次流入市场。食品生产经营者应当将食品召回和处理情况向所在地县级人民政府食品药品监督管理部门报告。食品生产经营者未依照规定召回或者停止经营的，政府食品药品监督管理部门可以责令其召回或者停止经营。

### 4.4.4 食品检验

2001 年原国家质量技术监督局和国家出入境检验检疫局合并组建国家质量监督检验检疫总局后，开展了所谓的"中国名牌"评选活动。按评选规则，"中国名牌"产品能享受"国家免检"的待遇，从而放弃了对大量产品的监督检查。《食品安全法》规定，政府食品药品监督管理部门应当对食品进行定期或者不定期的抽样检验，并依据有关规定公布检验结果，不得免检。进行抽样检验，应当购买抽取的样品，委托符合规定的食品检验机构进行检验，并支付相关费用，不得向食品生产经营者收取检验费和其他费用。

食品检验机构按照国家有关认证认可的规定取得资质认定后,方可从事食品检验活动。由国务院食品药品监督管理部门规定食品检验机构的资质认定条件和检验规范。食品检验由食品检验机构指定的检验人独立进行。检验人应当依照有关法律、法规的规定,并按照食品安全标准和检验规范对食品进行检验,保证出具的检验数据和结论客观、公正,不得出具虚假检验报告。

### 4.4.5 食品安全风险监测和评估

国家建立食品安全风险监测制度(risk monitoring system),国务院卫生行政部门会同国务院食品药品监督管理、质量监督等部门,制订、实施国家食品安全风险监测计划。省、自治区、直辖市人民政府卫生行政部门制订、实施本行政区域的食品安全风险监测方案。食品安全风险监测工作人员有权进入相关食用农产品种植养殖、食品生产经营场所采集样品、收集相关数据。采集样品应当按照市场价格支付费用。

国家建立食品安全风险评估制度(risk assessment system),对食品中生物性、化学性和物理性危害因素进行风险评估。经食品安全风险评估,得出食品、食品添加剂、食品相关产品不安全结论的,国务院食品药品监督管理、质量监督等部门应当依据各自职责立即向社会公告,告知消费者停止食用或者使用,并采取相应措施,确保该食品停止生产经营。

### 4.4.6 制定食品安全标准

国务院卫生行政部门会同国务院食品药品监督管理部门制定、公布食品安全国家标准,国务院标准化行政部门提供国家标准编号。

### 4.4.7 问责制

政府必须依法严惩与食品安全相关的职务犯罪行为。2010年9月15日最高人民法院、最高人民检察院、公安部、司法部《关于依法严惩危害食品安全犯罪活动的通知》规定,对于包庇、纵容危害食品安全违法犯罪活动的腐败分子,以及在食品安全监管和查处危害食品安全违法犯罪活动中收受贿赂、玩忽职守、滥用职权、徇私枉法、不履行法定职责的国家工作人员,要排除一切阻力和干扰,加大查处力度,依法从重处罚。对与危害食品安全相关的职务犯罪分子一般不得适用缓刑或者判处免予刑事处罚。

《食品安全法》也规定,凡不履行规定的职责,在本行政区域内发生重大食品安全事故的;造成不良影响或者损失的;隐瞒、谎报、缓报食品安全事故的,应对直接负责的主管人员和其他直接责任人员给予记大过、降级、撤职或者开除的行政处分,造成严重后果的,其主要负责人应当引咎辞职。

我国政府对不作为造成严重后果的责任人进行问责和对官员乱作为造成恶劣影响进行问责已有先例。例如,2009年11月海口市工商局发布商品质量监督消费警示,称某公司生产的混合果蔬汁总砷含量超标。某公司则辩称海南相关工商部门在样品抽检和信息发布上均不符合法定程序的规定。涉嫌超标的该批次产品后经北京权威检测机构复检,显示全部合格。海南省工商局党组认为,此事件对执法部门的公信力造成恶劣影响,因而做出处理决定:对海口市工商局和省工商局食品处进行通报批评,给予事件主要责任人引咎辞职和责令辞职的责任追究。

## 4.5　政府对食品生产许可和市场准入的监管

### 4.5.1　市场准入制度和许可证制度

市场准入制度(market access system)是有关国家和政府准许公民和法人进入市场,从事商品生产经营活动的条件和程序规则的各种制度和规范的总称。它是商品经济发展到一定历史阶段,为了保护社会公共利益的需要而逐步建立和完善的。市场准入制度必须遵循科学公正、公开透明、程序合法、便民高效的原则,对各类企业一视同仁。

许可证制度(license system)是国家为加强管理而采用的一种卓有成效的管理制度。在采用许可证制度的国家,一般都根据管辖的范围和对象,设立各种许可证管理系统来负责受理许可证申请书,审查和颁发许可证,监督许可证的执行情况,并对违反许可证规定的持证者实行行政处罚。

食品市场准入制度也称食品质量安全市场准入制度,是指为了防止资源配置低效或过度竞争,政府职能部门通过批准和注册,对企业的市场准入进行管理,目的是为了保证食品的质量安全,只允许具备规定条件的生产者进行生产经营活动。因此,实行食品质量安全市场准入制度是一种政府行为,是一项行政许可制度,是政府对市场管理和经济发展的一种制度安排。

国家市场监督管理总局(2020 年 1 月 2 日国家市场监督管理总局令第 24 号公布)自 2020年 3 月 1 日起施行《食品生产许可管理办法》。规定在中华人民共和国境内,从事食品生产活动,应当依法取得食品生产许可;食品生产许可证编号由 SC("生产"的汉语拼音字母缩写)和14 位阿拉伯数字组成。数字从左至右依次为:3 位食品类别编码、2 位省(自治区、直辖市)代码、2 位市(地)代码、2 位县(区)代码、4 位顺序码、1 位校验码。

### 4.5.2　《食品生产许可管理办法》主要内容

《食品生产许可管理办法》是为规范食品、食品添加剂生产许可活动,加强食品生产监督管理,保障食品安全,根据《中华人民共和国行政许可法》《中华人民共和国食品安全法》《中华人民共和国食品安全法实施条例》等法律法规,制定本办法。在中华人民共和国境内,从事食品生产活动,应当依法取得食品生产许可。食品生产许可实行一企一证原则,即同一个食品生产者从事食品生产活动,应当取得一个食品生产许可证。国家市场监督管理总局负责监督指导全国食品生产许可管理工作。县级以上地方市场监督管理部门负责本行政区域内的食品生产许可监督管理工作。保健食品、特殊医学用途配方食品、婴幼儿配方食品、婴幼儿辅助食品、食盐等食品的生产许可,由省、自治区、直辖市市场监督管理部门负责。申请食品生产许可,应当先行取得营业执照等合法主体资格。

申请食品生产许可,应当符合下列条件:①具有与生产的食品品种、数量相适应的食品原料处理和食品加工、包装、贮存等场所,保持该场所环境整洁,并与有毒、有害场所以及其他污染源保持规定的距离;②具有与生产的食品品种、数量相适应的生产设备或者设施,有相应的消毒、更衣、盥洗、采光、照明、通风、防腐、防尘、防蝇、防鼠、防虫、洗涤以及处理废水、存放垃圾和废弃物的设备或者设施;保健食品生产工艺有原料提取、纯化等前处理工序的,需要具备与生产的品种、数量相适应的原料前处理设备或者设施;③有专职或者兼职的食品安全专业技术人员、食品安全管理人员和保证食品安全的规章制度;④具有合理的设备布局和工艺流程,防止待加工食品与直接入口食品、原料与成品交叉污染,避免食品接触有毒物、不洁物;⑤法律、法规规定的其他条件。

申请食品生产许可,应当向申请人所在地县级以上地方市场监督管理部门提交下列材料:①食品生产许可申请书;②食品生产设备布局图和食品生产工艺流程图;③食品生产主要设备、设施清单;④专职或者兼职的食品安全专业技术人员、食品安全管理人员信息和食品安全管理制度。申请保健食品、特殊医学用途配方食品、婴幼儿配方食品等特殊食品的生产许可,还应当提交与所生产食品相适应的生产质量管理体系文件以及相关注册和备案文件。

县级以上地方市场监督管理部门应当对申请人提交的申请材料进行审查。需要对申请材料的实质内容进行核实的,应当进行现场核查。

市场监督管理部门开展食品生产许可现场核查时,应当按照申请材料进行核查。对首次申请许可或者增加食品类别的变更许可的,根据食品生产工艺流程等要求,核查试制食品的检验报告。开展食品添加剂生产许可现场核查时,可以根据食品添加剂品种特点,核查试制食品添加剂的检验报告和复配食品添加剂配方等。试制食品检验可以由生产者自行检验,或者委托有资质的食品检验机构检验。

现场核查应当由食品安全监管人员进行,根据需要可以聘请专业技术人员作为核查人员参加现场核查。核查人员不得少于 2 人。核查人员应当出示有效证件,填写食品生产许可现场核查表,制作现场核查记录,经申请人核对无误后,由核查人员和申请人在核查表和记录上签名或者盖章。申请人拒绝签名或者盖章的,核查人员应当注明情况。

申请保健食品、特殊医学用途配方食品、婴幼儿配方乳粉生产许可,在产品注册或者产品配方注册时经过现场核查的项目,可以不再重复进行现场核查。

市场监督管理部门可以委托下级市场监督管理部门,对受理的食品生产许可申请进行现场核查。特殊食品生产许可的现场核查原则上不得委托下级市场监督管理部门实施。

食品生产许可证应当载明:生产者名称、社会信用代码、法定代表人(负责人)、住所、生产地址、食品类别、许可证编号、有效期、发证机关、发证日期和二维码。

副本还应当载明食品明细。生产保健食品、特殊医学用途配方食品、婴幼儿配方食品的,还应当载明产品或者产品配方的注册号或者备案登记号;接受委托生产保健食品的,还应当载明委托企业名称及住所等相关信息。食品生产者应当在生产场所的显著位置悬挂或者摆放食品生产许可证正本。

食品生产许可证有效期内,食品生产者名称、现有设备布局和工艺流程、主要生产设备设施、食品类别等事项发生变化,需要变更食品生产许可证载明的许可事项的,食品生产者应当在变化后 10 个工作日内向原发证的市场监督管理部门提出变更申请。食品生产者的生产场所迁址的,应当重新申请食品生产许可。食品生产者需要延续依法取得的食品生产许可的有效期的,应当在该食品生产许可有效期届满 30 个工作日前,向原发证的市场监督管理部门提出申请。

县级以上地方市场监督管理部门应当依据法律法规规定的职责,对食品生产者的许可事项进行监督检查。县级以上地方市场监督管理部门应当将食品生产许可颁发、许可事项检查、日常监督检查、许可违法行为查处等情况记入食品生产者食品安全信用档案,并通过国家企业信用信息公示系统向社会公示;对有不良信用记录的食品生产者应当增加监督检查频次。县级以上地方市场监督管理部门及其工作人员履行食品生产许可管理职责,应当自觉接受食品生产者和社会监督。国家市场监督管理总局可以定期或者不定期组织对全国食品生产许可工作进行监督检查;省、自治区、直辖市市场监督管理部门可以定期或者不定期组织对本行政区域内的食品生产许可工作进行监督检查。

未取得食品生产许可从事食品生产活动的,由县级以上地方市场监督管理部门依照《中华人民共和国食品安全法》第一百二十二条的规定给予处罚。食品生产者生产的食品不属于食品生产许可证上载明的食品类别的,视为未取得食品生产许可从事食品生产活动。许可申请人隐瞒真实情况或者提供虚假材料申请食品生产许可的,由县级以上地方市场监督管理部门给予警告。申请人在1年内不得再次申请食品生产许可。被许可人以欺骗、贿赂等不正当手段取得食品生产许可的,由原发证的市场监督管理部门撤销许可,并处1万元以上3万元以下罚款。被许可人在3年内不得再次申请食品生产许可。

### 4.5.3　政府对食品企业的管理应监管与引导并重

取得食品生产许可证,表明食品生产者有专职或者兼职的食品安全专业技术人员,具有相适应的场所和生产经营设备或者设施,具有食品安全管理人员和保证食品安全的规章制度,具有合理的设备布局和工艺流程,并取得环境保护部门的核准,可以依法从事食品生产经营活动,为消费者提供信得过的安全食品。

政府和企业在保证食品质量和保障食品安全上目标是一致的。我国绝大多数食品生产经营者都有着把食品产业做成"良心产业"的愿望,把质量安全视为企业的生命线,并非是迫于政府监管的压力,而是源自食品行业"生命至上、安全为先、合法获利、取之有道"的道德传统。但并不等于说政府可以袖手旁观放松监管。食品安全是"管"出来的。政府对食品企业要监管与引导并重,光有引导没有监管或光有监管没有引导都行不通。政府必须监管与引导食品生产经营者依法从事生产经营活动,监管与引导食品生产经营者对社会和公众负责,接受社会监督,承担社会责任。

### 4.5.4　政府监管与引导食品企业诚信经营

诚信(honesty;integrity)是指诚实无欺,讲求信用。诚信是中华民族的传统美德,也是人与人和睦相处的道德准则和社会和谐平安的基本条件,所谓"人无信不立,家无信不旺,国无信不稳,世无信不宁"。我国的食品安全事故,大多肇始于厂家诚信缺失,道德滑坡,见钱眼开,视生命为儿戏,丧失了社会基本底线。因此,欲达食品安全必须克服诚信危机,重建诚信体系即是捍卫食品安全。

食品企业要建立诚信管理体系,必须建立企业诚信教育机制、失信因素识别机制、诚信信息采集机制、自查自纠改进机制和失信惩戒公示机制等,使一切生产经营活动都处在诚信制约之下。食品企业应要求企业领导和关键岗位人员签订诚信承诺,履行诚信职责,生产过程建立诚信档案,健全各项诚信管理制度,有效降低企业失信风险。食品行业组织要切实负起行业自律责任,积极组织企业开展自查自纠和内部监督,加强行业监督和培训,及时发现行业中存在的问题并报告食品监管部门。

2010 年我国发布轻工行业标准《食品工业企业诚信管理体系(CMS)建立及实施通用要求》。2012 年工业和信息化部发布《2012 年食品工业企业诚信体系建设工作实施方案》,推进企业诚信体系建设,努力提高企业诚信保障能力和食品质量安全管理水平。

食品监管部门应当建立企业的食品安全信用档案,记录日常监督检查结果和违法行为查处情况,并根据食品安全信用档案的记录,对有不良信用记录的企业增加监督检查频次。食品监管部门建立的企业诚信信息数据库和信息公共服务平台,应与金融机构、证券监管等部门共享,应及时向社会公布企业的信用情况,发布违法违规企业和个人"黑名单",对失信行为予以惩戒,为诚信者创造良好发展环境。

### 4.5.5　政府监管与引导食品企业承担社会责任

社会责任感(sense of social responsibility)就是在一个特定的社会里每个人在内心和感觉上对其他人的伦理关怀和义务。企业既是经济人,也是社会人。企业是以市场为导向、以赢利为目的的经济组织,但追求利润绝不是唯一目的。企业应该是人类物质财富和精神财富的创造者,是支撑人类社会生存的基本经济单位,因此生产出对人类有价值的产品才是企业存在的意义所在。企业承担社会责任,是企业感恩衣食父母和回报社会的内在需要,即使在与自己的利益发生冲突时,也把衣食父母的利益和国家的利益放在前面。企业承担社会责任,也是企业发展的必然要求。良好的企业信誉和形象对企业的生存的发展至关重要,企业的信誉和形象提高了,企业在市场上的竞争力也跟着提高,营造了一个良好发展环境,能够为企业名誉和品牌带来增值潜力和可持续的收益。食品企业是个良心工程,生产安全食品是企业应该承担的最基本的最起码的义务和社会责任。道德信仰的约束力在食品企业质量安全管理可以发挥巨大作用。企业应开展经常性的社会责任教育,要把企业履行社会责任与提高员工忠诚度、消费者忠诚度、品牌形象、企业声誉和竞争优势的关系讲透,要把企业履行社会责任对企业业绩、价值、绩效和核心竞争力等方面带来的良好影响讲透,使每个职工树立承担社会责任光荣,破坏食品安全就是害国家、害百姓、害企业,也害自身的观念。作为新时代从事食品行业的专业人员,不仅要做到遵纪守法,还要做好食品相关法规的宣传、教育、监督工作,爱党报国、敬业奉献、服务人员,不辱使命。

### ❓ 思考题

1.国际上有哪些食品安全监管模式?

2.我国食品安全监管体系可分为哪些阶段?

3.国务院食品安全委员会的职责是什么?

4.简述《食品生产许可管理办法》的主要内容。

5.最高人民法院等严惩与食品安全相关的职务犯罪行为有什么特殊规定?

6.你对我国食品安全监管体系有何思考和建议?

**指定学生参考书**

[1] 吴永宁.现代食品安全科学[M].北京:化学工业出版社,2005.

[2] 吴澎.食品安全管理体系概论[M].北京:化学工业出版社,2017.

**参考文献**

[1] Global Food Security Index. http://foodsecurityindex.eiu.com.

[2] 刘录民.我国食品安全监管体系研究[M].北京:中国质检出版社,2013.

[3] 朱慧娴.欧美食品安全监管体系研究[D].武汉:华中农业大学,2014.

[4] 陈晓燕.建设中国特色的食品安全监管体系研究[D].厦门:华侨大学,2014.

[5] 牟珂.食品安全监管体系问题与对策研究[D].济南:山东大学,2019.

[6] 王薇.中外畜产食品安全监管体系研究[D].北京:中国农业科学院,2016.

编写人:陈宗道(西南大学)

第 5 章
# 食品质量与安全法规

## 学习目的与要求

1. 掌握中国食品质量与安全法规的主要内容；
2. 熟悉国际食品法典委员会的章程和主要工作；
3. 了解欧美食品法规的核心内容。

食品质量与安全法规是指与食品生产、加工、贮运、销售和消费任一环节有关的,涉及食品质量与安全的法律、条例、指令和标准。"不以规矩,不能成方圆"。食品质量与安全法规是企业生产、政府管理、消费者自我保护的准绳,是解决国际食品贸易纠纷和贸易技术壁垒的依据,在发展市场经济、保证公平交易和保护消费者健康方面具有根本性的作用和意义。由于食品常常涉及到质量与安全两种属性,食品法规也被分为一般性法规和技术性法规。一般法规规定产品的基本属性、总体要求和原则规范;技术法规规定产品的特性、相关工艺和生产方法,以及包括适用的、强制执行的管理条款等文件。

# 5.1　中国食品质量与安全法规

　　自 20 世纪 80 年代以来,中国政府制定了一系列与食品质量与安全有关的法规。党的二十大报告提出了到 2035 年我国发展的总体目标,其中我国要基本实现国家治理体系和治理能力现代化;基本建成法治国家、法治政府、法治社会。目前形成了以《中华人民共和国产品质量法》《中华人民共和国农业法》《中华人民共和国标准化法》等法律为基础,以《中华人民共和国食品安全法》《中华人民共和国农产品质量安全法》为核心,以及涉及食品质量与安全要求的条例、规范和标准等法规为主体,以地方政府关于食品质量与安全的规章为补充的食品质量与安全法规体系。

## 5.1.1　中华人民共和国食品安全法

### 5.1.1.1　《中华人民共和国食品安全法》(以下简称《食品安全法》)的颁布

　　2009 年 2 月 28 日第十一届全国人大常委会第七次会议以 158 票赞成、3 票反对、4 票弃权表决,通过了《中华人民共和国食品安全法》。《食品安全法》于 2009 年 6 月 1 日起实施,现行《食品卫生法》同时废止。2015 年 4 月 24 日第十二届全国人大常委会第十四次会议通过了修订的《食品安全法》,于 2015 年 10 月 1 日实施。根据 2018 年 12 月 29 日第十三届全国人民代表大会常务委员会第七次会议《关于修改〈中华人民共和国产品质量法〉等五部法律的决定》2018 年 12 月 29 日实施《中华人民共和国食品安全法》(2018 修正)。

　　《食品安全法》的立法经过。2005 年第十届全国人民代表大会有 233 名人大代表联名提交了尽快制定专门的《食品安全法》的议案。2007 年 10 月召开的国务院常务会议,讨论并原则通过了《食品安全法(草案)》。2007 年 12 月第十届全国人大常委会第三十一次会议对《食品安全法(草案)》进行了初次审议,决定向社会公布草案全文,广泛征求意见。这是立法机关"开门立法"广泛征求意见的第一部法律草案。2008 年 4 月全文公布该法草案,各界群众可直接寄送全国人大常委会法制工作委员会,或者直接登录中国人大网提出意见。2008 年 8 月第十一届全国人大常委会第四次会议对草案进行了第二次审议,并于会后再次向有关部门征求意见。2008 年 10 月 23 日,对食品安全法草案进行了第三次审议。2009 年 2 月第十一届全国人大常委会法律委召开了会议,对草案进行了第四次审议。2009 年 2 月 28 日第十一届全国人大常委会第七次会议通过了《食品安全法》。2009 年 4 月公布《食品安全法实施条例》。2015 年 4 月 24 日第十二届全国人大常委会第十四次会议通过了修订的《食品安全法》。2018 年 12 月 29 日第十三届全国人民代表大会常务委员会第七次会议再次修订本法。

#### 5.1.1.2 《食品安全法》的目的和意义

《食品安全法》的目的是为了保证食品安全,保障公众身体健康和生命安全。

《食品安全法》的意义在于以下几点。

①构建食品安全保障体系。

a. 建立并完善食品安全法律体系;

b. 建立和完善食品安全风险评估体系;

c. 建立统一协调的食品安全监管和责任体系;

d. 建立完善的食品安全应急处理机制;

e. 完善食品安全标准和检验检测体系;

f. 建立我国食品安全信用体系;

g. 建立统一的食品安全信息网络体系;

h. 建设食品安全教育宣传体系。

②从法律法规支持、执法者依法监管、生产厂家守法经营及消费者自我保护4个角度切入,聚焦食品安全的现状,寻找食品安全工程的"奠基石"。

③食品安全法关注食品的安全,关注食物内在的、影响人们身体健康和生命安全的生物学、物理学、化学因素。

④引入国际食品安全理念和管理制度:食品安全风险监测和评估制度、准入制度、召回制度、可追溯制度、GMP、HACCP、食品安全标准制度、检验制度、食品安全信息公开制度、食品安全事故处置与责任制度。

#### 5.1.1.3 《食品安全法》的适用范围和对象

《食品安全法》作为我国法制建设的重要组成部分,具有权威性和强制性。在中华人民共和国境内从事下列活动,应当遵守本法。

①食品生产和加工(以下称食品生产),食品流通和餐饮服务(以下称食品经营)。

②食品添加剂的生产经营。

③用于食品的包装材料、容器、洗涤剂、消毒剂和用于食品生产经营的工具、设备(以下称食品相关产品)的生产经营。

④食品生产经营者使用食品添加剂、食品相关产品。

⑤食品的贮存和运输。

⑥对食品、食品添加剂和食品相关产品的安全管理。

#### 5.1.1.4 《食品安全法》的内容

第一章　总则。包括第一条到第十三条,共13条。对从事食品生产经营活动,食品生产经营者社会职责,各级政府、相关部门及社会团体在食品安全监督管理、舆论监督、食品安全标准和知识的普及,增强消费者食品安全意识和自我保护能力等方面的责任和职权做了相应规定。

第二章　食品安全风险监测和评估。包括第十四条到第二十三条,共10条。对食品安全风险监测制度,食品安全风险评估制度,食品安全风险评估结果的建立、依据、程序,食品安全预警与风险交流等做了规定。

第三章 食品安全标准。包括第二十四条到第三十二条,共 9 条。对食品安全标准的制定原则、程序、内容、执行等做了规定。

第四章 食品生产经营。包括第三十三条到第八十三条,共 51 条,分为四节,即一般规定,生产经营过程控制,标签、说明书和广告,特殊食品。本章对食品生产经营符合食品安全标准、禁止生产经营的食品;对从事食品生产、食品流通、餐饮服务等食品生产经营实行许可制度;食品生产经营企业应当建立健全本单位的食品安全管理制度,依法从事食品生产经营活动;对食品添加剂使用的品种、范围、用量的规定;建立食品召回制度;各种食品产品介绍以及特殊食品等内容进行相应的规定。

第五章 食品检验。包括第八十四条到第九十条,共 7 条。对食品检验机构的资质认定条件、检验规范、检验程序及检验责任和监督等内容进行相应的规定。

第六章 食品进出口。包括第九十一条到第一百零一条,共 11 条。对进口食品的管理、食品和食品添加剂,以及食品相关产品应当符合食品安全国家标准、进出口食品的检验检疫的原则、风险预警及控制措施等进行相应的规定。

第七章 食品安全事故处置。包括第一百零二条到第一百零八条,共 7 条。国家食品安全事故应急预案、应急处置、安全事故责任调查处理等方面进行相应的规定。

第八章 监督管理。包括第一百零九条到第一百二十一条,共 13 条。对各级政府及本级相关部门的食品安全监督管理职责、工作权限和程序等进行相应的规定。

第九章 法律责任。包括第一百二十二条到第一百四十九条,共 28 条。对违反《食品安全法》规定的食品生产经营活动、食品检验机构及食品检验人员、食品安全监督管理部门等进行相应处罚原则、程序和刑事责任等方面进行相应的规定。

第十章 附则。包括第一百五十条到第一百五十四条,共 5 条。对《食品安全法》相关术语,相关法规和实施时间做了规定。

#### 5.1.1.5 食品安全监督管理的内容

①国务院设立食品安全委员会,其工作职责由国务院规定。

②国务院食品药品监督管理部门依照本法和国务院规定的职责,对食品生产经营活动实施监督管理。

③国务院卫生行政部门依照本法和国务院规定的职责,组织开展食品安全风险监测和风险评估,会同国务院食品药品监督管理部门制定并公布食品安全国家标准。国务院其他有关部门依照本法和国务院规定的职责,承担有关食品安全工作。

④县级以上地方人民政府对本行政区域内的食品安全监督管理工作负责,统一、领导、组织、协调本行政区域的食品安全监督管理工作,以及食品安全突发事件的应对工作,建立健全食品安全全程监督管理工作机制和信息共享机制。

#### 5.1.1.6 法律责任的内容

①违反本法规定,未取得食品生产经营许可从事食品生产经营活动,或者未取得食品添加剂生产许可从事食品添加剂生产活动的,由县级以上人民政府食品药品监督管理部门没收违法所得和违法生产经营的食品、食品添加剂以及用于违法生产经营的工具、设备、原料等物品;违法生产经营的食品、食品添加剂货值金额不足 1 万元的,并处 5 万元以上 10 万元以下罚款;

货值金额 1 万元以上的,并处货值金额 10 倍以上 20 倍以下罚款。

明知从事前款规定的违法行为,仍为其提供生产经营场所或者其他条件的,由县级以上人民政府食品药品监督管理部门责令停止违法行为,没收违法所得,并处 5 万元以上 10 万元以下罚款;使消费者的合法权益受到损害的,应当与食品、食品添加剂生产经营者承担连带责任。

②违反本法规定,有下列情形之一,尚不构成犯罪的,由县级以上人民政府食品药品监督管理部门没收违法所得和违法生产经营的食品,并可以没收用于违法生产经营的工具、设备、原料等物品;违法生产经营的食品货值金额不足 1 万元的,并处 10 万元以上 15 万元以下罚款;货值金额 1 万元以上的,并处货值金额 15 倍以上 30 倍以下罚款;情节严重的,吊销许可证,并可以由公安机关对其直接负责的主管人员和其他直接责任人员处 5 天以上 15 天以下拘留:

a.用非食品原料生产食品、在食品中添加食品添加剂以外的化学物质和其他可能危害人体健康的物质,或者用回收食品作为原料生产食品,或者经营上述食品;

b.生产经营营养成分不符合食品安全标准的专供婴幼儿和其他特定人群的主辅食品;

c.经营病死、毒死或者死因不明的禽、畜、兽、水产动物肉类,或者生产经营其制品;

d.经营未按规定进行检疫或者检疫不合格的肉类,或者生产经营未经检验或者检验不合格的肉类制品;

e.生产经营国家为防病等特殊需要明令禁止生产经营的食品;

f.生产经营添加药品的食品。

### 5.1.2　中华人民共和国农产品质量安全法

#### 5.1.2.1　《农产品质量安全法》的颁布及意义

《中华人民共和国农产品质量安全法》由中华人民共和国第十届全国人民代表大会常务委员会第二十一次会议于 2006 年 4 月 29 日通过,自 2006 年 11 月 1 日起施行。2018 年 10 月 26 日第十三届全国人民代表大会常务委员会第六次会议上对其进行了修正,《中华人民共和国农产品质量安全法》(2018 修正)于 2018 年 10 月 26 日发布实施。

农产品是指来源于农业的初级产品,即在农业活动中获得的植物、动物、微生物及其产品。农产品质量安全,是指农产品的质量符合保障人的健康、安全的要求。为了从源头上保障农产品质量安全,维护公众的身体健康,促进农业和农村经济的发展,国家制定了《农产品质量安全法》。

#### 5.1.2.2　《农产品质量安全法》的内容体系

(1)农产品质量安全法规定的基本制度　农产品质量安全法从我国农业生产的实际出发,遵循农产品质量安全管理的客观规律,针对保障农产品质量安全的主要环节和关键点,确立了7 项基本制度。

①政府统一领导,农业主管部门依法监管,其他有关部门分工负责的农产品质量安全管理体制。

②农产品质量安全标准的强制实施制度。政府有关部门应当按照保障农产品质量安全的要求,依法制定和发布农产品质量安全标准并监督实施;不符合农产品质量安全标准的农产

品,禁止销售。

③防止因农产品产地污染而危及农产品质量安全的农产品产地管理制度。

④农产品的包装和标识管理制度。

⑤农产品质量安全监督检查制度。

⑥农产品质量安全的风险分析、评估制度和农产品质量安全的信息发布制度。

⑦对农产品质量安全违法行为的责任追究制度。

(2)农产品质量安全法对农产品产地管理的规定　农产品产地环境对农产品质量安全具有直接、重大的影响。抓好农产品产地管理,是保障农产品质量安全的前提。农产品质量安全法规定,县级以上政府应当加强农产品产地管理,改善农产品生产条件。禁止违反法律、法规的规定向农产品产地排放或者倾倒废水、废气、固体废物或者其他有毒有害物质;禁止在有毒有害物质超过规定标准的区域生产、捕捞、采集农产品和建立农产品生产基地。县级以上地方政府农业主管部门按照保障农产品质量安全的要求,根据农产品品种特性和生产区域大气、土壤、水体中有毒有害物质状况等因素,认为不适宜特定农产品生产的,应当提出禁止生产的区域,报本级政府批准后公布执行。

(3)农产品生产者在生产过程中应当保障农产品质量安全的规定　生产过程是影响农产品质量安全的关键环节。农产品质量安全法对农产品生产者在生产过程中保证农产品质量安全的基本义务作了如下规定。

①依照规定合理使用化肥、农药、兽药、饲料和饲料添加剂等农业投入品,严格执行农业投入品使用安全间隔期或者休药期的规定,禁止使用国家明令禁止使用的农业投入品,防止因违反规定使用农业投入品危及农产品质量安全。

②依照规定建立农产品生产记录。

③对其生产的农产品的质量安全状况进行检测。农产品生产企业和农民专业合作经济组织应当自行或者委托检测机构对其生产的农产品的质量安全状况进行检测,经检测不符合农产品质量安全标准的,不得销售。

(4)农产品质量安全法对农产品的包装和标识的要求　农产品质量安全法对于农产品包装和标识的规定。

①对国务院农业主管部门规定在销售时应当包装和附加标识的农产品,农产品生产企业、农民专业合作经济组织以及从事农产品收购的单位或者个人,应当按照规定包装或者附加标识后方可销售;属于农业转基因生物的农产品,应当按照农业转基因生物安全管理的规定进行标识。依法需要实施检疫的动植物及其产品,应当附具检疫合格的标志、证明。

②农产品在包装、保鲜、贮存、运输中使用的保鲜剂、防腐剂和添加剂等材料,应当符合国家有关强制性的技术规范。

③销售的农产品符合农产品质量安全标准的,生产者可以申请使用无公害农产品标识;农产品质量符合国家规定的有关优质农产品标准的,生产者可以申请使用相应的农产品质量标志。

### 5.1.3　中华人民共和国产品质量法

#### 5.1.3.1　《中华人民共和国产品质量法》(以下简称《产品质量法》)的颁布及意义

《产品质量法》于 1993 年 2 月 22 日第七届全国人民代表大会常务委员会第三十次会议审

议通过,1993 年 9 月 1 日起正式实施。根据 2000 年 7 月 8 日第九届全国人民代表大会第十六次会议《关于修改产品质量法的决定》修订。2018 年 12 月 29 日第十三届全国人民代表大会常务委员会第七次会议《关于修改〈中华人民共和国产品质量法〉等五部法律的决定》第三次修正,并发布实施。

产品质量立法的重要意义如下。

(1)产品质量立法是提高我国产品质量的需要　改革开放以来,我国的产品质量有了很大的提高。但是产品质量差、物质消耗高、经济效益低仍然是经济建设中一个突出的问题。

(2)产品质量立法是规范社会经济秩序的需要　产品质量立法就是要禁止各种不正当竞争行为,规范社会经济秩序,保护公平竞争。

(3)产品质量法是保护消费者合法权益的需要　产品质量立法明确了产品质量责任,规定了民事赔偿,提供了法律保障。消费者可以运用法律武器,维护自身的合法权益。

(4)产品质量立法是建立和完善我国产品质量法制的需要　完备的法制是市场经济体制完善、社会发展成熟的标志之一,为了适应社会经济发展的需要,国家需要建立健全产品质量法规体系。

### 5.1.3.2 《产品质量法》的基本原则

产品质量法遵循的基本原则如下。

(1)统一立法,区别管理　《产品质量法》是产品质量的基本法,全面地规范了产品质量监督管理体制,有关质量的义务与责任以及损害赔偿。而对那些危及人体健康和人身、财产安全或对国民经济具有重要意义的产品,另有其特殊的管理规定,比如《食品安全法》。

(2)标本兼治,突出重点　产品质量法突出规范了生产企业和经销企业的质量行为,对生产者和销售者分别规定了 37 项责任与义务,突出了影响产品质量的重点环节。

(3)扶优治劣,建立机制　解决产品质量问题,既要解决企业微观管理质量的问题,又要解决国家宏观管理质量的问题。产品质量法一方面规定严厉制裁产品质量违法行为及制假伪劣行为;另一方面规定国家鼓励企业推行科学的管理方法,采用先进的科学技术,鼓励企业产品质量达到并且超过行业标准、国家标准和国际标准。

(4)立足国情,借鉴国外　将产品责任与对产品质量的监督管理融为一体,是产品责任法与产品质量管理法合二为一的一部法律,具有中国特色。此外,又借鉴了国外通行的产品质量认证、企业质量体系认证、产品质量的诉讼时效等一系列有效方法和经验。

### 5.1.3.3 《产品质量法》的内容体系

《产品质量法》共分 6 章,包括 74 条款。

第一章　总则。共 11 条。主要规定了立法宗旨和法律调整范围,明确了产品质量的主体,即在中华人民共和国境内(包括领土和领海)从事生产销售活动的生产者和销售者,必须遵守此法,国家有关部门有依法调整其活动的权利、义务和责任关系。本法所称的"产品"是指经过加工、制作用于销售的产品。总则中还规定了严禁生产、销售假冒伪劣产品,确定了我国产品质量监督管理体制。

第二章　产品质量的监督。共 14 条。主要规定了两项宏观管理制度:一项是企业质量体系认证和产品质量认证制度;另一项是对产品质量的检查监督制度。同时还规定了用户、消费者关于产品质量问题的查询和申诉的权利。

第三章　生产者和销售者的产品质量责任和义务。共 14 条。

第四章　损害赔偿。共 9 条。主要规定了因产品存在一般质量问题和产品存在缺陷造成损害引起的民事纠纷的处理及渠道。

第五章　罚则。共 24 条。规定了生产者、销售者因产品质量的违法行为而应承担的行政责任、刑事责任。

第六章　附则。

### 5.1.3.4　产品质量责任监督

(1)产品质量监督管理体制　具有产品质量执法监督职能的是国务院产品质量监督管理部门,国务院有关部门在各自的职责范围内负责产品质量监督工作。县级以上地方人民政府管理产品质量监督工作的部门,指的是单独设置的技术监督部门或未单独设置但具有产品质量监督管理职能的部门。国务院有关部门和县级以上人民政府有关部门在各自的职责范围内负责产品质量的监督管理工作。国家对涉及人体健康、人身和财产安全的产品,对影响国计民生的重要产品,以及用户、消费者、有关组织反映有质量问题的产品,实行监督检查制度。

(2)生产者的质量责任

①产品内在质量应当不存在危及人身、财产安全的不合理危险,有保障人体健康和人身、财产安全的国家标准、行业标准应当符合该标准;具备产品应当具备的使用性能;符合在产品或者其包装上注明采用的产品标准,符合以产品说明、实物样品等方式表明的质量状况。

②产品或者其包装上的标识应当有产品质量检验合格证明;有中文标明的产品名称、生产厂厂名和厂址;根据产品的特点和使用要求,需要标明产品规格、等级、所含主要成分的名称和含量的,相应予以标明;限期使用的产品标明生产日期和安全使用期或者失效日期;使用不当,容易造成产品本身损坏或者可能危及人身、财产安全的产品,有警示标志或者中文警示说明。裸装的食品和其他根据产品的特点难以附加标识的裸装产品,可以不附加标识。

③产品包装必须符合相应要求:特别对易碎、易燃、易爆、有毒、有腐蚀性,有放射性以及储运中不能倒置以及有其他特殊要求的产品,其包装必须符合相应要求,有警示标志或者中文警示说明,标明贮运注意事项。

④不得违反法律规定的禁止性规范;不得生产国家明令淘汰的产品;不得伪造产地;不得伪造或者冒用他人的厂名、厂址;不得伪造或者冒用认证标志、名优标志等质量标志;不得掺杂、掺假,不得以假充真,以次充好;不得以不合格产品冒充合格产品。

(3)销售者的质量责任

①销售者应当执行进货检查验收制度,验明产品合格证明和其他标识。对产品内在质量的检验,销售者一般难以做到,因此未提出要求。

②销售者应当采取措施,保持销售产品的质量。

③不得违反法律规定的禁止性规范;不得生产国家明令淘汰的产品;不得伪造产地;不得伪造或者冒用他人的厂名、厂址;不得伪造或者冒用认证标志、名优标志等质量标志;不得掺杂、掺假,不得以假充真,以次充好;不得以不合格产品冒充合格产品;不得销售失效、变质的产品。

#### 5.1.3.5 产品质量责任

产品质量责任是一种综合责任,包括应当依法承担民事责任、行政责任和刑事责任。

(1)民事责任 因产品质量发生民事纠纷时,可以通过协商、调解、协议仲裁和诉讼 4 种渠道予以处理。民事责任主要包括产品瑕疵担保责任和产品缺陷赔偿责任。

产品瑕疵是指产品在适用性、安全性、可靠性、维修性等各种特性方面的质量问题。《产品质量法》中所称的瑕疵是指产品不具备良好的特性,不符合明示的产品标准,或者不符合产品说明、实物样品等方式表明的质量状况,但是,产品不存在危害人身、财产安全的不合理的危险。

产品缺陷是指产品在安全性、可靠性等特性方面存在可能危及人体健康,人身、财产安全的不合理危险。《产品质量法》中所称缺陷,是指产品存在危及人身、财产安全的不合理危险。

(2)行政责任 行政责任是指侵害了受法律保护的产品质量行政关系而尚未造成犯罪的,应当承担行政责任,受到国家有关行政部门的行政制裁。《产品质量法》共规定 9 种主要的行政处罚形式:①责令停止生产;②责令停止销售;③吊销营业执照;④没收产品;⑤没收违法所得;⑥罚款;⑦责令公开更正;⑧限期改正;⑨责令改正。

根据国务院《关于国家行政机关工作人员的奖惩暂行规定》,对产品质量责任行政处分分为:警告、记过、记大过、降级、降职、撤职、留用察看、开除等 8 种形式,主要适用于从事产品质量监督管理的国家工作人员滥用职权、玩忽职守、徇私舞弊等尚未构成犯罪的情况。

(3)刑事责任 刑事责任指生产、销售了刑法以及有关产品质量法律、法规规定禁止生产、销售的产品,依照刑法规定应当承担的刑罚法律后果。

全国人民代表大会 1993 年颁布的《产品质量法》和《关于惩治生产销售伪劣商品犯罪的决定》规定了 3 类有关产品质量的犯罪:第一类是有关生产、销售各种伪劣产品的犯罪;第二类是指国家公务人员利用职务之便包庇各种产品质量罪犯的犯罪;第三类是指产品质量管理人员滥用职权,玩忽职守,徇私舞弊的犯罪。2002 年重新修订颁布的《中华人民共和国刑法》在《产品质量法》和《关于惩治生产销售伪劣商品犯罪的决定》的基础上,结合我国实际情况对产品质量刑事责任做出了更加明确的规定。《刑法》对产品质量的各种犯罪行为规定了 6 种刑罚方法,即管制、拘役、有期徒刑和无期徒刑、死刑 4 种主刑和罚金、剥夺政治权利、没收财产 3 种附加刑。《刑法》第一百四十四条规定,在生产、销售的食品中掺入有毒、有害的非食品原料的,或者销售明知掺有有毒、有害的非食品原料的食品的,处 5 年以下有期徒刑或者拘役,并处或者单处销售金额 50% 以上 2 倍以下罚金;造成严重食物中毒事故或者其他严重食源性疾患,对人体健康造成严重危害的,处 5 年以上 10 年以下有期徒刑,并处销售金额 50% 以上 2 倍以下罚金;致人死亡或者对人体健康造成特别严重危害的,依照本法第一百四十一条的规定处罚。

#### 5.1.3.6 《产品质量法》与相关法律的关系

(1)产品质量法律与产品质量法规、规章之间的关系 产品质量法高于产品质量行政法、地方性法规和规章。产品质量行政法规、地方性法规、规章与产品质量法有不同规定的,自然失去效力,适用产品质量法的规定。

(2)一般法与特别法的关系 一般法是指对某个问题作一般的、普通的规定的法律;特殊法是指对某个问题作特别规定的法律。就产品质量监督管理问题来说,《产品质量法》是一般法,而《食品安全法》《农产品质量安全法》《计量法》是特别法。当一般法与特别法不一致时,习惯上遵循的原则是特别法优于一般法。

(3)前法与后法的关系　前法与后法是根据其生效日期确定的,生效日期在前的称为前法,生效日期在后的称为后法。如对产品不符合强制性标准时,《产品质量法》与《标准化法》都做了行政处罚的规定,但《标准化法》是 1989 年 4 月 1 日起实行的,属于前法;而《产品质量法》自 1993 年 9 月 1 日起开始实行,属于后法。处理前法与后法的关系,习惯上遵循的原则是后法优于前法。

(4)原则规定与具体规定的关系　法律的具体规定是原则规定的具体化,其基本精神应是一致的,一般应适用具体规定。例如,对行政处罚的争议如何处理,《产品质量法》只作了申请复议或提起诉讼的原则规定,而如何提起诉讼的具体程序,就要按照《行政诉讼法》的具体规定行事。

### 5.1.4　食品标签管理法规

#### 5.1.4.1　《预包装食品标签通则》的颁布及目的

原国家标准局于 1987 年 5 月发布了 GB 7718—87《食品标签通用标准》,这是一项对食品行业进行有效管理的基础标准。1993 年 10 月底经全国食品工业标准化技术委员会第 9 次年会审查并上报国家技术监督局审批。国家技术监督局于 1994 年 2 月 4 日正式发布强制性国家标准《食品标签通用标准》(GB 7718—94),规定从 1995 年 2 月 1 日起实施。中国国家标准化管理委员会于 2004 年 5 月 9 日发布《预包装食品标签通用标准》(GB 7718—2004),规定从 2005 年 10 月 1 日实施。2011 年 4 月 20 日《预包装食品标签通则》(GB 7718—2011)经食品安全国家标准审评委员会第五次主任会议审查通过公布,自 2012 年 4 月 20 日施行。

食品标签是向消费者传递产品信息的载体。做好预包装食品标签管理,既是维护消费者权益,保障行业健康发展的有效手段,也是实现食品安全科学管理的需求。《预包装食品标签通则》(GB 7718—2011)属于食品安全国家标准,相关规定、规范性文件规定的相应内容与本标准不一致的,应当按照本标准执行。

#### 5.1.4.2　预包装食品的定义

预包装食品被定义为:预先定量包装或者制作在包装材料和容器中的食品,包括预先定量包装以及预先定量制作在包装材料和容器中并且在一定量限范围内具有统一的质量或体积标识的食品。预包装食品首先应当预先包装,此外包装上要有统一的质量或体积的标示。食品标签为食品包装上的文字、图形、符号及一切说明物。

#### 5.1.4.3　《预包装食品标签通则》适用范围

本标准适用于两类预包装食品:一是直接提供给消费者的预包装食品;二是非直接提供给消费者的预包装食品。不适用于散装食品、现制现售食品和食品储运包装的标识。

#### 5.1.4.4　《预包装食品标签通则》的内容体系

(1)基本要求

①应符合法律、法规的规定,并符合相应食品安全标准的规定。

②应清晰、醒目、持久,应使消费者购买时易于辨认和识读。

③应通俗易懂、有科学依据,不得标示封建迷信、色情、贬低其他食品或违背营养科学常识的内容。

④应真实、准确,不得以虚假、夸大、使消费者误解或欺骗性的文字、图形等方式介绍食品,也不得利用字号大小或色差误导消费者。

⑤不应直接或以暗示性的语言、图形、符号,误导消费者将购买的食品或食品的某一性质与另一产品混淆。

⑥不应标注或者暗示具有预防、治疗疾病作用的内容,非保健食品不得明示或者暗示具有保健作用。

⑦不应与食品或者其包装物(容器)分离。

⑧应使用规范的汉字(商标除外)。具有装饰作用的各种艺术字,应书写正确,易于辨认。

a. 可以同时使用拼音或少数民族文字,拼音不得大于相应汉字。

b. 可以同时使用外文,但应与中文有对应关系(商标、进口食品的制造者和地址、国外经销者的名称和地址、网址除外)。所有外文不得大于相应的汉字(商标除外)。

⑨预包装食品包装物或包装容器最大表面面积大于 $35\ cm^2$ 时(最大表面面积计算方法见附录 A),强制标示内容的文字、符号、数字的高度不得小于 $1.8\ mm$。

⑩一个销售单元的包装中含有不同品种、多个独立包装可单独销售的食品,每件独立包装的食品标识应当分别标注。

⑪若外包装易于开启识别或透过外包装物能清晰地识别内包装物(容器)上的所有强制标示内容或部分强制标示内容,可不在外包装物上重复标示相应的内容;否则应在外包装物上按要求标示所有强制标示内容。

(2)标示内容

①直接向消费者提供的预包装食品标签标示内容。

一般要求。直接向消费者提供的预包装食品标签标示应包括食品名称、配料表、净含量和规格、生产者和(或)经销者的名称、地址和联系方式、生产日期和保质期、贮存条件、食品生产许可证编号、产品标准代号及其他需要标示的内容。

a. 食品名称。

b. 配料表。

c. 配料的定量标示。

d. 净含量和规格。

e. 生产者、经销者的名称、地址和联系方式。

f. 日期标示。

g. 贮存条件:预包装食品标签应标示贮存条件(标示形式参见附录 C)。

h. 食品生产许可证编号:预包装食品标签应标示食品生产许可证编号的,标示形式按照相关规定执行。

i. 产品标准代号:在国内生产并在国内销售的预包装食品(不包括进口预包装食品)应标示产品所执行的标准代号和顺序号。

j. 其他标示内容。

——辐照食品；

——转基因食品：转基因食品的标示应符合相关法律、法规的规定；

——营养标签；

——质量（品质）等级。

②非直接提供给消费者的预包装食品标签标示内容。非直接提供给消费者的预包装食品标签应标示食品名称、规格、净含量、生产日期、保质期和贮存条件，其他内容如未在标签上标注，则应在说明书或合同中注明。

③标示内容的豁免。

a.下列预包装食品可以免除标示保质期：酒精度大于等于 10％的饮料酒；食醋；食用盐；固态食糖类；味精。

b.当预包装食品包装物或包装容器的最大表面面积小于 10 cm² 时（最大表面面积计算方法见附录 A），可以只标示产品名称、净含量、生产者（或经销商）的名称和地址。

④推荐标示内容。

a.批号：根据产品需要，可以标示产品的批号。

b.食用方法：根据产品需要，可以标示容器的开启方法、食用方法、烹调方法、复水再制方法等对消费者有帮助的说明。

c.致敏物质。

——以下食品及其制品可能导致过敏反应，如果用作配料，宜在配料表中使用易辨识的名称，或在配料表邻近位置加以提示：含有麸质的谷物及其制品（如小麦、黑麦、大麦、燕麦、斯佩耳特小麦或它们的杂交品系）；甲壳纲类动物及其制品（如虾、龙虾、蟹等）；鱼类及其制品；蛋类及其制品；花生及其制品；大豆及其制品；乳及乳制品（包括乳糖）；坚果及其果仁类制品。

——如加工过程中可能带入上述食品或其制品，宜在配料表临近位置加以提示。

### 5.1.5 保健食品安全管理

20 世纪 80 年代末以来，我国保健食品迅速发展。为了加强保健食品的监督管理，保证保健食品质量，卫生部于 1996 年 6 月 1 日发布了《保健食品管理办法》，使我国保健食品管理纳入法制化轨道。2016 年 2 月 4 日经国家食品药品监督管理总局局务会议审议通过了《保健食品注册与备案管理办法》，自 2016 年 7 月 1 日起施行。

#### 5.1.5.1 保健食品的审批

凡声称具有保健功能的食品必须经特殊食品安全监督管理部门审查批准。认定保健食品的要点有：①确认产品是否具有保健功能。②产品是不是安全、无毒、无害。经审查批准的保健食品，将发给《保健食品批准证书》，并准许使用"保健食品特有标志"。

申请《保健食品批准证书》时，必须提交下列资料：①保健食品申请表。②保健食品的配方、生产工艺及质量标准。③毒理学安全性评价报告。④保健功能评价报告。⑤保健食品的功能有效成分名单及其定性和/或定量检验方法/稳定性试验报告。因在现有技术条件下，不能明确功效成分的，则须提交食品中与保健功能相关的主要原料名单。⑥产品的样品及其卫生学检验报告。⑦标签及说明书（送审样）。⑧国内外有关资料。⑨根据有关规定或产品特性应提交的其他材料。

为了确保保健食品质量和应当具有的保健功能,各级主管部门必须对保健食品生产加工工艺过程进行审查。审查的重点是:①企业制定的保健食品企业标准、生产企业卫生规范。②生产条件、技术人员、质量保证体系是否健全。③生产加工过程中,保健食品的功能成分是否有可能被破坏、丢失或转变等。

#### 5.1.5.2 保健食品标签、说明书及广告宣传管理

保健食品的说明书,标签必须经主管部门审查批准,不得有虚假和夸大宣传。产品的标签及说明书,必须标注批准文号和保健食品特有标志。

#### 5.1.5.3 保健食品的监督管理

各级主管部门有责任加强对保健食品的监督、检测。凡发现未经审批的以保健食品名义宣传和生产销售的,将根据《食品安全法》有关规定进行查处。同时主管部门对已批准的保健食品可以进行重新审查,对审查不合格产品,特殊食品监管部门有权撤销《保健食品批准证书》,从而保证广大消费者能够买到真正的保健食品。

### 5.1.6 进出口食品安全管理

进出口食品安全关系到国家的信誉和消费者的利益。食品是国际贸易中的大宗商品,也是我国进出口贸易的重要商品。《食品安全法》第六章对进出口食品也做了规定。国家出入境检验检疫部门对进出口食品安全实施监督管理。

#### 5.1.6.1 进口食品安全管理

①进口的食品、食品添加剂、食品相关产品应当符合我国食品安全国家标准。进口的食品、食品添加剂应当经出入境检验检疫机构依照进口商品检验相关法律、行政法规的规定检验合格。进口的食品、食品添加剂应当按照国家出入境检验检疫部门的要求随附合格证明材料。

②进口尚无食品安全国家标准的食品,由境外出口商、境外生产企业或者其委托的进口商向国务院卫生行政部门提交所执行的相关国家(地区)标准或者国际标准。国务院卫生行政部门对相关标准进行审查,认为符合食品安全要求的,决定暂予适用,并及时制定相应的食品安全国家标准。

③境外出口商、境外生产企业应当保证向我国出口的食品、食品添加剂、食品相关产品符合本法以及我国其他有关法律、行政法规的规定和食品安全国家标准的要求,并对标签、说明书的内容负责。发现进口食品不符合我国食品安全国家标准或者有证据证明可能危害人体健康的,进口商应当立即停止进口,并依照本法的规定召回。

④境外发生的食品安全事件可能对我国境内造成影响,或者在进口食品、食品添加剂、食品相关产品中发现严重食品安全问题的,国家出入境检验检疫部门应当及时采取风险预警或者控制措施,并向国务院食品药品监督管理、卫生行政、农业行政部门通报。接到通报的部门应当及时采取相应措施。

⑤进口的预包装食品、食品添加剂应当有中文标签,依法应当有说明书的,还应当有中文说明书。标签、说明书应当符合本法以及我国其他有关法律、行政法规的规定和食品安全国家

标准的要求,并载明食品的原产地以及境内代理商的名称、地址、联系方式。预包装食品没有中文标签、中文说明书或者标签、说明书不符合本条规定的,不得进口。

#### 5.1.6.2　出口食品安全管理

①出口食品生产企业应当保证其出口食品符合进口国(地区)的标准或者合同要求。出口食品生产企业和出口食品原料种植、养殖场应当向国家出入境检验检疫部门备案。

②国家出入境检验检疫部门应当收集、汇总下列进出口食品安全信息,并及时通报相关部门、机构和企业:

a.出入境检验检疫机构对进出口食品实施检验检疫发现的食品安全信息;

b.食品行业协会和消费者协会等组织、消费者反映的进口食品安全信息;

c.国际组织、境外政府机构发布的风险预警信息及其他食品安全信息,以及境外食品行业协会等组织、消费者反映的食品安全信息;

d.其他食品安全信息。

### 5.1.7　与食品相关的法律制度

#### 5.1.7.1　中华人民共和国专利法

中华人民共和国专利法(以下简称《专利法》)于1984年3月12日第六届全国人民代表大会常务委员会第四次会议通过。1985年4月11日实施。1985年1月经国务院批准,中国专利局发布了专利法实施细则。之后,随着我国改革开放的深入和扩大,对其进行了补充和修改。2001年6月15日经国务院令,新的专利法实施条例自2001年7月1日起实施。

在我国社会经济发展的新时期,实施专利法,对于保护发明创造权利,鼓励发明创造和专利的推广使用,促进科学技术的发展以适应社会主义市场经济和现代化建设的需要有重大意义。

《专利法》共分为8章,69条。

第一章　总则。制定专利法的目的意义、基本概念、申请专利的基本原则和相关事宜。

第二章　授予专利权的条件。授予专利权的发明和实用新型应具备新颖性、创造性和实用性。对于外观设计,应不同于目前国内外现有的或使用的。对下列情况不授予专利:①科学发现;②智力活动的规则和方法;③疾病的诊断和治疗方法;④食品、饮料和调味品;⑤药品和用化学方法获得的物质;⑥动物和植物品种;⑦用原子核变换方法获得的物质。

对于④、⑤、⑥所列产品的生产方法,可以依照本法规定授予专利权。

第三章　专利的申请。申请者应向专利管理部门提交申请书、说明书及其他相关文件。

第四章　专利申请的审查和批准。专利局收到申请后,经初审,合格者予以公布,然后进行实质审查,经审定合格者,予以公告,并授予专利权,发给证书,予以登记和公告。

第五章　专利权的期限、终止和无效。发明专利期限为15年,实用新型和外观设计为5年。

第六章　专利实施的强制许可。

第七章　专利权的保护。侵犯专利人权利,应依法追究其责任。

第八章　附则。申请专利要缴费。

### 5.1.7.2　中华人民共和国商标法

中华人民共和国商标法(以下简称《商标法》)于 1980 年 8 月 23 日第五届全国人民代表大会常务委员会第二十四次会议通过,次年 3 月 1 日正式实施。1998 年 1 月经国务院批准修订,同月国家工商行政管理局发布了《中华人民共和国商标法实施细则》。

《商标法》对于加强商标管理,保护商标专用权,促使生产者保证商品质量和维护商标信誉,保障消费者利益,促进社会主义商品经济的发展,有举足轻重的意义。

《商标法》共 8 章,43 条。

第一章　总则。国务院工商行政管理部门商标局主管全国商标注册和管理工作。所有取得商标专用权的商品都应申请注册。商标使用的文字、图形应有显著特征,禁止使用法律所规定不能使用的名称、图形、文字等。

第二章　商标注册的申请。申请注册应按类别、使用方法填写名称,或分别注册,需变更时应提交申请。

第三章　商标注册的审查和核准。凡申请注册的商标,经初次审定,予以公告。3 个月内,任何人均可提出异议,无异议或异议不成立的予以核准注册,发给商标注册证并予以公告。商标评审委员会负责处理商标异议事宜。

第四章　注册商标的续展、转让和使用许可。商标注册期为 10 年,期满可续展。商标经双方同意,可转让或使用许可。

第五章　注册商标争议的裁定。

第六章　商标使用的管理。商标使用不规范或产品质量不过关,商标局可责令限期改正或撤销其注册商标。当事人可依法复议或申诉。

第七章　注册商标专用权的保护。严厉禁止侵犯注册商标专用权,依违法情节和后果,处以相应处罚。

第八章　附则。申请注册商标需缴费。

### 5.1.7.3　中华人民共和国标准化法

中华人民共和国标准化法(以下简称《标准化法》)于 1998 年 12 月 29 日第七届全国人民代表大会常务委员会第五次会议通过,1989 年 4 月 1 日起施行。

为了发展社会主义市场经济,促进技术进步,改进产品质量,提高社会经济效益,维护国家和人民的利益,使标准化工作适应社会主义现代化建设和发展对外经济关系,有十分重要的意义。《标准化法》共 5 章,26 条。

第一章　总则。需制定标准的情况有以下 5 类:

①工业产品的品种、规格、质量、等级或者安全、卫生要求。

②工业产品的设计、生产、检验、包装、储存、运输、使用的方法或者生产、储存、运输过程中的安全、卫生要求。

③有关环境保护的各项技术要求和检验方法。

④建设工程的设计、施工方法和安全要求。

⑤有关工业生产、工程建设和环境保护的技术术语、符号、代号和制图方法。重要农产品和其他需要制定的项目,由国务院规定。

标准化工作的任务是制定标准,组织实施标准和对标准的实施进行监督。各级标准化行政主管部门负责本辖区内标准化工作。

第二章　标准的制定。标准依适用范围分为国家标准、行业标准、地方标准和企业标准。标准又可分为强制性标准和推荐性标准。标准的制定应遵循其制定的原则,由标准化委员会负责草拟、审查工作。

第三章　标准的实施。企业产品应向标准化主管部门申请产品质量认证。合格者授予认证证书,准许使用认证标志,各级标准化主管部门应加强对标准实施的监督检查。

第四章　法律责任。对于任何违反标准化法规定的行为,国家相关管理部门有权依法处理。当事人依法申请复议或向人民法院起诉。

第五章　附则。

#### 5.1.7.4　中华人民共和国计量法

中华人民共和国计量法(以下简称《计量法》)于1985年9月6日第六届全国人民代表大会常务委员会第十二次会议通过,1986年7月1日施行。1987年1月19日经国务院批准,1987年2月1日国家计量局发布了《中华人民共和国计量法实施细则》。

《计量法》实施以来,在加强计量监督管理,保障国家计量单位制的统一和量值的准确可靠,促进生产、贸易和科学技术的发展,适应社会主义现代化建设的需要,维护国家和人民的利益,做出了巨大的贡献。

《计量法》共6章,35条。

第一章　总则。适用范围。中华人民共和国境内,建立计量基准和标准器具,进行计量检定,制造、修理、销售、使用计量器具。国家法定计量单位包括国际单位制单位和国家选定的其他计量单位。县级以上各级政府部门对其行政区域内的计量工作负责。

第二章　计量基准器具、计量标准器具和计量检定。计量基准器具为全国统一量值的最高依据。

第三章　计量器具管理。对计量器具管理,实行制造(或修理)计量器具许可证制度。

第四章　计量监督。县级以上人民政府计量行政部门根据需要可设计量监督员和计量检定机构。

第五章　法律责任。未取得许可证或制造、销售、修理计量器具不合格等法律所规定的不法行为都应追究其法律责任,并予以相应处罚,当事人不服的可向人民法院起诉。

第六章　附则。

## 5.2　国际食品质量与安全法规

### 5.2.1　食品法典委员会(CAC)

#### 5.2.1.1　委员会的历史

于1961年召开的第11届联合国粮农组织(FAO)大会和1963年召开的第16届世界卫生组织(WHO)会议提出要建立食品法典委员会(CAC)。

食品法典委员会目的在于：

①保护消费者健康，维护食品的公平贸易。

②尝试与国际政府间组织或非政府组织进行接触，并促进所有食品标准项目上的合作。

③在适宜的组织帮助下，确定食品标准的起始和优先发展领域，引导食品标准的草案筹备工作。

④在上述第③款的基础上完成标准的详细制订，经各国政府采纳后，以地区性或世界性标准出版食品法典，并会同上述第②款提及的各种国际组织颁布的、无论何处可执行的标准，形成食品法典。

⑤随形势发展，在适宜的调查后修订出版的标准。食品法典委员会负责向联合国粮农组织（FAO）及世界卫生组织（WHO）的总干事就所有有关 FAO 和 WHO 食品标准项目（FAO/WHO food standard programme）运行的事项提出建议，并进行磋商。

食品法典委员会明确了委员会的适任会员资格，向 FAO 和 WHO 的所有会员国和通讯会员开放，至 2002 年，会员国达到 167 个国家，代表了全球 97％的人口。

食品法典委员会的《办事程序》明确了的工作程序，规定：①委员会会员的条件；②提名委员会官员，包括一位主席，三位副主席，地区召集人和一位秘书，并对其职责进行分工；③在委员会大会休会期间，建立执行委员会，代表委员会行事，并作为委员会的执行机关；④委员会大会召开的频率和运作；⑤委员会大会议事日程的特点；⑥投票程序；⑦观察员；⑧准备委员会纪要和报告；⑨建立附属机构；⑩制订标准的采纳程序；⑪分配预算并估计支出；⑫委员会工作语言。

委员会大会每两年举办一次，在 FAO 总部所在地罗马和 WHO 总部所在地日内瓦轮流举办。在大会休会期间，执行委员会（Executive Committee）代表法典委员会行事。出席大会的全权代表共有 500 人。大会代表由各国选派。各国代表团一般由该国政府提名的高级官员领导。代表团可能也常常会包括工业界、消费者组织和学术团体的代表。不是委员会会员国的国家有时以观察员身份出席大会。

不少国际政府间组织和非政府组织也以观察员身份与会。虽然他们只是"观察员"，但食品法典委员会传统上允许这些组织在除了最终决定以外的各个阶段提出他们的观点。只有成员国才有专属的投票权。

WTO 的 SPS 协定和 TBT 协定与法典相关工作的地位相一致。法典标准被明确地认定为解决国际贸易争端的标准。

### 5.2.1.2   委员会的运作

(1)食品法典的制订   委员会的基本意图之一，就是制订食品标准，并在食品法典内出版这些标准。委员会运作程序的合法基础是需要遵循已出版的《食品法典程序手册》，现已制订到第 12 版。和委员会的其他工作一样，制订标准的程序是明确界定、开放且透明的。该程序包括以下步骤：①由一国政府或委员会的附属委员会提交标准的建议稿。②由委员会或执行委员会做出是否制订该项标准的决定。《建立工作优先顺序和附属机构准则》协助委员会或执行委员会做出决策，并选择或创立附属机构以负责推动标准的发展。③由委员会秘书处准备推荐的标准草案，返回成员国加以评议。④由原来负责推荐该标准草案的附属机构考虑评议结果,而后向委员会提出标准草案的文本。⑤如果委员会采纳该标准草案,则将其发给成员国一段时间(以供讨论),如果完全满意,该草案即可成为食品法典标准。在一个快速程序中,制订一项标准最多8步,最少5步。在一些情况下,上述步骤可能会重复运行。多数标准的制订需要数年时间。⑥一旦被委员会采纳,该法典标准即被录入食品法典。

《食品法典程序手册》中提供了《商品法典标准的格式与内容》。标准的格式与内容包括:①范围——包括标准的名称;②标准描述、基本构成和质量因素;界定食品至少要达到的标准;③食品添加剂——仅包括 FAO 和 WHO 允许使用的添加剂;④污染物;⑤卫生学、重量和操作方法;⑥标签——应和《预包装食品标签法典标准(总纲)》的要求相一致;⑦抽样和分析的方法。

除商品标准之外,食品法典还包括总纲标准,总纲还应用于跨行业界限的所有食品,没有什么产品可以例外。总纲标准推荐的内容为:①食品标签;②食品添加剂;③污染物;④抽样和分析方法;⑤食品卫生;⑥营养学和特殊膳食食品;⑦食品进出口调查和验证体系;⑧食品中的兽药残留;⑨食品中的农药残留。

委员会及其附属机构处理修订法典标准和相关文本的事宜,以确保法典标准能反映当代科学知识的发展。委员会的每一个成员都有义务确认和提供新的科学及相关信息给合适的专业委员会,以证实现存标准和文本是否应予以修订。修订标准的程序与最初制订标准的程序相同。

(2)食品法典的结构

卷 1A——总要求。

卷 1B——总要求(食品卫生)。

卷 2A——食品中的农药残留(总纲)。

卷 2B——食品中的农药残留(最大残留限量)。

卷 3——食品中的兽药残留。

卷 4——特殊膳食食品(包括婴儿和幼儿食品)。

卷 5A——加工和速冻水果、蔬菜。

卷 5B——鲜食水果、蔬菜。

卷 6——果汁。

卷 7——粮食、豆类及提取物、植物蛋白。

卷 8——油脂及油脂制品。

卷 9——鱼和水产品。

卷 10——肉及肉制品;汤羹类。

卷 11——糖、可可制品、巧克力及其制品。

卷 12——乳和乳制品。

卷 13——抽样和分析方法。

这些法典中包括总原则、总纲标准、定义、代码、商品标准、方法和建议。这些内容被很好地组织起来,以便于查询,例如:

卷 1A——总要求如下。

①食品法典的总原则；

②食品法典目的的界定；

③国际食品贸易的道德标准；

④食品标签；

⑤食品添加剂——包括食品添加剂总纲的标准；

⑥食品污染物——包括食品污染物和毒素总纲标准；

⑦辐照食品；

⑧食品进出口调查和验证体系。

### 5.2.1.3 附属机构

根据《委员会办事程序章程》，委员会有权建立两类机构：①法典专业委员会，主要是起草提案提交给委员会；②合作委员会，通过区域或会员国家集团之间的合作，在区域开展食品标准化活动，包括发展区域性标准。

这种委员会体系的一个特点是，每一专业委员会都挂靠于某一成员国，该成员国对该专业委员会的经费维持负首要责任，并负责日常管理，提名主席人选等（除少数委员会例外）。

（1）专业委员会 专业委员会被如此称呼，是因为其工作涉及的食品范围很宽广。专业委员会有时被称作"横向委员会"。

总则专业委员会挂靠于法国；

食品标签专业委员会挂靠于加拿大；

抽样与分析方法专业委员会挂靠于匈牙利；

食品卫生专业委员会挂靠于美国；

农药残留专业委员会挂靠于荷兰（注：现挂靠于中国）；

食品添加剂和污染物专业委员会挂靠于荷兰（注：现挂靠于中国）；

进出口调查和验证体系专业委员会挂靠于澳大利亚；

营养与特殊膳食专业委员会挂靠于德国（亦是营养总委员会）；

食品兽药残留专业委员会挂靠于美国；

肉类和畜产品卫生委员会挂靠于新西兰。

在一般情况下，这些委员会开发覆盖全领域的概念和原理，应用于一般的、特殊的食品中或食品族群中；认可或复查法典商品标准的相关条款，并在专家团建议的基础上，提供有关消费者健康和安全的主要建议。

（2）特殊商品委员会 特殊商品委员会负责开展特定食品或某类别食品的标准工作。为了和"横向委员会"相区别，并考虑到其工作内容的专有性，特殊商品委员会常被称为"纵向"委员会。

油脂委员会挂靠于英国；

鱼类和水产品委员会挂靠于挪威；

乳及乳制品委员会（前身是 FAO/WHO 乳及乳制品政府专家委员会）挂靠于新西兰；

鲜食果菜委员会挂靠于墨西哥；

可可和巧克力制品委员会挂靠于瑞士；

食糖委员会挂靠于英国；

果菜加工委员会挂靠于美国；

植物蛋白委员会挂靠于加拿大；

谷物和豆类委员会挂靠于美国；

天然矿泉水委员会挂靠于瑞士。

专题委员会在需要时聚会，当法典委员会决定其工作已完成时，就进入休会期或解散。在一些非正式工作组的基础上，为形成特定食品的新标准，也可以成立新的专题委员会。挂靠国召集法典附属委员会开会的时间间隔按需要为 1～2 年。出席某些专业委员会的人数几乎与法典委员会全会的人数相当。

（3）合作委员会　合作委员会没有专门的挂靠国。会议在非正式工作组的基础上，由法典委员会同意，在该合作区域内的某一国举办。目前有 6 个合作委员会，分别在以下地区：①非洲；②亚洲；③欧洲；④拉丁美洲和加勒比海地区；⑤近东；⑥北美洲和西南太平洋地区。

合作委员会有极为重要的地位，以确保法典委员会在各个区域内的响应，并关注发展中国家。大会每一年至二年举办一次，从各个地区的国家中产生代表。大会报告提交给法典委员会并由法典委员会讨论。

（4）工作组（非正式政府间工作组）　为了加快一些特定主题的工作，法典委员会也建立一些短期的非正式政府间工作组，一般期限不超过 5 年。最早的 3 个工作组是 1999 年建立的：

生物技术提取食品工作组挂靠于日本；

动物饲料工作组挂靠于丹麦；

果汁和蔬菜汁工作组挂靠于巴西。

### 5.2.1.4　成员国对法典标准的采用

食品标准的一体化一般被认为是保护消费者健康的先决条件，并使国际食品贸易有最充分的便利性。因为这个原因，在乌拉圭回合谈判中达成的卫生与植物卫生协定（SPS）、与技术贸易壁垒协定（TBT）均鼓励采用国际一体化的食品标准。

一体化只有在所有国家采用同样的标准时才能实现。食品法典的"总原则"详细说明了各成员国可能"接受"法典的途径。因法典标准形式不同（是总纲标准，还是专题标准、农药和兽药残留限量，或食品添加剂），采用法典的方式稍有不同。但总的来说有 3 种采用形式：等同采用（full acceptance），等效采用（acceptance with minor deviations）和自由采用（free distribution）。这些采用方式在"总原则"中有明确的界定，而且在经验基础上其适用性也被描述。

### 5.2.1.5　总原则、指导方针和推荐的操作规程

出台这些原则和规程的直接意图是为了让消费者远离食源性危害。例如"总原则"中规定了食品添加剂应用，食品进出口调查和验证体系，及附加的食品基本营养素等方面内容。

食品法典中还包括范围广泛的导则（指导方针），以保护消费者权益。这些导则包含了多种多样的内容，诸如《国际贸易中建立和应用食品微生物标准和核事故后食品中放射性水平》等文件。

食品法典中也包括一些操作规程，主要包括一些卫生操作规程，为食品的生产提供指引，使食品是安全和宜于消费的——换句话说，其目的也是为了保护消费者权益。《推荐的国际操

作规程——食品卫生学原则（总纲）》应用于所有食品。这一文件对保护消费者十分重要，因为它基于食品安全学的坚实基础，并着力于从初级产品直至最终消费的全食物链，强调在每一环节上都要采用危害分析与关键控制点。

《食品卫生学原则（总纲）》由一些具体的卫生操作规范支撑，这些特别的卫生操作规范应用于以下领域：①低酸性食品和低酸性罐头食品；②低酸性食品的杀菌过程和包装；③集中供应膳食的预处理与烹调；④街头小吃的制备与发售（是拉丁美洲和加勒比海地区的区域性标准）；⑤调味品和干菜；⑥罐头装果菜制品；⑦水果干；⑧椰蓉；⑨脱水水果和蔬菜，包括食用真菌；⑩树生坚果；⑪花生；⑫加工肉产品和禽产品；⑬禽产品加工；⑭蛋产品；⑮蛙腿加工；⑯鲜肉；⑰机械化分割肉和禽肉产品以备深加工使用时的处理和保藏；⑱天然矿泉水的采集、处理和销售。

食品法典中还包括《推荐的国际操作规程——兽药使用的控制》，直接的目标是防止因使用兽药而对人类带来健康危害。

法典中还包括一些所谓"技术性操作规程"，这些操作规程目的是确保食品按法典标准从事加工、运输和贮存，从而使到达消费者手里的最终产品是健康的，也是消费者所期望质量的产品。技术性操作规程包括：①婴幼儿食品；②鲜食水果、蔬菜的包装和运输；③食用油脂的批量贮存和运输；④速冻食品的加工与处理。

要了解食品法典委员会的更多细节、其工作和其出版物，可以登录网址：http//www.codexalimentatius.net/。

### 5.2.1.6　中国与 CAC

中国自 1986 年成为 CAC 成员国。中国 CAC 的联络点设在农业部，负责联络 CAC 总部和我国的各项活动，接受来自罗马 CAC 总部的信息，并搜集反馈意见给 CAC 总部。我国设立 CAC 协调小组，由卫生部和农业部分别担任组长和副组长，组长负责国内的组织和协调工作，副组长负责对外联络。1994 年我国建立了新的 CAC 协调小组，由卫生部、农业部、国家质量技术监督局、国家出入境检验检疫局、外经贸部、国家石油和化学工业局、原国家轻工局、原国家内贸局、国家粮食储备局及全国供销总社组成。

近年来，我国 CAC 协调小组和成员单位在各自范围内加强了食品法典工作，组建了法典专家组，研究国际食品法典标准，组织制定标准，召开 HACCP 等专业研讨会，组团参加国际会议，加强了与 FAO、WHO 及其成员的联系，开展了国际交流与合作，推动了我国食品质量与安全法规建设。

## 5.3　欧美食品质量与安全法规

### 5.3.1　美国食品质量与安全法规

美国食品和药品管理局（FDA）担负在总体上确保食品安全的职责，美国农业部承担肉类和禽类产品的安全质量管理的职责。美国政府的相关部门也承担相应的职责，商业部负责管理酒精、烟草，环境保护署负责管理农药的安全使用。

美国食品质量与安全法规包括美国联邦食品药物和化妆品法规及附加法规两部分。

#### 5.3.1.1 美国联邦食品、药物和化妆品法规

制定美国联邦食品、药物和化妆品法规的目的是确保在美国州际进行贸易时食品是安全、卫生、洁净、诚实包装和诚实标注的。法规短小精悍,确定总的原则,涉及食品的部分只有 25 页。法规赋予美国 FDA 拥有食品的管理权威,FDA 可以依照本法规为各食品领域制定条例,如低酸食品罐装条例等。

(1)FDA 在实施本法规时开展以下工作

①与企业合作编写和阐明条例;

②协助企业建立食品安全控制措施;

③对食品企业进行定期和不定期的检查;

④抽查在州际运输的食品原料和食品;

⑤出版和实施食品添加剂、色素;

⑥审查批准食品添加剂、色素等法规;

⑦检测食品中的农药残留;

⑧审查检验进口食品;

⑨以顾问形式,与地方食品检查检验机构合作开展工作;

⑩在发生灾难时,与地方食品检查检验机构合作,检测和处理受污染食品;

⑪规定和监督实施加工食品识别标准;

⑫对不法行为提起诉讼。不法行为的处罚包括没收食品,关闭工厂企业,追究刑事责任和民事责任等。

(2)该法案明确规定有下列情况之一者为食品掺假行为

①有毒有害物质浓度超出标准规定的浓度;

②含有不可降解的或不合适的污染物;

③在不卫生的环境下制作处理食物;

④加工有病的动物原料;

⑤在不许可的地方进行辐射处理;

⑥省掉配方中的重要成分;

⑦某一规定成分被另一非规定成分所替代;

⑧隐瞒产品缺陷;

⑨增加重量(质量)或降低浓度,使得外观上更好一些;

⑩使用未经批准的色素。

(3)该法案对食品标识也做了明确规定,有下列情况之一者为标识不当

①包装和标签有误导性;

②使用其他食品的名称;

③其他食品的仿制品,除非在标签上的标注是仿制品;

④不注明生产企业、包装企业、销售商的名称和地址;

⑤不注明产品的通用名称及组成;

⑥冒用其他食品的识别标准；

⑦信息令人费解；

⑧食品质量和容量与标注不相符；

⑨声称具有特殊食疗效果，但没有按法规规定提供证明。

### 5.3.1.2　附加法规

①良好操作规范(GMP 准则)。

②联邦肉类检查法规。该法规明确由农业部食品安全和检察署(FSIS)负责实施本法规，对动物、屠宰条件、肉类加工设备进行强制性检查，肉类及肉制品必须加盖"美国农业部检查通过"印章以后方可进入美国州际贸易市场。此法规也适用于进口肉类及肉制品。非州际贸易的肉类及肉制品，按照州和城市的肉类法规进行管理。

③联邦家禽产品检查法规。基本与肉类检查法规相同，适用于家禽及其制品。

④联邦贸易委托法规。该法规对公平包装、标签、广告宣传作了规定。

⑤婴儿食品配方法规。该法规对生产婴儿食品的配方和质量控制过程作了规定。

⑥营养标识和教育法规。1990 年通过的营养标识和教育法规，规定所有出售的食品都应标注营养标识，餐馆出售的食品和新鲜的肉禽制品除外。营养标识包括：营养事实、健康声明和营养组分。营养事实是指每一份食品所含的营养成分(g)，以及该成分占每日需要量的百分率(%)。营养事实属于强制性标注内容，健康声明和营养组成则是自愿性标准内容。

⑦州和市政法规。由州和城市制定的食品法规，主要管理没有进入州际贸易的食品质量与安全，确保公众健康，防止经济欺诈。

## 5.3.2　欧盟食品质量与安全法规

### 5.3.2.1　欧盟食品安全白皮书

欧盟于 2000 年 1 月 12 日发表的《食品安全白皮书》是欧盟新的食品政策的蓝本，它的使命是使法规成为一系列连续、透明的规则，加强对食品从"田间"到"餐桌"的监管，并提高科技咨询体系的能力，以保证公众健康和对消费者较高水平的保护。《白皮书》行动计划首次整合了整个食物链中有关食品安全的所有方面，其内容包括从传统的卫生条款到相关的动物健康、动物福利和植物卫生要求等。

继《白皮书》发表之后的一个重要里程碑是欧盟《178/2002 号条例》。该条例由欧盟议会和欧盟理事会于 2002 年 1 月 28 日通过，它确定了食品法规的一般原则和要求，建立了欧盟食品安全局(简称 EFSA)，设立了处理食品安全问题的程序。

### 5.3.2.2　欧盟食品安全局(EFSA)

因为《178/2002 号条例》为欧盟食品安全局(EFSA)提供了法律基础，所以 EFSA 仅仅在几个月内就开始运作了。EFSA 的主要任务是开展风险分析中的风险评估。此外，它还在风险交流中发挥重要作用。EFSA 的主要责任是独立地对直接或间接与食品安全有关的事件提出科学建议，这些事件包括与动物健康、动物福利、植物健康、基本生产和动物饲料有关的事件。此外，EFSA 还对非食物和转基因饲料、与欧盟法规和政策有关的营养问题等提出科学建议。EFSA 由 4 部分组成：即管理委员会、执行主席和员工、科技委员会和咨询论坛。

欧盟食品安全局还在风险管理方面向其成员国提供必要的支援。在食品安全危机发生时,欧盟理事会将成立一个危机处置小组,欧盟食品安全管理局将为该小组提供必要的科学技术和政策建议。危机处置小组会收集相关信息,提出防止和消除风险的办法。欧盟食品安全局还承担着快速报警的任务。各成员国的食品安全机构有责任将本国有关食品和饲料存在的安全风险及其限制措施的信息,迅速通报给欧盟快速预警体系。欧盟理事会将收到的通报信息转发给各成员国和欧盟食品安全局。欧盟食品安全局的宗旨是要保持食品安全相关信息的公开与透明,将一切与公众利益相关的食品安全信息公之于众,最大限度地减少食品安全问题可能带来的隐患。

### ⁇ 思考题

1. 食品安全法对食品安全管理规定了哪些制度?
2. 食品质量与安全有什么异同?
3. 简述食品标签必须标注的内容。
4. 从美国和欧盟食品法规中可以学到哪些观念和措施?

### ▣ 指定学生参考书

吴澎,赵丽芹,张淼.食品法律法规与标准(第2版)[M].北京:化学工业出版社,2015.

### ▦ 参考文献

[1] 功能性食品的科学[M].陈君石,闻芝梅,译.北京:人民卫生出版社,2002.

[2] 吴永宁.现代食品安全学[M].北京:化学工业出版社,2003.

[3] 陈锡文,邓楠.中国食品安全战略研究[M].北京:化学工业出版社,2004.

[4] 魏益民.食品安全学导论[M].北京:科学出版社,2009.

[5] 信春鹰.中华人民共和国食品安全法解读[M].北京:中国法治出版社,2015.

[6] Deutsche Forschungsgemeischaft (DFG). Functional Food:Safety Aspects. 2004 WILEY-VCH Verlag GmbH & Co. KGaA, Weinheim.

[7] FAO/WHO. Assuring Food Safety and Quality:Guidelines for Strengthening National Food Control Systems. Rome:Joint FAO/WHO Publication,2003.

[8] http//www. codexalimentatius. net.

[9] http://www. fda. gov.

[10] http://www. efsa. europa. eu.

**编写人:魏益民,郭波莉（中国农业科学院农产品加工研究所）**

第 6 章

# 食 品 标 准

## 学习目的与要求

1. 了解国内外有关食品标准和标准化的基本情况和发展动态；

2. 能够在实际工作中编制标准和贯彻实施标准；

3. 熟练掌握查询获取国内外食品标准文献的方法。

## 6.1  概述

### 6.1.1  标准化及标准

#### 6.1.1.1  标准化

我国国家标准 GB/T 20000.1—2014《标准化工作指南第 1 部分:标准化和相关活动的通用术语》中对标准化的定义如下。

标准化:为了在既定范围内获得最佳秩序,促进共同效益,对现实问题或潜在问题确立共同使用和重复使用的条款以及编制、发布和应用文件的活动。

注 1:标准化确立的条款,可形成标准化文件,包括标准和其他标准化文件。

注 2:标准化的主要效益在于为了产品、过程或服务的预期目的改进它们的适用性,促进贸易、交流以及技术合作。

同时该指南中也给出了标准化对象、标准化领域、标准化层次和标准化目的等术语定义。从各术语的描述中可以看出,标准化有如下几方面含义。

(1)标准化对象是需要进行标准化的主题  注 2 中的"产品、过程或服务",旨在从广义上囊括标准化的对象,宜等同地理解为包括诸如材料、元件、设备、系统、接口、协议、程序、功能、方法或活动等。这表明对于在不同的时间和空间共同的和重复发生的事物或概念,有必要找出它们的最佳状态,订成标准,加以统一,以便于它们得到优化或达到节省重复劳动,提高工作效率的目的。

(2)标准化领域是一组相关的标准化对象  由于标准化对象可以存在于人类社会的各个领域,例如工程、运输、农业、量和单位均可视为标准化领域,所以标准化的活动领域不再仅仅局限于科学技术领域,而是扩展到经济管理、社会管理的各个人类活动领域。

(3)标准化的内容是使标准化对象达到标准化状态的全部活动及其过程  它包括制定、发布和实施标准和其他标准化文件。这是一个不断循环、螺旋式上升的运动过程。每完成一个循环,标准的水平就提高一步。此外,运用简化、系列化、通用化、组合化等形式和方法来改造标准化对象,也是标准化活动的一个组成部分。

(4)标准化的本质是统一  标准化就是用一个确定的标准或文件将对象统一起来,在无序中建立秩序。所以标准化也是一种状态,即统一的状态,一致的状态,均衡有序的状态。

(5)标准化的目的是在既定范围内获得最佳秩序  开展标准化活动的一般目的在于追求一定范围内事物的最佳秩序和概念的最佳表述,以期促进共同效益。标准化可以有一个或更多特定目的,以使产品、过程或服务适合其用途,有些目的可能相互重叠。标准化的经济效益是其社会效益的重要部分和显性部分,但并不是全部,它还应包括长期的、隐性的不可计算部分,甚至局部经济效益是负数,但社会效益很大,其标准化活动也是有成效的。有序化和最佳社会效益是标准化的出发点,也是衡量标准化活动的根本依据。

标准化作为我们国家一项基础性制度,是国家治理体系和经济社会发展的重要技术基础。

我们要努力使我国的标准体系结构更加适应经济社会发展的需要,不断与国际标准化进行接轨,使我国标准化体系更加完善,能够最大程度地惠及企业、惠及民众。

#### 6.1.1.2　企业标准化

企业标准化就是以实现企业生产经营为目标,以提高经济效益为中心,以食品企业生产、技术、经营活动的全过程及其要素为主要内容,通过制定、发布标准和贯彻实施标准,使企业全部生产技术、经营管理活动达到规范化、程序化、科学化和文明化的过程。企业标准化是整个标准化工作的基础,也是标准化活动的出发点和归宿。它是在企业的统一领导下,企业标准化机构和专职人员、兼职人员及企业所有部门和全体人员共同参加的有组织的活动。具体来说,企业标准化的对象主要是指在企业活动如产品设计、工艺过程、原料的投入、工人的操作、质量检验分析、生产经营、文件编制等过程中重复发生的事物或现象。

企业标准化的任务是结合企业的各项工作,特别是质量管理与经济核算,通过制定标准与贯彻标准,使企业的生产、技术和经营管理活动合理化、规范化,以达到提高质量、效率和降低成本的目的。具体来说有以下几个方面:①贯彻执行国家有关标准化的方针政策;②制定和修订企业标准;③贯彻执行有关国家标准、行业标准、地方标准;④承担上级指定的标准的制定和修订工作。

#### 6.1.1.3　标准

我国国家标准 GB/T 20000.1—2014《标准化工作指南第 1 部分:标准化和相关活动的通用术语》中对标准的定义如下。

标准:通过标准化活动,按照规定的程序经协商一致制定,为各种活动或其结果提供规则、指南或特性,供共同使用和重复使用的文件。

注 1:标准宜以科学、技术和经验的综合成果为基础。

注 2:规定的程序指制定标准的机构颁布的标准制定程序。

注 3:诸如国际标准、区域标准、国家标准等,由于它们可以公开获得以及必要时通过修正或修订保持与最新技术水平同步,因此它们被视为构成了公认的技术规则。其他层次上通过的标准,诸如专业协(学)会标准、企业标准等,在地域上可影响几个国家。

该定义包含以下 5 方面的含义。

(1)标准的本质属性是一种"统一规定和公认的技术规则"　这种统一规定和公认的技术规则是作为有关各方共同遵守的准则和依据。这就赋予标准具有强制性、约束性和法规性。目前,世界上既有实行强制性标准体制的国家,又有实行自愿性标准体制的国家,但这并不影响标准具有强制性的特征。实行自愿性体制的国家,在执行什么标准的问题上,食品企业和用户有一定的自由,但标准一经选定,它就成了有关各方必须严格遵守的法规,对有关各当事方都具有强制性和约束力。我国标准分为强制性标准和推荐性标准两类。强制性标准必须严格执行,做到全国统一。推荐性标准国家鼓励企业自愿采用。但推荐性标准如经协商,并定入经济合同或食品企业作了明示担保,则有关各方必须遵守执行。

(2)标准制定的对象是共同的和重复发生的事物或概念　只有当事物或概念具有共同的

和重复发生的特征并处于相对稳定时才有制定标准的必要,使标准作为今后实践的依据,既最大限度地减少不必要的重复劳动,提高工作效率,又能扩大"标准"的利用范围。

(3)标准产生的基础是"科学、技术和经验的综合成果" 这就是说标准既是科学技术成果,又是实践经验的总结,并且这些成果和经验都是在经过分析、比较、综合和验证基础上加以规范化,只有这样制定出来的标准才能具有科学性。

(4)标准是"协商一致"的结果 由于标准涉及方方面面的利益,有时甚至是对立的双方,因而在制定标准时,认识上的分歧是普遍存在的,解决的办法就是要发扬技术民主,与有关方面充分协商,达到一致或基本同意,这是标准的一个重要特性。这样制定出来的标准才具有权威性、科学性和实用性。

(5)标准按照规定的程序制定和形式发布 标准的制定、发布有其特定的过程,从项目的确定、搜集资料、试验验证到编写标准草案,征求意见并修改直至由某一级机构发布等,在不少国家已经形成了一套完整、成熟的程序。并且标准的编写、印刷、幅面格式和编号等也都有统一规定。这样即可保证标准的质量,又便于资料管理,体现了标准文件的严肃性。所以标准必须"由公认机构的批准,以特定形式发布"。标准从制定到批准发布的一整套工作程序和审批制度,使标准具有法规特性。

### 6.1.1.4 标准化与食品质量管理的关系

(1)标准化是进行质量管理的依据和基础 在食品企业中用一系列的标准来控制和指导设计、生产和使用的全过程,这不仅和食品质量管理是一致的,也正是食品质量管理的基本内容。首先,产品标准和安全标准的各项要求和技术指标,就是食品质量管理目标的具体化和定量化。实施产品标准和安全标准,使企业内部各部门之间在技术上统一协调起来,对产品质量的稳定,也即实现质量管理的目标具有决定性的影响。其次,企业的管理标准、工作标准则是实现管理目标的保证条件。食品质量取决于企业各方面的工作质量,企业内部的各种管理标准、工作标准和规章制度的执行,都是为了促使每个职工在各自的工作岗位上提供优良的工作质量,从而有效地保证提高食品质量。第三,企业的检测、检验等各类方法标准是评价食品质量的准则和依据。食品质量管理在评定食品质量时要求"用数据说话",就必须有统一的检测、检验方法。如果没有统一的检测、检验方法,就难以正确地评价食品质量。由此可见,开展食品质量管理离不开标准化,是以标准为基础的。

(2)标准化活动贯穿于食品质量管理的始终 食品质量管理是全过程的管理。人们通常把这个全过程划分为3个阶段,即设计试制阶段、生产阶段和使用或食用阶段。设计试制阶段是产品正式投产前的全部技术准备过程,包括市场调研、制订方案、产品设计、工艺设计、试制、试验等。在这个过程中,既要完成标准起草的准备,又要做好标准的审查,最后完成标准的制定工作。因此,试制阶段作为质量管理的起点,也是起草和完成标准制定的过程。在生产阶段的质量管理,为了建立能够生产合格品和优质品的生产系统,搞好质量控制,就必须保证按标准采购原料,按标准提供设备和工具,按标准操作加工、包装、贮运,以及按标准进行质量检验等,也正是实施标准、验证标准的过程。至于使用或食用阶段的质量管理(销售服务质量保证阶段),则是通过各种渠道对出厂产品进行使用效果与顾客要求的调查,找出存在的问题及其与国内外同类产品的差距,及时反馈信息,为修订、完善标准,改善设计,提高产品质量提供依据。

(3)标准与质量在循环中互相推动共同提高　质量管理的工作方式是策划(plan)、实施(do)、检查(check)、处理(action)4 个阶段的循环。从策划阶段开始,依据用户要求和实际可能确定企业方针、目标和计划,并据此制定一整套产品质量和工作质量标准,这些标准成为今后开展工作的依据,是影响全局成败的最重要的一环。因此,食品质量管理工作是始于制定标准的。在实施阶段,是根据策划阶段制定的标准实施,使设计、生产工作按预定方针、目标、计划和标准进行。再经过检查和处理两个阶段按标准进行检查,找出明显的和潜在的质量问题,并根据检查的结果采取相应的措施解决问题,从而确认和修订标准。因此,也可以说,食品质量管理又是终于标准的改善。可见,标准贯穿于质量管理的全过程,并在食品质量管理的循环中不断得到改善。而标准的改善和提高必然会对食品质量和质量管理水平的提高起到推动作用。

(4)标准化与食品质量管理都是现代科学技术与现代科学管理的交汇点　标准化与食品质量管理都具有十分明显的综合性和边缘性。他们不仅需要广泛的科学技术基础,而且与社会学、经济学、环境学等都有相当密切的关系。标准化脱颖于技术科学,汇流于现代管理,以它特有的约束作用来保证质量;质量管理发源于传统工业管理,引入了数理统计方法和其他工具对质量进行控制和管理。这样就使他们都具有科学技术与科学管理的双重属性。标准化和食品质量管理不断从数理统计、运筹学、系统工程、价值工程、工业工程、环境工程等学科吸取营养,使标准化与食品质量管理更加科学化。

### 6.1.2　标准的分级和分类

#### 6.1.2.1　标准的分级

2018 年 1 月 1 日开始施行的《中华人民共和国标准化法》将标准划分为国家标准、行业标准、地方标准、团体标准和企业标准等 5 类;国家标准分为强制性标准、推荐性标准,行业标准、地方标准是推荐性标准。GB/T 20000.1—2014 标准化工作指南中给出了包括国际标准、区域标准和国家标准等标准的定义。

(1)国内标准的分级

①国家标准:由国家标准机构通过并公开发布的标准。国家标准是对关系到全国经济、技术发展的标准化对象所制定的标准,它在全国各行业各地方都适用。

国家标准是我国标准体系中的主体。国家标准一经批准发布实施,与国家标准相重复的行业标准、地方标准即行废止。

国家标准的编号由国家标准代号,标准发布顺序号和发布的年号组成。国家标准的代号由大写的汉语拼音字母组成,强制性标准的代号为“GB”;推荐性标准的代号为“GB/T”。

有关食品的国家标准主要有食品安全标准名词术语,基础标准,食品、食品添加剂、食品相关产品标准,食品检验方法标准和以标准文件发布的各类食品生产经营规范等。

②行业标准:由行业机构通过并公开发布的标准。行业标准的编号由行业标准代号、标准顺序号和年号组成。行业标准的代号由国务院标准化机构规定,不同行业的代号各不相同。

行业标准中同样分强制性标准和推荐性标准2种。

过去涉及食品的行业标准较多,主要有:商业(SB)、农业(NY)、商检(SN)、轻工(QB)、化工(HG)等行业标准。国务院卫生行政部门正在对现行的食用农产品质量安全标准、食品卫生标准、食品质量标准和有关食品的行业标准中强制执行的标准予以整合,统一公布为食品安全国家标准。

③地方标准:在国家的某个地区通过并公开发布的标准。例如,对地方特色食品,没有食品安全国家标准的,省、自治区、直辖市人民政府卫生行政部门可以制定并公布食品安全地方标准,报国务院卫生行政部门备案。食品安全国家标准制定后,该地方标准即行废止。

地方标准的编号由地方标准代号、标准顺序号和发布年号组成。地方标准的代号由汉语拼音字母"DB"加上省、自治区、直辖市行政区划代码前两位数字加斜线,组成强制性地方标准代号;若再加上"T"则组成推荐性地方标准代号。

④团体标准:是由团体按照团体确立的标准制定程序自主制定发布,由社会自愿采用的标准。国家鼓励学会、协会、商会、联合会、产业技术联盟等社会团体协调相关市场主体共同制定满足市场和创新需要的团体标准,由本团体成员约定采用或者按照本团体的规定供社会自愿采用。团体标准编号依次由团体标准代号"T"、社会团体代号、团体标准顺序号和年代号组成。

⑤企业标准:由企业通过供企业使用的标准。它由企业法人代表或法人代表授权的主管领导审批发布,由企业法人代表授权的部门统一管理,在本企业范围内适用。企业内所实施的标准一般都是强制性的。

企业标准的编号由企业标准代号、标准顺序号和发布年号组成。企业标准代号由汉语拼音字母"Q"加斜线再加上企业代号组成。企业代号可用汉语拼音字母或用阿拉伯数字或两者兼用,具体办法由当地行政主管部门规定。

国家鼓励食品生产企业制定严于食品安全国家标准或者地方标准的企业标准,在本企业适用,并报省、自治区、直辖市人民政府卫生行政部门备案。

(2)国外标准的分级 这里所谓的国外标准不是指某个国家的标准,而是指国际共同使用的标准。国外标准的级别有两个,即国际标准和区域标准。

①国际标准:由国际标准化组织或国际标准组织通过并公开发布的标准。主要是指由国际标准化组织(ISO)和国际电工委员会(IEC)所制定的标准。此外,联合国粮农组织(FAD)、世界卫生组织(WHO)、食品法典委员会(CAC)、食品添加剂和污染物法典委员会(CCFAC)、国际计量局(BIPM)等专业组织制定的标准,也可视为国际标准。国际标准为世界各国所承认并在各国间通用。

②区域标准:由区域标准化组织或区域标准组织通过并公开发布的标准。一般区域标准是指由区域性的国家集团的标准化组织制定和发布的标准,其标准在该集团各成员国之间通用。这些区域标准化组织的形成,有的是由于地理上的毗邻,如拉丁美洲的泛美标准化委员会(COPANT);有的是因为政治上和经济上有共同的利益,如欧洲标准化委员会(CEN)。

### 6.1.2.2 标准的类别

目前我国比较通行的对标准的分类方法如下。

（1）按标准的内容分类　我国国家标准 GB/T 20000.1—2014 将标准的类别分为 13 种，基本上是按照内容来分的，包括基础标准、术语标准、符号标准、分类标准、试验标准、规范标准、规程标准、指南标准、产品标准、过程标准、服务标准、接口标准、数据待定标准等。我国食品标准基本上就是按照内容进行分类并编辑出版的，包括食品安全标准名词术语，基础标准，食品、食品添加剂、食品相关产品标准，食品检验方法标准和以标准文件发布的各类食品生产经营规范等，现统称为食品安全标准。

（2）按标准的级别分类　分为国际标准、区域标准、国家标准、行业标准、地方标准、团体标准和企业标准 7 类。

（3）按标准的约束性分类　按标准的约束性可分为强制性标准与推荐性标准。我国的国家标准和行业标准分为强制性标准和推荐性标准两类。对于强制性标准，有关各方没有选择的余地，必须毫无保留地绝对贯彻执行。对于推荐性标准，有关各方有选择的自由，但一经选定，则该标准对采用者来说，便成为必须绝对执行的标准了。"推荐性"便转化为"强制性"。我国食品安全标准属于强制性标准，因为它是食品的基础性标准，关系到人体健康和安全。除食品安全标准外，不得制定其他的食品强制性标准。随着国际食品贸易的广泛和深入，我国将会更多地采用国际标准或国外先进标准，食品标准的约束性也会根据具体情况进行调整。

（4）按标准的性质分类　按标准的性质可分为技术标准、管理标准和工作标准。技术标准是对标准化领域中需要协调统一的技术事项所制定的标准。食品基础及相关标准中涉及技术的一部分标准、食品产品安全标准、食品检验方法标准等，其内容都规定了技术事项或技术要求，属于技术标准。管理标准是对标准化领域中需要协调统一的管理事项所制定的标准。主要包括技术管理、生产管理，经营管理和劳动组织管理标准等，如 ISO 9000 系列标准、食品企业卫生规范和良好操作规范（GMP）等属于管理标准。工作标准是对标准化领域中，需要协调统一的各类工作人员的工作事项所制定的标准。工作标准也叫工作质量标准，是对各部门、各类人员基本职责、工作要求、考核方法所做的规定，是衡量工作质量的依据和准则。

在我国，经常使用食品标准、食品质量标准或食品安全标准等概念或称呼。从上述标准的分类来看，这些概念的界限往往不是十分清楚，有时是泛指与食品质量、安全和质量管理相关的各类标准或规范，有时可能特指一类标准，如与食品卫生、安全相关的叫食品安全标准等。2015 年 10 月 1 日实施的《中华人民共和国食品安全法》规定，"食品安全标准是强制执行的标准。除食品安全标准外，不得制定其他食品强制性标准"。"食品安全国家标准由国务院卫生行政部门会同国务院食品药品监督管理部门制定、公布，国务院标准化行政部门提供国家标准编号。食品中农药残留、兽药残留的限量规定及其检验方法与规程由国务院卫生行政部门、国务院农业行政部门会同国务院食品药品监督管理部门制定。屠宰畜、禽的检验规程由国务院农业行政部门会同国务院卫生行政部门制定。"可见在食品标准方面，我国更加强调了对食品安全的管理，以人为本，保证人民群众的健康和安全。本章所述食品标准或食品质量标准也是对与食品质量与安全相关的各类标准的统称，内容侧重在标准、标准化的概念和食品产品安全标准方面，管理类标准和规范在后续章节介绍。

### 6.1.3 标准的编制与实施

#### 6.1.3.1 标准化文件的编制

制定标准是标准化工作的重要任务。制定标准应有计划、有组织地按一定程序进行。

标准是一种严肃的法规性文件,为了保持它的严肃性、权威性和法规性,应该规定统一格式、统一的编排方法。我国国家标准 GB/T 1《标准化工作导则》、GB/T 20001《标准编写规则》、GB/T 20000《标准化工作指南》、GB/T 20002《标准中特定内容的起草》和 GB/T 20003《标准制定的特殊程序》共同构成支撑标准制修订工作的基础性系列国家标准。

GB/T 1.1-2020《标准化工作导则》第 1 部分:标准化文件的结构和起草规则,规定了标准化文件的结构和内容。虽然每一项标准化文件的内容不可能相同,但其结构则大体一样。表6-1 列出了标准化文件中各要素的类别、构成和表述形式。食品安全标准的编制一般也包括了这些内容。

**表 6-1 文件中各要素的类别、构成和表述形式**

| 要素 | 要素的类别 | | 要素的构成 | 要素所允许的表述形式[a] |
| --- | --- | --- | --- | --- |
| | 必备或可选 | 规范性或资料性 | | |
| 封面 | 必备 | 资料性 | 附加信息 | 标明文件信息 |
| 目次 | 可选 | | | 列表(自动生成的内容) |
| 前言 | 必备 | | | 条文、注、脚注、指明附录 |
| 引言 | 可选 | | | 条文、图、表、数学公式、注、脚注、指明附录 |
| 范围 | 必备 | 规范性 | 条款、附加信息 | 条文、表、注、脚注 |
| 规范性引用文件[a] | 必备/可选 | 资料性 | 附加信息 | 清单、注、脚注 |
| 术语和定义[a] | 必备/可选 | 规范性 | 条款、附加信息 | 条文、图、数学公式、示例、注、引用、提示 |
| 符号和缩略语 | 可选 | 规范性 | 条款、附加信息 | 条文、图、表、数学公式、示例、注、脚注、引用、提示、指明附录 |
| 分类和编码/系统构成 | 可选 | | | |
| 总体原则和/或总体要求 | 可选 | | | |
| 核心技术要素 | 必备 | | | |
| 其他技术要素 | 可选 | | | |
| 参考文献 | 可选 | 资料性 | 附加信息 | 清单、脚注 |
| 索引 | 可选 | | | 列表(自动生成的内容) |

[a] 章编号和标题的设置是必备的,要素内容的有无根据具体情况进行选择。

#### 6.1.3.2 标准的贯彻实施

标准的贯彻实施大致上可以分为计划、准备、实施、检查验收、总结 5 个程序。

(1)计划 在实施标准之前,企业、单位应制订出"实施标准的工作计划"或"方案"。计划或方案的主要内容是贯彻标准的方式、内容、步骤、负责人员、起止时间、达到的要求和目标等。

(2)准备  贯彻标准的准备工作一般有 4 个方面,即建立组织机构,明确专人负责;宣传讲解,提高认识;认真做好技术准备工作;充分做好物资供应。

(3)实施  实施标准就是把标准应用于生产实践中去。实施标准有以下几种方式。

①完全实施:就是直接采用标准,全文照搬,毫无改动地贯彻实施。对重要的国家和行业基础标准、方法标准、安全标准、卫生标准、环境保护标准等强制性标准必须完全实施。

②引用:凡认为适用于企业的推荐性标准,可以采取直接引用的形式进行贯彻实施。并在产品、包装或其说明上标注该项推荐性标准的标准编号。

③选用:选取标准中部分内容实施。

④补充:在不违背标准的基本原则下,企业以企业标准的形式可以对标准再做出一些必要的补充规定,如有些食品企业在贯彻食品安全标准时,补充原料要求,对保证食品质量很有好处。

⑤配套:在贯彻某些标准时,地方或企业可制定这些标准的配套标准以及这些标准的使用方法等指导性技术文件,这些配套标准是为了更全面、更有效地贯彻标准。

⑥提高:为稳定地生产优质产品和提高市场竞争能力、出口创汇等,企业在贯彻某一项国家或行业标准时,可以以国际标准或国内外先进水平为目标,提高、加强标准中一些性能指标;或者自行制定比该产品标准水平更高的企业标准,实施于生产中。我国许多名牌优质食品的企业标准高于国家标准或国际标准水平,为企业赢得了良好信誉。

总之,无论采取哪种贯彻方式,都应有利于标准的实施,有利于增强企业市场竞争能力。

(4)检查验收  检查验收也是贯彻标准中一项重要环节。检查应包括实施阶段的全过程。通过检查验收,找出标准实施中存在的问题,采取相应措施,继续贯彻实施标准,如此反复进行几次,就可以促进标准的全面贯彻。

(5)总结  总结包括技术上和贯彻方法上的总结及各种文件、资料的归类、整理、立卷归档工作,还应该对标准贯彻中发现的各种问题和意见进行整理、分析、归类工作,然后写出意见和建议,反馈给标准制(修)定部门。

应该注意的是,总结并不意味着标准贯彻的终止,只是完成一次贯彻标准的"PDCA 循环",还应继续进行下次的 PDCA。总之,在标准的有效期内,应不断地实施,使标准贯彻得越来越全面、越来越深入,直到修订成新标准为止。

## 6.2  我国食品标准

为保障食品及其相关行业的健康发展,促进社会经济的繁荣,经多年的努力工作,我国制定发布实施了大量的食品标准,包括食品行业基础及相关标准、食品卫生标准、食品产品标准等国家标准以及行业和地方标准。各食品生产及相关企业积极应对市场的变化和要求,与国际接轨,采用国际标准或国外先进标准,或参照国内外相关标准不断制定、备案和发布自己的企业标准。《食品安全法》实施后,我国对各类、各级食品标准进行整合,统一公布,使我国食品标准体系更加完备。随着食品产业的发展和世界经济一体化进程,今后我国还会有大量的食品标准被制定或修订。尤其是食品安全标准将更加科学规范,不断满足人们对食品营养、安全的期望。

### 6.2.1 食品标准的作用

食品产业是我国国民经济的重要支柱产业。食品标准在保证人民身体健康、促进食品产业的发展、推动食品国际贸易起到了重要作用。具体表现在以下几个方面。

(1)保证食品的食用安全性 食品是供人食用的产品。衡量食品是否合格的尺度就是食品标准。食品标准在制定过程中充分考虑了食品可能存在的有害因素和潜在的不安全因素,以风险评估结果为主要依据,通过规定食品的理化指标、微生物指标、检测方法、包装贮存等一系列的内容,使符合标准的食品具有安全性。因此,食品标准可以保证食品卫生、安全,防止食品污染和有害化学物质对人体健康的危害。

(2)国家管理食品行业的依据 食品是关系到人体健康的特殊产品,国家对食品行业的管理很严格,特制定和实施了《中华人民共和国食品安全法》。国家对食品质量与安全进行监督检查的依据就是食品标准。通过国家组织的食品质量监督检查,不仅促进产品质量的提高,保护消费者的利益,同时,对标准本身的完善也是一种促进。通过分析检查结果,可进一步明确行业发展的管理方向。

(3)食品企业科学管理与经营的基础 食品标准是食品企业和经营单位提高产品质量的前提和保证。食品生产与经营企业在各个环节采取各种质量控制措施和方法,检验一些控制指标,都要以食品标准为准,要确保食品最终能够达到合格。企业在组织生产时,也需要在技术上和组织上保持高度的统一和协作一致。因此,食品生产与经营企业管理中离不开食品标准。

(4)促进生产,推动贸易 食品标准是实现食品工业专业分工和社会化生产的前提,同时也是科学技术转化为现实生产力的桥梁之一。我国食品标准已经与国际接轨,采用国际标准,如食品法典委员会(CAC)的法典标准和先进的国外食品标准,能有效地避免贸易障碍,消除贸易技术壁垒,推动食品贸易的发展,提高我国食品在国际市场上的竞争能力。

### 6.2.2 食品标准制定的依据

(1)法律依据 《食品安全法》《标准化法》等法律及有关法规是制定食品标准的法律依据。以上法律对食品安全标准及其他标准的制定与批准、适用范围、技术内容等方面作了明确的规定。

(2)科学技术依据 食品标准是科学技术研究和生产经验总结的产物。在标准制定过程中,首先应尊重科学,尊重客观规律。《食品安全法》规定,"制定食品安全国家标准,应当依据食品安全风险评估结果并充分考虑食用农产品安全风险评估结果,参照相关的国际标准和国际食品安全风险评估结果,并将食品安全国家标准草案向社会公布,广泛听取食品生产经营者、消费者、有关部门等方面的意见"。

"食品安全国家标准应当经国务院卫生行政部门组织的食品安全国家标准审评委员会审查通过。食品安全国家标准审评委员会由医学、农业、食品、营养、生物、环境等方面的专家以及国务院有关部门、食品行业协会、消费者协会的代表组成,对食品安全国家标准草案的科学性和实用性等进行审查。"

(3)有关国际组织的规定 WTO制定的《卫生和植物卫生措施协定(SPS)》《贸易技术壁垒协定(TBT)》是食品贸易中必须遵守的两项协定。SPS、TBT协定都明确指出,国际食品法典委员会(CAC)的法典标准可作为解决国际贸易争端,协调各国食品卫生标准的依据。因此,每一个WTO的成员都必须履行WTO有关食品标准制定和实施的各项协议和规定。

### 6.2.3 食品标准的主要内容和指标

#### 6.2.3.1 食品产品安全标准的内容和指标

我国《食品安全法》规定,"制定食品安全标准,应当以保障公众身体健康为宗旨,做到科学合理、安全可靠"。

食品安全标准应当包括下列内容:

①食品、食品添加剂、食品相关产品中的致病性微生物,农药残留、兽药残留、生物毒素、重金属等污染物质以及其他危害人体健康物质的限量规定。

②食品添加剂的品种、使用范围、用量。

③专供婴幼儿和其他特定人群的主辅食品的营养成分要求。

④对与卫生、营养等食品安全要求有关的标签、标志、说明书的要求。

⑤食品生产经营过程的卫生要求。

⑥与食品安全有关的质量要求。

⑦与食品安全有关的食品检验方法与规程。

⑧其他需要制定为食品安全标准的内容。

食品产品安全标准有国家标准、地方标准和企业标准。但无论哪级标准,标准的格式、内容编排、层次划分、编写的细则等都应符合GB/T 1.1的规定。一般包括范围、规范性引用文件、术语和定义、技术要求、检验方法、检验规则、标志包装、运输和贮存等。

在范围中,一般阐述标准的规定内容与适用范围。在规范性引用文件中一般列入标准文本中引用到的相关标准和规范等文件目录,一般为基础性的、食品卫生和检验方法的国家标准、行业标准及国家有关法规、规范。这些标准或规范在文本中直接引用,不再重复其内容。相关术语和定义中规定标准中出现的较为模糊不定容易造成混淆的行业术语。在定义过程中,明确其具体含义,使标准更加准确、清晰、便于使用。

标准中的技术要求是标准的核心部分,主要包括原辅材料要求、感官要求、理化指标、微生物指标等。凡列入标准中的技术要求应该是决定产品安全、质量和使用性能的主要指标,而这些指标又是可以测定或验证的。原辅材料要求中涉及食品原料的相关标准,有相关标准的,按标准要求,没有相关标准的原辅材料,应阐述对它们的要求。食品感官要求,是食品质量的第一要素,它反映出食品的类别、属性、品质和新鲜程度,从美学和心理学角度讲,也满足消费心理的需要,恰当表述,定性的评价,有助于对食品质量的全面反映。食品色泽、滋味与气味、组织形态以及杂质存在的情况,也是安全、卫生质量的直接表现,因此,必须认真对待、准确描述。具有民族传统习惯及地方特色的食品,应强调其特殊性的存在。理化指标是食品产品安全标准的重要技术组成部分,其中包括产品卫生指标和质量特性指标。卫生指标是对有害重金属、有害化学物质等的限制和限量,如砷、锡、铅、铜、汞的规定值,食品中可能存在的农药残留、兽药残留、有害物质(如黄曲霉毒素数量的规定)及放射性物质的量化指标等。这些指标在不同的食品安全标准中有所不同,根据需要,还可能增加一些其他的理化指标。所谓的产品质量特性指标是指能反映产品特点并能对其质量起到控制作用的指标。专供婴幼儿和其他特定人群的主辅食品要有对营养成分的要求;一般食品,例如,罐头产品的净含量和固形物含量的指标、蛋白质饮料的蛋白质含量等都是关键的产品质量特性指标,在理化指标中必须予以规定,以保证产品质量。有些指标必须与其他指标联合,才能反映产品的真实情况,如奶饮料,如果单单规定产品的蛋白质含量,生产者就可以通过在产品中增加植物蛋白,甚至其他化学成分的方法来达到合格产品的目的,标准并未起到保证产品质量安全的目的。如果在规定蛋白质含量的同时,还规定脂肪等牛乳中的其他成分指标就能在一定程度上保证产品质量的下限,所以在制定理化指标的时候要充分考虑产品安全、质量与指标的内在联系。微生物指标通常包括菌落总数,大肠菌群和致病菌 3 项指标,有的还包括霉菌指标等其他微生物指标。食品安全标准中一般对致病菌都作出"不得检出"的规定,以确保食品的安全。

食品生产经营过程的卫生要求要遵照相关的卫生规范和法规执行。

检验方法与检验规则是标准中两项不同内容。检验方法与技术要求应该是一一对应的关系,但对于一些定性要求,如形状、大小和外观等,则无须作具体规定。食品检验方法已作为国家标准发布实施,应在充分理解的情况下应用。检验规则包括检验分类、取样方法和判定规则等,只有科学、合理,才能正确评价检验结果。另外,在标准中还要对标志、标签、包装、运输和贮存等作出规定。

食品产品的保质期要求,包括在标准的贮存规定之中。各种不同的食品产品有不同的保质期要求,没有统一的规定。但并非所有的食品都必须标注保质期,一些可以长期贮存的食品,如味精、食盐就可以不在标签上标注保质期。在保质期内,生产企业应保证产品是合格的。

### 6.2.3.2 其他食品安全标准

食品安全标准名词术语主要是对食品的名词术语、图形代号等做出的统一解释。

食品行业基础标准主要包括:食品添加剂使用(GB 2760)、食品中真菌毒素限量(GB 2761)、食品中污染物限量(GB 2762)、食品中农药最大残留限量(GB 2763)、食品营养强化剂使用(GB 14880)、食品中致病菌限量(GB 29921)、食品中兽药最大残留限量(GB 31650)以及预包装食品标签通则(GB 7718)等标准。

食品检验方法标准主要规定检测方法的过程和操作,使用的仪器及化学试剂等。

食品生产经营规范主要指:食品生产规范,如谷物及其制品、乳及乳制品、蛋与蛋制品、肉与肉制品、水产品及其制品、包装饮用水等食品生产规范,食品添加剂生产卫生规范、食品经营规范,餐饮操作规范,危害因素控制指南等。

### 6.2.4 食品标准的制定与备案

#### 6.2.4.1 食品标准制定程序

我国国家标准编写与制修订程序一般分为 9 阶段,即预研、立项、起草、征求意见、审查、批准、出版、复审和废止。它也是一个周而复始循环的 PDCA 的过程。由于技术的发展和更新,标准中涉及的专利越来越多。为统一规范涉及专利的标准制修订规则,保护社会公众和专利权人及相关权利人的合法权益,保障涉及专利的标准制修订工作的公开、透明,我国特制定了国家标准 GB/T 20003.1-2014《标准制定的特殊程序 第 1 部分:涉及专利的标准》,规定了标准制定和修订过程中涉及专利问题的处置要求和特殊程序。

我国《企业标准化管理办法》第八条规定:制定企业标准的一般程序是:编制计划、调查研究,起草标准草案、征求意见,对标准草案进行必要的验证、审查、批准、编号、发布。

### 6.2.4.2 食品安全企业标准备案

《食品安全法》规定,国家鼓励食品生产企业制定严于食品安全国家标准或者地方标准的企业标准,在本企业适用,并报省、自治区、直辖市人民政府卫生行政部门备案。

企业标准备案时一般提交下列材料:

①企业标准备案登记表;

②企业标准文本(一式八份)及电子版;

③企业标准编制说明;

④省级卫生行政部门规定的其他资料。

我国各省、自治区、直辖市卫生行政部门为规范本地食品安全企业标准备案工作,根据《中华人民共和国食品安全法》《中华人民共和国食品安全法实施条例》和有关规定,分别制定了各自的《食品安全企业标准备案办法》,其内容大致相同,但结合本地实际,也有所补充。

## 6.3 国际食品标准

### 6.3.1 采用国际标准

我国国家标准 GB/T 20000.2-2009《标准化工作指南 第 2 部分:采用国际标准》规定了国家标准与相应国际标准一致性程度的判定方法和采用国际标准的方法等。

采用:(国家标准对国际标准)以相应国际标准为基础编制,并标明了与其之间差异的国家规范性文件的发布。

一致性程度:国家标准与相应的国际标准一致性程度分为等同、修改和非等效。

(1)等同 国家标准与相应的国际标准一致性程度为“等同”时,存在下述情况:国家标准与国际标准的技术内容和文本结构相同,但可以包含最少程度的编辑性修改。

(2)修改 国家标准与相应的国际标准一致性程度为“修改”时,存在下述情况之一或二者兼有:

——技术性差异,并且这些差异及其产生的原因被清楚地说明;

——文本结构变化,但同时有清楚的比较。

“修改”可包括如下情况。

①国家标准的内容少于相应的国际标准:国家标准的要求少于国际标准的要求,仅采用国际标准中供选用的部分内容。

②国家标准的内容多于相应的国际标准:国家标准的要求多于国际标准的要求,增加了内容或种类,包括附加试验。

③国家标准更改了国际标准的一部分内容:国家标准与国际标准的部分内容相同,但都含有与对方不同的要求。

④国家标准增加了另一种供选择的方案:国家标准中增加了一个与相应的国际标准条款同等地位的条款,作为对该国际标准条款的另一种选择。

(3)非等效 国家标准与相应的国际标准一致性程度为"非等效"时,存在下述情况:国家标准与国际标准的技术内容和文本结构不同,同时这种差异在国家标准中没有被清楚地说明。"非等效"还包括在国家标准中只保留了少量或不重要的国际标准条款的情况。与国际标准一致性程度为"非等效"的国家标准,不属于采用国际标准。

在进行国际贸易中,等同采用不会造成贸易的障碍。修改采用在一般情况下也不会造成贸易的障碍。但是,若进行交易的双方都采用此种一致性程度,则叠加起来就有可能造成两国贸易中的不可接受性。所以,按此种程度采标时,需十分注意。而按非等效采用方式进行贸易时,都有造成贸易障碍的可能性。需要说明的是,一致性程度仅表示国家标准与国际标准之间的异同情况,并不表示技术水平的高低。

采用国际标准的方法有翻译法和重新起草法。翻译法指依据相应国际标准翻译成为国家标准,可做最小限度的编辑性修改。等同采用国际标准时,应使用翻译法。重新起草法指在相应国际标准的基础上重新编写国家标准。修改采用国际标准时,应使用重新起草法。

在采用国际标准时,应准确标示国家标准与国际标准的一致性程度。一致性程度标识包括国际标准号、逗号和一致性程度代号。一致性程度及代号如表6-2所示。

表6-2 一致性程度及代号

| 采用程度 | 代号 |
| --- | --- |
| 等同 | IDT |
| 修改 | MOD |
| 非等效 | NEQ |

### 6.3.2 国际食品标准

食品及相关产品标准化的国际组织主要有:国际标准化组织(ISO),联合国粮农组织(FAO),世界卫生组织(WHO),食品法典委员会(CAC),国际乳制品联合会(IDF),国际葡萄与葡萄酒局(IWO),国际谷类加工食品科学技术协会(ICC)等。但随着世界经济一体化的发展和食品法典委员会(CAC)卓有成效的工作,食品法典委员会(CAC)制定的法典标准已成为全球消费者、食品生产和加工者、各国食品管理机构和国际食品贸易最重要的基本参照标准。所谓的国际食品标准或国外食品标准有的并非真正名义上的标准(standard),更多的是以法规、规则、制度甚至方法的形式公布或颁布。

(1)食品法典标准 食品法典委员会(Codex Alimentarius Commission,CAC)是联合国

粮农组织(FAO)和世界卫生组织(WHO)共同组建的专门从事食品标准化的政府间组织。CAC制定并向各成员国推荐的食品产品标准、农药残留限量、卫生与技术规范、准则和指南等,通称为食品法典(Codex Alimentarius,Codex),共由13卷构成。

各卷总的包括了一般准则、一般标准、定义、法(规)典、货物标准、分析方法和推荐性技术标准等内容。每卷所列内容都按一定顺序排列,以便于参考使用。

食品法典一般准则提倡成员国最大限度地采纳法典标准。同时,在一般准则中对采纳的方式也有明确的规定,即"全部采纳""部分采纳""自由销售"3种形式。CAC是政府间组织,并用"法典"一词称谓其所有标准,但该组织声明,法典中的每一项标准本身对其成员政府并不具有自发的法律约束力,只有在成员政府正式声明采纳之后才具有法律约束力。为此,CAC规定,成员政府要随时向CAC总部通报其对CAC法典中每一项标准的采纳情况。实际上,自WTO成立之后,CAC的标准虽然名义上仍然是非强制性的,但SPS和TBT协定已赋予其新的含义,CAC的标准已成为促进国际贸易和解决贸易争端的依据,同时也成为WTO成员国保护自身贸易利益的合法武器。在食品领域,一个国家只要采用了CAC的标准,就被认为是与SPS和TBT协定的要求一致。如果一个国家的标准低于CAC标准,在理论上则意味着该国将成为低于国际标准的食品的倾销市场。在这种情况下,为了保护本国消费者的健康,维护本国利益,各个国家面临两种选择:要么采纳CAC标准,要么按照SPS协定的规定,根据风险评估的原则,制定更加严格的国家标准。事实上,在大多数情况下,发展中国家甚至包括某些发达国家都无力进行后一项工作,采用CAC的标准在技术和经济上成了一种比较明智的选择。因此,积极参与CAC的工作,其重要性已不言而喻。

(2)国际标准化组织(ISO)食品标准 ISO是专门从事国际标准化活动的国际组织。下设许多专门领域的技术委员会(TC),其中TC34为农产食品技术委员会,技术委员会根据各自专业领域的工作量又分别成立一些分委员会(SC)和工作组(WG)。

TC34主要制定农产食品各领域的产品分析方法标准。为了避免重复,凡ISO制定的产品分析方法标准都被CAC直接采用。近年来,ISO开始关注水果、蔬菜、粮食等大宗农产品贮藏、冷藏、规格(等级)标准的制定,发布了小麦、苹果等重要产品的等级标准。我国承担了绿茶规格、八角规格标准的制定任务。ISO对采用其标准的行为有一定的规定(ISO指南21号),但ISO并未要求其成员国通报对ISO标准的采用情况。

(3)AOAC国际(AOAC International) AOAC于1884年创立于美国。它当时的名称叫作"官方分析化学家协会(Association of Official Analytical Chemists)",他们的分析对象主要是那些对居民的健康和安全直接相关,因而国家需要进行干预和监管的物品,诸如食品、饲料、药品、农业或工业上使用的化学物质、水、土壤、空气、法医鉴定材料等。AOAC从成立起就积极地开展了各种活动,它在检验方法的开发、验证、审定、规范化和标准化方面做了开创性的工作。早在1920年它就推出了大部头的第一版《AOAC官方分析方法》,这部书中提供的方法,很快被许多组织机构所承认和应用,使得AOAC的声誉迅速提高,加之他在其他许多方面的卓有成效的活动,如学术年会、专题交流会、技术培训班、实验室间协作验证、期刊及其他出版物等,使得协会自身不断发展壮大,各相关学科的科学家和专业人员纷纷加盟,使得AOAC的会员成分逐渐突破了原先的局限而更具普遍性和广泛性:①它不再单纯是分析化学家的组织,而是包括了分析化学、微生物学、生物学、生物化学、法医学以及统计学领域的实验研究人员、技术管理人员和行政领导人员;②它的会员不再单纯是来自官方机构,而是包括了政府部门、司法部门、大专院校、学术研究机构、工商企业等;③它不再单纯是一个美国的协会,而已经扩展到全世界。由于这些重大的变化,AOAC 原先的名称已不再能反映它的本质特征,因而在 1990 年的第 102 次年会上,一致通过将协会的名称更改为 AOAC INTERNA-TIONAL,翻译成中文就是"AOAC 国际"。在这里,AOAC 已经不再具有原先的含义,而只是从其历史上沿袭下来的一种称呼。

AOAC 下属设立 11 个方法委员会,分别从事食物、饮料、药品、农产品、环境、卫生、毒物残留等方面的方法学研究、考察和认证。

《AOAC 国际官方分析方法》是该协会最重要也是影响面最大的出版物,也可以说在很大程度上是它构成了 AOAC 国际的形象和标志。该书从 1920 年印出第一版,此后每 5 年修订一次。AOAC 的分析方法虽然未被称为标准(standard),但被 AOAC 国际审定和承认的方法被全世界范围内的政府部门、工商企业、大专院校和科研机构所采用,用于考核是否遵守法规、监测是否符合要求的规格、产品质量控制、研究工作等。

### 6.3.3　国外食品标准

#### 6.3.3.1　欧洲标准(EN)

欧洲标准化委员会(CEN)是由欧洲经济共同体(EEC)和欧洲自由贸易联盟(EFTA)国家共同组成。除 CEN 外,欧洲标准化组织还有欧洲电工技术委员会(CENELEC)及欧洲电信学会(ETSI)等。

欧洲各国为建立欧洲统一大市场和加快欧洲经济一体化的进程,迫切需要协调各国的技术标准。为简化并加快欧洲各国标准的协调过程,1985 年当时的欧共体(1993 年才正式成立欧盟)通过了《技术协调和标准化新方法》的决议,决定采用"新方法"指令来减少欧洲贸易中的技术壁垒。"新方法"指令只限定基本的健康和安全要求,这是保证产品自由流通所必须符合的基本要求。欧洲标准化机构负责起草相对应的技术规范,在欧洲协商一致的基础上制定欧洲标准。这种标准具有"据此推断符合基本要求"的地位,有时称为"协调标准"。在欧洲各国实施"协调标准"仍是自愿的,制造商也可采用其他标准,如国际标准、协会标准或行业标准,但必须证明其产品符合指令的基本要求。

欧盟拥有着非常健全的食品安全法律体系,同时也拥有着严格的食品安全标准。欧盟食品安全标准的外在表现形式就是法律渊源,其基础性法律渊源表现为各成员国之间所达成的关于欧盟食品安全的基础条约;派生性法律渊源指的是根据食品安全基础条约所赋予的权限,由欧盟主要机构制定出来的各种规范性法律文件。欧盟食品安全标准具有强制性、统一性、严格的程序性等法律特征。强制性体现在食品安全标准通过法律等强制性的手段加以实施,成员国必须贯彻执行;统一性要求各成员国食品安全标准在原则上要与欧盟食品安全标准达成统一;程序性则是指欧盟食品安全标准的制定要遵循法定的方式和步骤。欧盟不仅通过完善的食品安全标准法律体系来确定食品安全标准,而且还通过强有力的机构来保障食品安全标准的有效制定与实施。欧盟食品安全标准的内容丰富,分为产品标准、过程控制标准、环境卫生标准和食品安全标签标准四个方面。产品标准对产品的质量、规格及检验方法的要求十分严格;过程控制标准对食品微生物和食品添加剂的要求特别科学;环境卫生标准对食品建筑物、食品设备等的要求非常苛刻;食品安全标签对依附于食品包装上诸如图形、文字等的说明确定严格的规范。在实践中,欧盟食品安全标准对各个成员国均有法律效力。欧盟各成员国纷纷制定了符合本国国情的食品安全标准,并保障欧盟标准的统一实施。英国是直接实施欧盟食品安全标准,德国则是间接实施欧盟食品安全标准,法国是以直接和间接相结合的方式实施的,其他成员国也有着各自的方式实施欧盟食品安全标准。同时,各成员国的食品安全标准与欧盟食品安全标准发生冲突时也有其冲突解决机制。欧盟食品安全标准与WTO贸易规则是保持一致性的,对进口食品和欧盟的食品贸易都有着规范作用。

随着食品安全风险通过国际贸易方式的跨地区扩散,欧盟提高了入境食品安全标准,并实施了更加严格的质检监控措施,这些政策措施都提高了我国食品企业的出口门槛,成为影响我国对欧盟食品出口贸易的重要因素。对此,我国食品产业应积极应对欧盟食品安全标准的变化,随时注意欧洲标准化工作的动态,完善我国食品安全标准体系与食品安全监管体系,缩小我国与欧盟食品安全标准及监管差距,保证贸易的顺利进行。

### 6.3.3.2　美国标准(ANSI)

美国有关食品和农产品的标准化工作是依据有关的法律进行的。在农业部内,联邦谷物检验局(FGIS)负责《谷物标准化法》的落实,具体组织制定、修订和维护小麦、玉米、大豆等12种谷物和油料产品的规格标准,并负责检验出证。联邦农业服务局负责实施《农业营销法》,制定、修订和维护水果、蔬菜、畜禽产品等标准。这些标准和检验对国内是自愿的,但在发生纠纷时是强制性的。对出口来说无例外地强制执行。

美国食品药品管理局(FDA)负责《食品药物化妆品法》的实施,组织制定了大量的食品标准。美国的食品标准包括3方面的内容:①食品的特征性规定(standards of identity),它规定了食品的定义,主要的食物成分和其他可作为食物成分的原料及用量。特征性规定的作用在于防止掺假(比如过高的水分)和特征辨别。②质量规定(standards of quality),在质量规定中又包括一般质量要求与相关质量要求,如安全与营养要求等。③装量规定(standards of fill of container),这是对定型包装食品的装量规格所做的规定,其目的是为了保护消费者的经济权益。

### 6.3.3.3　日本标准(JIS)

1948年日本颁布了《食品卫生法》,由卫生部和地方政府两个系统负责执行。在食品卫生标准上,日本制定的不多。只包括了清凉饮料、谷物制品以及肉制品等30种食物。对于没有标准的食品,就按《食品卫生法》进行管理。凡是违反《食品卫生法》中的一般卫生要求,如腐败变质、有毒有害物质污染,含有致病菌等的食品都要进行处理。对于任何不符合食品卫生标准的食品,政府按照《食品卫生法》规定给予不同处罚,如停止销售、销毁、罚款甚至追究刑事责任。2006年5月29日,日本开始实施食品中农业化学品(农药、兽药及饲料添加剂等)残留"肯定列表制度",明确了对农药、兽药和饲料添加剂的管理要求,大幅度提高了该国食品与农产品进口的准入门槛。

日本肯定列表制度:日本已登记或已设定残留标准的农兽药(350种)远少于世界上使用

的农兽药数(700多种),而按照日方现行规定,对于没有制定限量标准的农兽药,即使发现某种食品中含有该物质,也允许其在日本销售。由于日本大部分农产品依靠进口,对于进口食品中可能含有的这部分农兽药的监管,目前尚处于失控状态。另一方面,近年来频频出现的进口农产品农兽药超标事件以及日本国内发现的未登记农药的违法使用问题使消费者陷入对食品安全性的极度不信任状态。为了扭转这种局面,日本专门成立了食品安全委员会,以加强和协调相关机构对食品安全的管理。同时,农林水产省修改了农药取缔法,加强对未登记农药的取缔和处罚。健康、劳动与福利部(MHLW)修订了食品卫生法,并根据修订案,开始对食品中农业化学品残留物引入所谓的"肯定列表系统"。

肯定列表系统的法律依据是:日本食品卫生法修订版第11条第三段:任何食品,只要含有"农药取缔法"中规定的农药活性原料,或含有"确保饲料安全及品质改善法律"中规定的饲料添加剂,或含"药事法"中规定的兽药[包括由活性成分发生化学变化而产生的物质,但不包括经日本厚生劳动省确定不会对身体健康造成负面影响的任何物质(豁免物质)],并且其含量超过了日本厚生劳动省在听取药事和食品安全委员会的意见后确定的不会对身体健康产生负面影响的水平(默认水平,即一律标准),就不得生产、进口、加工、使用、制备、销售或者为销售而存储,但食品中已建立最高残留限量标准(MRLs)的化学物质除外。

日本"肯定列表制度"的主要内容是"两个限量"即暂定标准(Provisional Maximum Residue Limits)和一律标准(Uniform Limits)。暂定标准即是对当前通用农药、兽药和饲料添加剂都设定了新的残留限量标准;一律标准即是对尚不能确定"暂定标准"的农药、兽药及饲料添加剂都设定为 0.01 mg/kg 的统一标准。具体内容如下:

①对世界上所有使用的农业化学品都设定残留限量标准;

②对于已有残留限量值或有临时残留限量值参考资料的农业化学品,制定暂定标准,并根据参考资料及新毒理学资料的变化情况每 5 年复审一次;

③对于缺少设定残留限量值所需的参考资料的农业化学品,制定一律标准为0.01 mg/kg;

④对可能致癌而不能设定每日允许限量的农业化学品,仍以"不得检出"(Not Detected)为标准;

⑤对于在日本根本不使用或者只在有限的农作物中使用的农药,其他国家可通过厚生劳动省建立的国外申请系统,申请它们在特定农作物上的使用并制定最大残留限量;

⑥禁止销售含有"肯定列表"中未列出的农业化学品以及农业化学品含量超过暂定标准或一律标准的食品;

⑦如果原料符合限量标准,则认为其加工产品也符合相应标准;

⑧在"肯定列表制度"生效后(不迟于 2006 年 5 月),临时残留限量将作为法定标准执行,并给予 6 个月的过渡期;

⑨确定了豁免物质(即明显不会对人体健康构成损害的农业化学品)的名单。

## 6.4 食品标准文献检索

标准的表现形式绝大部分是通过文件来表达的。标准文献就是供人们使用和共同遵守的规范化的文件。

广义的标准文献还包括其他有关标准的出版物,例如国际生物标准化协会编辑的丛书《国际生物标准化进展》(Developments in Biological Standardization),国内出版的《食品营养标准、卫生安全标准》《食品化学药典》《中国食品标准资料汇编》等书籍,以及有关标准化的专业性期刊等。

### 6.4.1　食品标准文献检索工具

#### 6.4.1.1　中国国家标准检索工具

《中国标准文献分类法》:它是目前国内专门用于标准文献管理的一部检索工具书。本分类法将我国国家标准共分为 24 大类,每个大类有 100 个二级类目。在 24 大类中,与食品有关的主要大类是:A"综合"、B"农业、林业"、C"医药卫生、劳动保护"、G"化工"、X"食品"、Y"轻工、文化和生活用品"、Z"环境保护"。其中 X"食品"中的各类目为:X00～X09 食品综合,X10～X29 食品加工与制品,X30～X34 制糖与糖制品,X35～X39 制盐,X40～X49 食品添加剂与食用香料,X50～X59 饮料,X60～X69 食品发酵、酿造,X70～X79 罐头,X80～X84 特种食品,X85～X90 制烟,X90～X99 食品加工机械。

《中国标准化年鉴》:中华人民共和国标准局编,中国标准出版社出版。从 1985 年起按年度出版,收录中国国家标准的目录。按《中国标准文献分类法》分类排列,即按专业类号排列,在每一类内再按标准号大小顺序排。中英两种文字对照编写。

《中华人民共和国国家标准目录》:中国标准出版社出版。

《标准新书目》:中国标准出版社出版,1983 年创刊,月刊。主要提供标准图书的出版发行信息,是国内最齐全的一份标准图书目录。

《中国标准化》:中国标准化协会主办。1958 年创刊,月刊。

#### 6.4.1.2　国际标准检索工具

国际标准化组织(ISO)标注的检索工具为《国际标准化组织标准目录》(ISO Catalogue)年刊,收录上一年的全部现行标准。在 ISO 中,农产食品属于 TC34 类。

联合国粮农组织(FAO)标准的检索工具是《联合国粮农组织在版书目》(FAO Books in Print)、《联合国粮农组织会议报告》(FAO Meeting Reports)、《食品和农业法规》(Food and Agricultural Legislation)等。

世界卫生组织(WHO)标准的检索工具是《世界卫生组织出版物目录》(Catalogue of WHO Publication)、《世界卫生组织公报》(Bulletin of WHO)、《国标卫生规则》(International Sanitary Regulations)、《国际健康法规选编》(International Digest of Health Legislation)等。

AOAC 国际(AOAC International)的分析方法检索工具是《AOAC 国际官方分析方法》(Official Methods of Analysis of AOAC International)和《AOAC 国际杂志》(Journal of AOAC International)等。

#### 6.4.1.3　国外标准的检索工具

目前世界上至少有 50 多个国家制订标准,其中有强制性标准,也有推荐性标准。以下介绍部分国家标准文献的检索。

（1）美国国家标准检索工具　美国的标准包括国家标准协会标准、美国试验与材料学会标准、联邦规格和标准、美国军用标准等。

美国"国家标准协会标准"的检索工具为《美国国家标准目录》（Catalog of American National Standards），美国标准化协会（American National Standard Institute，ANSI）主办，每1～2年出版一次，由主题索引和标准号索引，其F类为食品、饮料。

美国"联邦规格和标准"，检索工具为《联邦一般事务局》（Federal Specification，FS），其N类为谷物及其产品，S类为烹调及其加热器具，Y类为水果，Z类为水果制品，PP类为肉类及鱼类，HHH类为蔬菜，JJJ类为蔬菜制品，这是美国政府采购物质的规格。

（2）英国国家标准检索工具　英国国家标准（British Standard，BS），由英国标准协会（British Standard Institution，BSI）制定。英国国家标准不分类，标准目录按专业出版，共分40多种专业目录。英国标准的检索工具为《英国国家标准目录》（British Standard Yearbook），年刊。主要有3部分内容：标准号目录、主题索引、ISO标准和IEC标准同BS标准对照表。

（3）日本工业标准检索工具　日本的国家标准有多种，其中最重要的是日本工业标准（Japanese Industrial Standard，JIS）。由日本防卫厅、资源厅、通商产业省、农林省等制定的标准也属日本国家标准。此外，日本还有多种专业标准。

日本工业标准的主要检索工具为《JIS总目录》，年刊，每年3月出版。由日本标准协会编辑出版。内容包括分类目录和索引两部分。日本标准协会每年还出版一册英语版的日本工业标准总目录，书名为《JIS Yearbook》。福建省标准情报研究所曾编译出版《JIS总目录》。

（4）德国工业标准检索工具　联邦德国标准是由联邦德国标准委员会（Deutscher Normenausschuss）制定的，初期的标准代号为DIN（Deutsches Industrie-Norm），1926—1975年代号改名为DNA，1975年后恢复为DIN。

联邦德国标准的检索工具为《英文版德国标准目录》（DIN Catalogue-English Translation of German Standards），年刊，共2册。第1册为分类目录，第2册为主题索引和标准号索引。中国标准化综合研究所曾于1986年编译出版《联邦德国标准目录》。

总之，标准文献的检索主要通过两种途径，即分类途径和主题途径。主要目的是查得所需要的标准号。除了利用各国的标准目录外，还应阅读各国出版的近期标准化书刊和我国出版的《世界标准信息》。

### 6.4.2　食品标准计算机检索简介

使用计算机进行食品标准检索的方法主要有因特网检索、光盘数据库检索等。当然用得最多的是因特网检索。下面分别进行简要地介绍。

#### 6.4.2.1　利用因特网检索

利用网络搜索可以迅速地达到检索要求。各个国家的食品标准一般由一个专门的机构或组织来制定，如果用户已经知道该机构的主页，可直接访问主页以获取该国家的有关标准。各国家标准协会和行业协会绝大多数是非营利性组织，因此各标准化组织机构的网址有规律可循，一般是 http://www. 专业协会缩写.org，如下面这些机构的网址：

国际标准化组织（ISO）http://www.iso.org/iso/home.htm

食品法典委员会(CAC)http：//www.codexalimentarius.org

AOAC 国际(AOAC INTERNATIONAL) http：//www.aoac.org/

中国国家标准化管理委员会 http：//www.sac.gov.cn

美国国家标准学会(ANSI) http：//www.ansi.org

英国国家标准协会(BSI) http：//www.bsi.org

还有一些相关专业领域的门户网站及各地卫生、质量主管部门或机构的网站等也可以检索到食品标准、法规等。如食品伙伴网(http：//www.foodmate.net)。

现举例说明检索食品标准方法。查找联合国食品法典委员会的有关标准,用户可在 Yahoo 的搜索栏中键入食品法典委员会英文名字"codex alimentarius commission",从而查到该委员会的网址 www.codexalimentarius.org,然后登录到该委员会的主页。在该主页的"standard(标准)"链接的页面中列出了食品法典委员会的最近更新的标准。在食品伙伴网(http：//www.foodmate.net)主页的标准、法规、检验以及数据库等链接上可以查到国际、国内的标准、法规、检验方法等,并可以下载。

查找英国的有关食品标准,使用组合检索方式在百度、好搜等搜索栏中键入"＋Food Standards＋UK",其中"＋"表示检索时必须同时含有该检索项。从搜索结果中可以找到 Food Standard Agency of UK(英国食品标准局)的主页。在该主页的 regulations(法规)中列出了英国的食品法律和法规为 PDF 格式。

### 6.4.2.2 光盘数据库检索

中国标准研究中心开发了标准信息检索与管理系统光盘检索系统,内含全部国家标准(GB)、中国行业标准、国际标准(ISO)、德国国家标准(DIN)、英国国家标准(BS)、法国国家标准(NF)、日本工业标准(JIS)、美国国家标准(ANSI)和美国部分学协会标准(如 ASTM、IEEE、UL、ASME)等标准文献题录信息。用户使用本系统可分别进行标准号、中文题目、英文题目、中国标准文献分类号、国际标准分类号、中文主题词、英文主题词、采用关系、被代替标准号等项检索,还可进行各项间的组合检索和多重组配检索。这套光盘系统已被万方数据股份公司、联科有限公司等多家单位采用,注册用户可以登录到万方数据资源系统(网址为 http：//www.wanfangdata.com.cn)、中国标准服务网(网址为 http：//202.99.62.247)等主页进行有关标准查询。

#### ⓘ 思考题

1.简述标准化的作用及意义。

2.简述我国食品标准化现状及存在的问题。

3.试编写出一种食品(饮料、调味品、冻干食品等)的安全标准。

4.试设计在企业贯彻实施食品标准的方案。

5.利用检索工具或计算机检索乳类食品安全标准或蔬菜的国际、国内食品标准。

#### 🔲 指定学生参考书

国家标准化管理委员会农轻和地方部.食品标准化[M].北京:中国标准出版社,2006.

**参考文献**

[1] 舒辉.标准化理论与实务[M].北京:经济管理出版社,2000.

[2] 艾志录.食品标准与法规[M].北京:科学出版社,2019.

[3] 夏研.欧盟食品安全标准的法律分析[D].湘潭:湘潭大学,2013.

[4] 王竹天.国内外食品安全法规标准对比分析[M].北京:中国标准出版社,2014.

[5] 陆平,何维达,邓佩.欧盟食品安全标准对我国食品产业的影响分析[J].东疆学刊,2015,32(2):97-102.

编写人:刘金福(天津农学院)

第 7 章

# 国际标准化组织（ISO）质量管理标准

## 学习目的与要求

1. 了解食品企业建立质量管理体系的意义；
2. 掌握 ISO 9000、ISO 9001、ISO 14000 和 ISO 22000 等标准的主要内容及体系建立与实施。

全球化的国际贸易,需要有一个质量认证,可以为远隔重洋的顾客提供足够的信任。因此,必须有一个国际上权威的组织,制定一个国际标准,然后各国把它认定为该国的国家标准,形成质量认证国际互认。为此,1971 年国际标准化组织(ISO)成立了认证委员会,1985 年改名为合格评定委员会(CASCO),其任务是研究制定国际可行的认证制度,颁发一系列指导性文件,促进各国质量认证制度的统一。国际标准化组织质量管理和质量保证技术委员会(ISO/TC 176)在 1987 年正式发布了 1987 年版 ISO 9000 标准。此后在实际应用过程中该标准又不断地进行了修改和完善,先后形成 1994 年版 ISO 9000 系列标准、2000 年版 ISO 9000 标准、2008 年版 ISO 9000 标准 ,2015 年版的 ISO 9000 标准在 2015 年 9 月正式公布,以进一步适应社会发展的需要。

ISO 9000 系列质量管理体系国际标准,以简单明确的标准向世界推荐了一套实用的管理方法。这对推动组织的质量管理、实现质量目标、促进市场经济与国际贸易的发展、提高产品质量和顾客的满意程度、消除贸易壁垒等起到了积极而重大的作用。我国已将 ISO 9000 系列标准等同采用为国家标准。

同样,环境问题的严重恶化引起人们的担忧,希望国际社会能建立一套有效的管理体系作为环境行为的合理规范,既预防有损环境的行为的发生,又减少因环境问题带来的贸易壁垒。1992 年国际标准化组织设立了环境与战略咨询组(SAGE),并于 1993 年 10 月成立了 ISO/TC 207 环境管理技术委员会,开展环境管理体系和措施方面的标准化工作,推出 ISO 14000 环境管理系列标准,为规范组织的环境行为、改善组织的环境效果提供有效的管理模式和工具。

进入 21 世纪,食品安全问题成为人们关注的热点和焦点,为确认组织能够提供安全的食品,国际标准化组织(ISO)以 HACCP 基本原理为核心内容,2005 年制定发布了 ISO 22000 食品安全管理体系标准,2018 年再次修订后发布实施。

# 7.1 ISO 9000 系列标准概述

## 7.1.1 ISO 9000 系列标准的产生

### 7.1.1.1 背景

ISO 9000 系列标准产生是制造业发展的需要。ISO 9000 系列标准是国际标准化组织(ISO)所制定的关于质量管理的一系列国际标准。它是在总结各个国家在质量管理成功经验的基础上产生的。经历了由军用到民用,由行业标准到国家标准,进而发展到国际标准的发展过程。1959 年以来,美国国防部、美国机械工程师协会、美国国家标准协会发布了《质量保证大纲》《承包商质量大纲评定》《承包商检验系统评定》《锅炉与压力容器质量保证标准》和《核电站质量保证大纲要求》等。西方工业国家通过制定和实施这些质量管理与质量保证标准,极大地减少了产品的质量事故,提高了产品的竞争力,取得了很大的成功,同时也为制定国际标准打下了良好的基础。

随着国际贸易的不断发展,不同国家、企业之间的技术合作、经验交流和贸易也日益频繁,在这些交往中,需要有统一的认识和共同遵守的规范,这就促进了国际标准的形成。ISO 9000 系列标准的产生是国际上经贸往来发展的需要,以保证产品的质量,避免用苛刻的质量标准设置贸易壁垒。

### 7.1.1.2　ISO 9000 系列标准的发展过程

(1)1987 年版 ISO 9000 系列标准。1971 年国际标准化组织(ISO)成立了认证委员会, 1985 年改名为合格评定委员会(CASCO),其任务是研究国际可行的认证制度,制定颁发一系列指导性文件,促进各国质量认证制度的统一。1987 年,国际标准化组织质量管理和质量保证技术委员会(ISO/TC 176)正式发布了 ISO 9000—87 系列标准。该系列标准形成了统一术语,以及质量管理和质量保证标准,引起了全球工业界的关注。

(2)1994 年版 ISO 9000 系列标准。ISO 9000—87 系列标准在广泛应用时,人们希望对标准提出更新更高的要求。另一方面,ISO 9000 系列标准是起源于制造业的,要使其适用于全球各行各业(制造业和服务业)的需要,还存在不足之处。因此,ISO/TC 176(质量管理和质量保证技术委员会)对 ISO 9000 系列标准进行了重大的修改。1994 年 ISO 发布了 1994 年版 ISO 9000 系列标准。

(3)2000 年版 ISO 9000 系列标准。在总结全球质量管理实践经验的基础上,ISO/TC 176(质量管理和质量保证技术委员会)高度概括地提出了 8 项质量管理原则,提出了 2000 年版 ISO 9000 系列标准。2000 年版 ISO 9000 系列标准依据这些理论和原则,对 1994 年版标准进行了全面修订。2000 年版 ISO 9000 系列标准由原来的 27 个减少到 6 个。这次修改的特点有以下 10 个方面:适合于不同的组织;能满足于不同行业,语言明确,更有利于理解和应用;将质量管理体系与组织的管理体系结合在一起;减少了强制性"形成文件的程序"的要求;强调了质量业绩的持续改进;强调了持续满足顾客要求是质量管理体系改进的动力;与 ISO 14000 环境质量管理体系以及其他管理体系更具相容性;ISO 9001 与 ISO 9004 成为相互协调的一对标准;考虑了相关方的利益和要求。

(4)2008 年版 ISO 9000 系列标准。国际标准化组织(ISO)和国际认可论坛(IAF)于 2008 年 8 月 20 日发布联合公报,一致同意平稳转换全球应用最广的质量管理体系标准,实施 ISO 9001:2008 认证。ISO 9001:2008 标准是根据世界上 170 个国家大约 100 万个通过 ISO 9001 认证的组织的 8 年实践,更清晰、明确地表达 ISO 9001:2008 的要求,并增强与 ISO 14001:2004 的兼容性。

2008 年版 ISO 9000 标准由 4 个核心标准、其他支持性标准、技术报告和小册子构成。即 ISO 9000:2005《质量管理体系　基础和术语》、ISO 9001:2008《质量管理体系　要求》、ISO 9004:2009《组织持续成功管理——质量管理方法》、ISO 19011:2002《质量和(或)环境管理体系审核指南》和 ISO 10012《测量管理体系　测量过程和测量设备的要求》以及 ISO/TR 10014《质量经济性管理指南》、ISO/TR 10017《统计技术应用指南》、ISO/TR 10006《项目管理指南》、ISO/TR 10007《技术状态管理指南》、ISO/TR 10013《质量管理体系文件指南》和 ISO/TR 10015《培训指南》等技术报告。小册子有:质量管理原则、选择和使用指南、中小型组织实施 ISO 9001 指南。

(5)2015 年版 ISO 9000 系列标准。2012 年,ISO 启动了下一代质量管理标准新框架的研究工作,改版的战略意图和目标是:反映当今质量管理体系在实践和技术方面的变化,为未来10 年或更长时间规定核心要求;确保本标准要求反映组织在运作过程中日益加剧的复杂动态的环境变化;确保制定的要求能促进组织的有效实施,及有效的第一方,第二方和第三方符合性评估;确保标准是充分的以提供对满足要求的组织的信任。2015 年版 ISO9000:2015《质量管理体系 基础和术语》和 ISO 9001:2015《质量管理体系 要求》等,于 2015 年 9 月正式发布。我国等同采用了该系列标准,标准号为:GB/T 19000—2016/ISO 9000:2015 和 GB/T 19001—2016/ISO 9001:2015。

在 ISO 9000:2015 中共给出了 138 个有关人员、组织等 13 方面的术语,将 2008 年版 ISO 9000 标准中质量管理的 8 项基本原则,改为 7 项。2015 年版 ISO 9001 主要修改的方面有:①采用与其他管理体系标准相同的新的高级结构,标准的章节框架,由 2008 年版的共八章,改为十章;②汲取近年来质量管理的新的成功经验,如绩效管理等;③更通俗易懂的语言,消除一些理解误区,如不再将预防措施与纠正措施并提;④更关注强调组织输出的产品/服务的符合性;⑤改进与其他管理标准的兼容性。

### 7.1.2 2015 年版 ISO 9000 标准中质量管理原则

2015 版 ISO 9000《质量管理体系 基础和术语》中质量管理原则为 7 项。对每一原则都进行了概述或释义,给出了该原则对组织的重要性的理论依据、应用该原则的主要益处和可开展的活动。这些原则是质量管理的理论基础,是建立、实施、保持和改进组织质量管理体系必须遵循的原则。这些原则也充分体现了现代质量管理的理念、丰富内涵和全面质量管理的思想与精神,需要我们深刻领会,并在管理实践中灵活应用。下面将标准中的 7 项原则陈述如下。

(1)以顾客为关注焦点

概述:质量管理的主要关注点是满足顾客要求并且努力超越顾客期望。

理论依据:组织只有赢得和保持顾客和其他有关的相关方的信任才能获得持续成功。与顾客相互作用的每个方面,都提供了为顾客创造更多价值的机会。理解顾客和其他相关方当前和未来的需求,有助于组织的持续成功。

主要益处:可能的获益是:增加顾客价值;增强顾客满意;增进顾客忠诚;增加重复性业务;提高组织的声誉;扩展顾客群;增加收入和市场份额。

可开展的活动:可开展的活动包括:辨识从组织获得价值的直接和间接的顾客;理解顾客当前和未来的需求和期望;将组织的目标与顾客的需求和期望联系起来;在整个组织内沟通顾客的需求和期望;为满足顾客的需求和期望,对产品和服务进行策划、设计、开发、生产、交付和支持;测量和监视顾客满意情况,并采取适当的措施;在有可能影响到顾客满意的有关的相关方的需求和适宜的期望方面,确定并采取措施;积极管理与顾客的关系,以实现持续成功。

（2）领导作用

概述：各级领导建立统一的宗旨和方向，并且创造全员积极参与的条件，以实现组织的质量目标。

理论依据：统一的宗旨和方向的建立，以及全员的积极参与，能够使组织将战略、方针、过程和资源保持一致，以实现其目标。

主要益处：可能的获益是：提高实现组织质量目标的有效性和效率；组织的过程更加协调；改善组织各层级、各职能间的沟通；开发和提高组织及其人员的能力，以获得期望的结果。

可开展的活动：可开展的活动包括：在整个组织内，就其使命、愿景、战略、方针和过程进行沟通；在组织的所有层级创建并保持共同的价值观，公平和道德的行为模式；培育诚信和正直的文化；鼓励在整个组织范围内履行对质量的承诺；确保各级领导者成为组织人员中的楷模；为人员提供履行职责所需的资源、培训和权限；激发、鼓励和表彰人员的贡献。

（3）全员参与

概述：在整个组织内各级人员的胜任、被授权和积极参与，是提高组织创造和提供价值能力的必要条件。

理论依据：为了有效和高效的管理组织，各级人员得到尊重并参与其中是极其重要的。通过表彰、授权和提高能力，促进在实现组织的质量目标过程中的全员积极参与。

主要益处：可能的获益是：通过组织内人员对质量目标的深入理解和内在动力的激发，以实现其目标；在改进活动中，提高人员的参与程度；促进个人发展、主动性和创造力；提高人员的满意程度；增强整个组织内的相互信任和协作；促进整个组织对共同价值观和文化的关注。

可开展的活动：可开展的活动包括：与员工沟通，以增进他们对个人贡献的重要性的认识；促进整个组织内部的协作；提倡公开讨论，分享知识和经验；授权人员确定工作中的制约因素并积极主动参与；赞赏和表彰员工的贡献、钻研精神和进步；针对个人目标进行绩效的自我评价；进行调查，以评估人员的满意程度和沟通结果，并采取适当的措施。

（4）过程方法

概述：将活动作为相互关联、功能连贯的过程系统来理解和管理时，可更加有效和高效地得到一致的、可预知的结果。

理论依据：质量管理体系是由相互关联的过程所组成。理解体系是如何产生结果的，能够使组织尽可能地完善其体系和绩效。

主要益处：可能的获益是：提高关注关键过程和改进机会的能力；通过协调一致的过程体系，始终得到预期的结果。通过过程的有效管理，资源的高效利用及跨职能壁垒的减少，尽可能提升其绩效。使组织能够向相关方提供关于其一致性、有效性和效率方面的信任。

可开展的活动：可开展的活动包括：确定体系的目标和实现这些目标所需的过程；为管理过程确定职责、权限和义务；了解组织的能力，预先确定资源约束条件；确定过程相互依赖的关系，分析个别过程的变更对整个体系的影响；对体系的过程及其相互关系进行管理，有效和高效的实现组织的质量目标；确保可获得过程运行和改进的必要信息，并监视、分析和评价整个体系的绩效；管理能影响过程输出和质量管理体系整个结果的风险。

（5）改进

概述：成功的组织持续关注改进。

理论依据：改进对于组织保持当前的绩效水平，对其内、外部条件的变化做出反应并创造新的机会都是非常必要的。

主要益处：可能的获益是：改进过程绩效、组织能力和顾客满意；增强对调查和确定根本原因及后续的预防和纠正措施的关注；提高对内外部的风险和机遇的预测和反应的能力；增加对渐进性和突破性改进的考虑；通过加强学习实现改进；增强创新的动力。

可开展的活动：可开展的活动包括：促进在组织的所有层级建立改进目标；对各层级员工进行培训，使其懂得如何应用基本工具和方法实现改进目标；确保员工有能力成功地制定和完成改进项目；开发和展开过程，以在整个组织内实施改进项目；跟踪、评审和审核改进项目的计划、实施、完成和结果；将新产品开发或产品、服务和过程的变更都纳入到改进中予以考虑；赞赏和表彰改进。

（6）循证决策

概述：基于数据和信息的分析和评价的决策，更有可能产生期望的结果。

理论依据：决策是一个复杂的过程，并且总是包含一些不确定因素。它经常涉及多种类型和来源的输入及其解释，而这些解释可能是主观的。重要的是理解因果关系和可能的非预期后果。对事实、证据和数据的分析可导致决策更加客观、可信。

主要益处：可能的获益是：改进决策过程；改进对过程绩效和实现目标的能力的评估；改进运行的有效性和效率；提高评审、挑战和改变观点和决策的能力；提高证实以往决策有效性的能力。

可开展的活动：可开展的活动包括：确定、测量和监视证实组织绩效的关键指标；使相关人员能够获得所需的全部数据；确保数据和信息足够准确、可靠和安全；使用适宜的方法对数据和信息进行分析和评价；确保人员有能力分析和评价所需的数据；依据证据，权衡经验和直觉进行决策并采取措施。

（7）关系管理

概述：为了持续成功，组织需要管理与有关的相关方（如供方）的关系。

理论依据：有关的相关方影响组织的绩效。当组织管理与所有相关方的关系，以尽可能地发挥其在组织绩效方面的作用时，持续成功更有可能实现。对供方及合作伙伴的关系网的管理是尤为重要的。

主要益处：可能的获益是：通过对每一个与相关方有关的机会和限制的响应，提高组织及其相关方的绩效；对目标和价值观，与相关方有共同的理解；通过共享资源和能力，以及管理与质量有关的风险，增加为相关方创造价值的能力；具有管理良好、可稳定提供产品和服务的供应链。

可开展的活动：可开展的活动包括：确定有关的相关方（如供方、合作伙伴、顾客、投资者、雇员或整个社会）及其与组织的关系；确定和排序需要管理的相关方的关系；考虑权衡短期利益与长远利益的关系；收集并与有关的相关方共享信息、专业知识和资源；适当时，测量绩效并向相关方报告,以增加改进的主动性;与供方、合作伙伴及其他相关方共同开展开发和改进活动;鼓励和表彰供方与合作伙伴的改进和成绩。

### 7.1.3　ISO 9001:2015 标准的主要内容

我国等同采用了 ISO 9001:2015 标准,即 GB/T 19001—2016/ISO 9001:2015《质量管理体系　要求》(quality management systems—requirements)。该标准的前言中介绍了标准的采用和起草情况,引言中介绍了标准的总则、质量管理原则、过程方法以及与其他管理体系标准的关系,详细内容请阅读标准文本。在此介绍正文主要内容,并与 2008 年版 ISO 9001 进行简单的对照分析,就其变化来更好地理解 2015 年版的要求和内涵。

#### 7.1.3.1　范围、规范性引用文件和术语和定义

1.范围

本标准为下列组织规定了质量管理体系要求:

a)需要证实其具有稳定地提供满足顾客要求和适用法律法规要求的产品和服务的能力;

b)通过体系的有效应用,包括体系改进的过程,以及保证符合顾客和适用的法律法规要求,旨在增强顾客满意。

本标准规定的所有要求是通用的,旨在适用于各种类型、不同规模和提供不同产品和服务的组织。

注 1:在本标准中,术语"产品"或"服务"仅适用于预期提供给顾客或顾客所要求的产品和服务;

注 2:法律法规要求可称作为法定要求。

2.规范性引用文件

下列文件对于本文件的应用是必不可少的。凡是注日期的引用文件,仅注日期的版本适用于本文件。

凡是不注日期的引用文件,其最新版本(包括所有的修改单)适用于本文件。

GB/T 19000—2016《质量管理体系　基础和术语》(ISO 9000:2015 ,IDT)。

3.术语和定义

GB/T 19000—2016 界定的术语和定义适用于本文件。

这一部分内容与 2008 版比较主要变化是把 2015 版的 ISO 9000 中新增加的术语与定义,如风险、文件化信息、绩效、外包、监视等用于该标准。

#### 7.1.3.2　组织环境

1.理解组织及其环境

组织应确定与其目标和战略方向相关并影响其实现质量管理体系预期结果的各种外部和内部因素。

组织应对这些内部和外部因素的相关信息进行监视和评审。

注 1:这些因素可以包括需要考虑的正面和负面要素或条件。

注 2:考虑国际、国内、地区和当地的各种法律法规、技术、竞争、市场、文化、社会和经济因

素,有助于理解外部环境。

注 3:考虑组织的价值观、文化、知识和绩效等相关因素,有助于理解内部环境。

2.理解相关方的需求和期望

由于相关方对组织持续提供符合顾客要求和适用法律法规要求的产品和服务的能力产生影响或潜在影响,因此,组织应确定:

a)与质量管理体系有关的相关方;

b)这些相关方的要求。

组织应对这些相关方及其要求的相关信息进行监视和评审。

3.确定质量管理体系的范围

组织应明确质量管理体系的边界和适用性,以确定其范围。

在确定范围时,组织应考虑:

a)各种内部和外部因素;

b)相关方的要求;

c)组织的产品和服务。

对于本标准中适用于组织确定的质量管理体系范围的全部要求,组织应予以实施。

组织的质量管理体系范围应作为形成文件的信息加以保持。该范围应描述所覆盖的产品和服务类型,若组织认为其质量管理体系的应用范围不适用本标准的某些要求,应说明理由。

那些不适用组织的质量管理体系的要求,不能影响组织确保产品和服务合格以及增强顾客满意的能力或责任,否则不能声称符合本标准。

4.质量管理体系及其过程

(1)组织应按照本标准的要求,建立、实施、保持和持续改进质量管理体系,包括所需过程及其相互作用。

组织应确定质量管理体系所需的过程及其在整个组织内的应用,且应:

a)确定这些过程所需的输入和期望的输出;

b)确定这些过程的顺序和相互作用;

c)确定和应用所需的准则和方法(包括监视、测量和相关绩效指标),以确保这些过程的运行和有效控制;

d)确定并确保获得这些过程所需的资源;

e)规定与这些过程相关的责任和权限;

f)应对按照 6.1 的要求所确定的风险和机遇;

g)评价这些过程,实施所需的变更,以确保实现这些过程的预期结果;

h)改进过程和质量管理体系。

(2)在必要的程度上,组织应:

a)保持形成文件的信息以支持过程运行;

b)保留确认其过程按策划进行的形成文件的信息。

2008 年版 ISO 9001 基本上没有上述的前 3 点内容或要素,有的只在标准的引言的总则中部分提及。增加这部分内容主要是考虑到,近年来,人们更多的关注环境和社会责任这些问题。组织不是孤立的,外部相关方必然会影响组织的质量管理体系。质量管理体系作为可持续发展中经济增长的基础,必然受环境的、经济的和社会的影响。因此,组织质量管理体系的建立必须考虑其所处的内、外部环境。2015 年版要求在策划质量管理体系时要确定管理体系的范围,确定质量管理体系所需的过程及其应用,强调了过程方法是标准的一个要素,此项要求更为明确。具体而言,质量管理体系的建立将以产品或服务的产出过程为核心。因此,把满足客户需要作为主要目标是关键所在。

### 7.1.3.3　领导作用

1.领导作用和承诺

(1)总则

最高管理者应证实其对质量管理体系的领导作用和承诺,通过:

a)对质量管理体系的有效性承担责任;

b)确保制定质量管理体系的质量方针和质量目标,并与组织环境和战略方向相一致;

c)确保质量管理体系要求融入与组织的业务过程;

d)促进使用过程方法和基于风险的思维;

e)确保获得质量管理体系所需的资源;

f)沟通有效的质量管理和符合质量管理体系要求的重要性;

g)确保实现质量管理体系的预期结果;

h)促使、指导和支持员工努力提高质量管理体系的有效性;

i)推动改进;

j)支持其他管理者履行其相关领域的职责。

注:本标准使用的"业务"一词可大致理解为涉及组织存在目的的核心活动,无论是公营、私营、营利或非营利组织。

(2)以顾客为关注焦点

最高管理者应证实其以顾客为关注焦点的领导作用和承诺,通过:

a)确定、理解并持续满足顾客要求以及适用的法律法规要求;

b)确定和应对能够影响产品、服务符合性以及增强顾客满意能力的风险和机遇;

c)始终致力于增强顾客满意。

2.方针

(1)制定质量方针

最高管理者应制定、实施和保持质量方针,质量方针应:

a)适应组织的宗旨和环境并支持其战略方向;

b)为制定质量目标提供框架;

c)包括满足适用要求的承诺;

d)包括持续改进质量管理体系的承诺。

（2）沟通质量方针

质量方针应：

a）作为形成文件的信息，可获得并保持；

b）在组织内得到沟通、理解和应用；

c）适宜时，可向有关相关方提供。

3.组织的岗位、职责和权限

最高管理者应确保整个组织内相关岗位的职责、权限得到分派、沟通和理解。

最高管理者应分派职责和权限，以：

a）确保质量管理体系符合本标准的要求；

b）确保各过程获得其预期输出；

c）报告质量管理体系的绩效及其改进机会，特别向最高管理者报告；

d）确保在整个组织推动以顾客为关注焦点；

e）确保在策划和实施质量管理体系变更时保持其完整性。

该部分对领导作用的内容更加具体，明确了最高管理层在贯彻以客户为关注焦点方面的领导作用，强调了最高管理者的责任，要对体系的有效性负责，领导层应重视过程方法及关注质量管理的有效性。删除了管理者代表的硬性要求，展示了管理的灵活性。

### 7.1.3.4 策划

1.应对风险和机遇的措施

（1）策划质量管理体系，组织应考虑到"理解组织及其环境"所描述的因素和"理解相关方的需求和期望"所提及的要求，确定需要应对的风险和机遇，以便：

a）确保质量管理体系能够实现其预期结果；

b）增强有利影响；

c）避免或减少不利影响；

d）实现改进。

（2）组织应策划：

a）应对这些风险和机遇的措施；

b）如何：

1）在质量管理体系过程中整合并实施这些措施；

2）评价这些措施的有效性。

应对风险和机遇的措施应与其对于产品和服务符合性的潜在影响相适应。

注1:应对风险可包括规避风险,为寻求机遇承担风险,消除风险源,改变风险的可能性和后果,分担风险,或通过明智决策延缓风险。

注2:机遇可能导致采用新实践,推出新产品,开辟新市场,赢得新客户,建立合作伙伴关系,利用新技术以及能够解决组织或其顾客需求的其他有利可能性。

2.质量目标及其实现的策划

（1）组织应对质量管理体系所需的相关职能、层次和过程设定质量目标。

质量目标应：

a)与质量方针保持一致；

b)可测量；

c)考虑到适用的要求；

d)与提供合格产品和服务以及增强顾客满意相关；

e)予以监视；

f)予以沟通；

g)适时更新。

组织应保留有关质量目标的形成文件的信息。

(2)策划如何实现质量目标时,组织应确定：

a)采取的措施；

b)需要的资源；

c)由谁负责；

d)何时完成；

e)如何评价结果。

3.变更的策划

当组织确定需要对质量管理体系进行变更时,此种变更应经策划并系统地实施。

组织应考虑到：

a)变更目的及其潜在后果；

b)质量管理体系的完整性；

c)资源的可获得性；

d)责任和权限的分配或再分配。

对比 2008 年,7 年来全球环境又发生巨大变化。技术和国际交流的步伐进一步加快,不断延长的供应链使得工作流程各个环节的复杂程度和风险水平急剧增加。在制造商疲于应对这些问题的同时,身处服务或交易领域的企业还要时刻警惕外包和离岸业务积聚的风险。因此,2015 版 ISO 9001 增加了风险管理的要求,将以往采用预防措施的方法向基于风险的思想方法上转移,在策划时就应考虑风险和机遇,不只致力于风险的识别和应对,而且还包括控制和减少风险。这意味着标准要求组织应理解其运行环境,并以确定风险作为策划的基础。标准对质量目标的要求内容更加明确,对目标的实现要求更加具体。标准中引入了变更管理,在策划时就要考虑变更。

### 7.1.3.5　支持

1.资源

(1)总则

组织应确定并提供为建立、实施、保持和持续改进质量管理体系所需的资源。

组织应考虑：

a）现有内部资源的能力和约束；

b）需要从外部供方获得的资源。

（2）人员

组织应确定并提供所需要的人员，以有效实施质量管理体系并运行和控制其过程。

（3）基础设施

组织应确定、提供和维护过程运行所需的基础设施，以获得合格产品和服务。

注：基础设施可包括：

a）建筑物和相关设施；

b）设备，包括硬件和软件；

c）运输资源；

d）信息和通信技术。

（4）过程运行环境

组织应确定、提供并维护过程运行所需要的环境，以获得合格产品和服务。

注：适当的过程运行环境可能是人文因素与物理因素的结合，例如：

a）社会因素（如无歧视、和谐稳定、无对抗）；

b）心理因素（如舒缓心理压力、预防过度疲劳、保护个人情感）；

c）物理因素（如温度、热量、湿度、照明、空气流通、卫生、噪声等）。

由于所提供的产品和服务不同，这些因素可能存在显著差异。

（5）监视和测量资源

①总则

当利用监视或测量活动来验证产品和服务符合要求时，组织应确定并提供确保结果有效和可靠所需的资源。

组织应确保所提供的资源：

a）适合特定类型的监视和测量活动；

b）得到适当的维护，以确保持续适合其用途。

组织应保留作为监视和测量资源适合其用途的证据的形成文件的信息。

②测量溯源

当要求测量溯源时，或组织认为测量溯源是信任测量结果有效的前提时，则测量设备应：

a）对照能溯源到国际或国家标准的测量标准，按照规定的时间间隔或在使用前进行校准和（或）检定（验证），当不存在上述标准时，应保留作为校准或检定（验证）依据的形成文件的信息；

b）予以标识，以确定其状态；

c）予以保护，防止可能使校准状态和随后的测量结果失效的调整、损坏或劣化。

当发现测量设备不符合预期用途时，组织应确定以往测量结果的有效性是否受到不利影响，必要时采取适当的措施。

（6）组织的知识

组织应确定运行过程所需的知识,以获得合格产品和服务。

这些知识应予以保持,并在需要范围内可得到。

为应对不断变化的需求和发展趋势,组织应考虑现有的知识,确定如何获取更多必要的知识,并进行更新。

注 1:组织的知识是从其经验中获得的特定知识,是实现组织目标所使用的共享信息。

注 2:组织的知识可以基于:

a)内部来源(例如知识产权;从经历获得的知识;从失败和成功项目得到的经验教训;得到和分享未形成文件的知识和经验,过程、产品和服务的改进结果);

b)外部来源(例如标准;学术交流;专业会议,从顾客或外部供方收集的知识)。

2.能力

组织应:

a)确定其控制范围内的人员所需具备的能力,这些人员从事的工作影响质量管理体系绩效和有效性;

b)基于适当的教育、培训或经历,确保这些人员具备所需能力;

c)适用时,采取措施获得所需的能力,并评价措施的有效性;

d)保留适当的形成文件的信息,作为人员能力的证据。

注:采取的适当措施可包括对在职人员进行培训、辅导或重新分配工作,或者招聘具备能力的人员等。

3. 意识

组织应确保其控制范围内的相关工作人员知晓:

a)质量方针;

b)相关的质量目标;

c)他们对质量管理体系有效性的贡献,包括改进质量绩效的益处;

d)不符合质量管理体系要求的后果。

4.沟通

组织应确定与质量管理体系相关的内部和外部沟通,包括:

a)沟通什么;

b)何时沟通;

c)与谁沟通;

d)如何沟通;

e)由谁负责。

5.成文信息

（1）总则

组织的质量管理体系应包括:

a) 本标准要求的形成文件的信息;

b）组织确定的为确保质量管理体系有效性所需的形成文件的信息。

注：对于不同组织，质量管理体系形成文件的信息的多少与详略程度可以不同，取决于：

——组织的规模，以及活动、过程、产品和服务的类型；

——过程的复杂程度及其相互作用；

——人员的能力。

（2）创建和更新

在创建和更新形成文件的信息时，组织应确保适当的：

a）标识和说明（如标题、日期、作者、索引编号等）；

b）格式（如语言、软件版本、图示）和媒介（如纸质、电子格式）；

c）评审和批准，以确保适宜性和充分性。

（3）形成文件的信息的控制

①应控制质量管理体系和本标准所要求的形成文件的信息，以确保：

a）无论何时何处需要这些信息，均可获得并适用；

b）予以妥善保护（如防止失密、不当使用或不完整）。

②为控制形成文件的信息，适用时，组织应关注下列活动：

a）分发、访问、检索和使用；

b）存储和防护，包括保持可读性；

c）变更控制（如版本控制）；

d）保留和处置。

对确定策划和运行质量管理体系所必需的来自外部的原始的形成文件的信息，组织应进行适当识别和控制。

应对所保存的作为符合性证据的形成文件的信息予以保护，防止非预期的更改。

注：成文信息的"访问"可能意味着仅允许查阅，或者意味着允许查阅并授权修改。

2015年版ISO 9001中"支持"包含了资源，能力，意识，沟通，文件化信息，将资源扩大到除基础设施，过程环境之外的监视和测量装置、知识，强化和明确了资源策划阶段需要考虑的问题。强调知识也是一种资源，外部协作方也是资源。充分体现了信息时代知识的重要性。增加了过程环境的内容，社会的过程环境，如和谐的人际关系也是过程环境的重要内容，尤其是对于服务行业。将监视和测量装置的管理内容调整到备注中，弱化了制造行业的测量仪器的校准/验证管理；应对服务行业实施质量管理的需要，评价方法也是一种监视和测量装置。将沟通作为一个支持性的过程条款，认为顺畅和及时的沟通是质量管理必不可少的。

2015年版ISO 9001不再对质量手册有要求，不再有文件化程序的要求，也就是说，认为质量管理体系的有效性更重要。标准中细化了文件化信息的具体要求，更加实用和可操作。文件化信息管控出现的较大的变化是：合并了文件和记录，二者不作区分，对文件化信息的管控不再有文件化的程序要求；强调适用性和实用性；明确了2008年版未提及的文件化信息的保护保密内容。

### 7.1.3.6　运行

1. 运行策划和控制

组织应通过采取下列措施,策划、实施和控制满足产品和服务要求所需的过程,并实施"策划"所确定的措施:

a)确定产品和服务的要求;

b)建立下列内容的准则:

1)过程;

2)产品和服务的接收。

c)确定符合产品和服务要求所需的资源;

d)按照准则实施过程控制;

e)在需要的范围和程度上,确定并保持、保留形成文件的信息:

1)证实过程已经按策划进行;

2)证明产品和服务符合要求。

策划的输出应适合组织的运行需要。

组织应控制策划的更改,评审非预期变更的后果,必要时,采取措施消除不利影响。

组织应确保外包过程受控。

2.产品和服务的要求

(1)与顾客沟通

与顾客沟通的内容应包括:

a)提供有关产品和服务的信息;

b)处理问询、合同或订单,包括变更;

c)获取有关产品和服务的顾客反馈,包括顾客抱怨;

d)处置或控制顾客财产;

e)关系重大时,制定有关应急措施的特定要求。

(2)与产品和服务有关的要求的确定

在确定向顾客提供的产品和服务的要求时,组织应确保:

a)产品和服务的要求得到规定,包括:

1)适用的法律法规要求;

2)组织认为的必要要求。

b)对其所提供的产品和服务,能够满足组织声称的要求。

(3)与产品和服务有关的要求的评审

①组织应确保有能力满足向顾客提供的产品和服务的要求。在承诺向顾客提供产品和服务之前,组织应对如下各项要求进行评审:

a)顾客规定的要求,包括对交付及交付后活动的要求;

b)顾客虽然没有明示,但规定的用途或已知的预期用途所必需的要求;

c)组织规定的要求;

d)适用于产品和服务的法律法规要求；

e)与先前表述存在差异的合同或订单要求。

若与先前合同或订单的要求存在差异,组织应确保有关事项已得到解决。

若顾客没有提供形成文件的要求,组织在接受顾客要求前应对顾客要求进行确认。

注：在某些情况下,如网上销售,对每一个订单进行正式的评审可能是不实际的,作为替代方法,可对有关的产品信息,如产品目录、产品广告内容进行评审。

②适用时,组织应保留下列形成文件的信息：

a)评审结果；

b)针对产品和服务的新要求。

（4）产品和服务要求的更改

若产品和服务要求发生更改,组织应确保相关的形成文件的信息得到修改,并确保相关人员知道已更改的要求。

3.产品和服务的设计和开发

（1）总则

组织应建立、实施和保持设计和开发过程,以便确保后续的产品和服务的提供。

（2）设计和开发策划

在确定设计和开发的各个阶段及其控制时,组织应考虑：

a)设计和开发活动的性质、持续时间和复杂程度；

b)所要求的过程阶段,包括适用的设计和开发评审；

c)所要求的设计和开发验证和确认活动；

d)设计和开发过程涉及的职责和权限；

e)产品和服务的设计和开发所需的内部和外部资源；

f)设计和开发过程参与人员之间接口的控制需求；

g)顾客和使用者参与设计和开发过程的需求；

h)后续产品和服务提供的要求；

i)顾客和其他相关方期望的设计和开发过程的控制水平；

j)证实已经满足设计和开发要求所需的形成文件的信息。

（3）设计和开发输入

组织应针对具体类型的产品和服务,确定设计和开发的基本要求。组织应考虑：

a)功能和性能要求；

b)来源于以前类似设计和开发活动的信息；

c)法律法规要求；

d)组织承诺实施的标准和行业规范；

e)由产品和服务性质所决定的、失效的潜在后果。

设计和开发输入应完整、清楚,满足设计和开发的目的。

应解决相互冲突的设计和开发输入。

组织应保留有关设计和开发输入的形成文件的信息。

(4)设计和开发控制

组织应对设计和开发过程进行控制,以确保:

a)规定拟获得的结果;

b)实施评审活动,以评价设计和开发的结果满足要求的能力;

c)实施验证活动,以确保设计和开发输出满足输入的要求;

d)实施确认活动,以确保产品和服务能够满足规定的使用要求或预期用途要求;

e)针对评审、验证和确认过程中确定的问题采取必要措施;

f)保留这些活动的形成文件的信息。

注:设计和开发的评审、验证和确认具有不同目的。根据组织的产品和服务的具体情况,可以单独或以任意组合进行。

(5)设计和开发输出

组织应确保设计和开发输出:

a)满足输入的要求;

b)对于产品和服务提供的后续过程是充分的;

c)包括或引用监视和测量的要求,适当时,包括接收准则;

d)规定对于实现预期目的、保证安全和正确提供(使用)所必需的产品和服务特性。

组织应保留有关设计和开发输出的形成文件的信息。

(6)设计和开发更改

组织应识别、评审和控制产品和服务设计和开发期间以及后续所做的更改,以便避免不利影响,确保符合要求。

组织应保留下列形成文件的信息:

a)设计和开发变更;

b)评审的结果;

c)变更的授权;

d)为防止不利影响而采取的措施。

4.外部提供过程、产品和服务的控制

(1)总则

组织应确保外部提供的过程、产品和服务符合要求。

在下列情况下,组织应确定对外部提供的过程、产品和服务实施的控制:

a)外部供方的过程、产品和服务构成组织自身的产品和服务的一部分;

b)外部供方替组织直接将产品和服务提供给顾客;

c)组织决定由外部供方提供过程或部分过程。

组织应基于外部供方提供所要求的过程、产品或服务的能力,确定外部供方的评价、选择、绩效监视以及再评价的准则,并加以实施。对于这些活动和由评价引发的任何必要的措施,组织应保留所需的形成文件的信息。

（2）控制类型和程度

组织应确保外部提供的过程、产品和服务不会对组织稳定地向顾客交付合格产品和服务的能力产生不利影响。

组织应：

a)确保外部提供的过程保持在其质量管理体系的控制之中；

b)规定对外部供方的控制及其输出结果的控制；

c)考虑：

 1)外部提供的过程、产品和服务对组织稳定地提供满足顾客要求和适用的法律法规要求的能力的潜在影响；

 2)外部供方自身控制的有效性；

d)确定必要的验证或其他活动，以确保外部提供的过程、产品和服务满足要求。

（3）外部供方的信息

组织应确保在与外部供方沟通之前所确定的要求是充分的。

组织应与外部供方沟通以下要求：

a）所提供的过程、产品和服务；

b）对下列内容的批准：

 1)产品和服务；

 2)方法、过程和设备；

 3)产品和服务的放行；

c)能力，包括所要求的人员资质；

d)外部供方与组织的接口；

e)组织对外部供方绩效的控制和监视；

f)组织或其顾客拟在外部供方现场实施的验证或确认活动。

5.生产和服务提供

（1）生产和服务提供的控制

组织应在受控条件下进行生产和服务提供。适用时，受控条件应包括：

a)可获得形成文件的信息，以规定以下内容：

 1)所生产的产品、提供的服务或进行的活动的特征；

 2)拟获得的结果。

b)可获得和使用适宜的监视和测量资源；

c)在适当阶段实施监视和测量活动，以验证是否符合过程或输出的控制准则以及产品和服务的接收准则；

d)为过程的运行提供适宜的基础设施和环境；

e)配备具备能力的人员，包括所要求的资格；

f)若输出结果不能由后续的监视或测量加以验证，应对生产和服务提供过程实现策划结果的能力进行确认和定期再确认；

g）采取措施防止人为错误；

h）实施放行、交付和交付后活动。

（2）标识和可追溯性

需要时,组织应采用适当的方法识别输出,以确保产品和服务合格。

组织应在生产和服务提供的整个过程中按照监视和测量要求识别输出状态。

若要求可追溯,组织应控制输出的唯一性标识,且应保留实现可追溯性所需的形成文件的信息。

（3）顾客或外部供方的财产

组织在控制或使用顾客或外部供方的财产期间,应对其进行妥善管理。

对组织使用的或构成产品和服务一部分的顾客和外部供方财产,组织应予以识别、验证、保护和维护。

若顾客或外部供方的财产发生丢失、损坏或发现不适用情况,组织应向顾客或外部供方报告,并保留相关形成文件的信息。

注:顾客或外部供方的财产可能包括材料、零部件、工具和设备,顾客的场所,知识产权和个人信息。

（4）防护

组织应在生产和服务提供期间对输出进行必要防护,以确保符合要求。

注:防护可包括标识、处置、污染控制、包装、储存、传送或运输以及保护。

（5）交付后的活动

组织应满足与产品和服务相关的交付后活动的要求。

在确定交付后活动的覆盖范围和程度时,组织应考虑:

a)法律法规要求；

b)与产品和服务相关的潜在不期望的后果；

c)其产品和服务的性质、用途和预期寿命；

d)顾客要求；

e)顾客反馈。

注:交付后活动可能包括担保条款所规定的相关活动,诸如合同规定的维护服务,以及回收或最终报废处置等附加服务等。

（6）更改控制

组织应对生产和服务提供的更改进行必要的评审和控制,以确保稳定地符合要求。

组织应保留形成文件的信息,包括有关更改评审结果、授权进行更改的人员以及根据评审所采取的必要措施。

6.产品和服务的放行

组织应在适当阶段实施策划的安排,以验证产品和服务的要求已被满足。

除非得到有关授权人员的批准,适用时得到顾客的批准,否则在策划的安排已圆满完成之前,不应向顾客放行产品和交付服务。

组织应保留有关产品和服务放行的形成文件的信息。形成文件的信息应包括：

a)符合接收准则的证据；

b)授权放行人员的可追溯信息。

7.不合格输出的控制

(1)组织应确保对不符合要求的输出进行识别和控制，以防止非预期的使用或交付。

组织应根据不合格的性质及其对产品和服务的影响采取适当措施。这也适用于在产品交付之后发现的不合格产品，以及在服务提供期间或之后发现的不合格服务。

组织应通过下列一种或几种途径处置不合格输出：

a)纠正；

b)对提供产品和服务进行隔离、限制、退货或暂停；

c)告知顾客；

d)获得让步接收的授权。

对不合格输出进行纠正之后应验证其是否符合要求。

(2)组织应保留下列形成文件的信息：

a)有关不合格的描述；

b)所采取措施的描述；

c)获得让步的描述；

d)处置不合格的授权标识。

2015年版标准中对策划、实施和控制满足产品和服务要求所需的过程应采取和实施的措施更加明确外，强调在运行策划时就要考虑变更管理和外包管理。特别强调了顾客沟通的策划，调整、修订了顾客财产的沟通，增加了关于应急措施的特殊要求的沟通内容，反映了服务行业的要求。

标准对外部提供过程、产品和服务的控制的实施情况作了明确要求，并要求保留所需的形成文件的信息。增加了预防人为错误的要求。

客户财产管理扩大到外部提供方的财产，不仅仅是客户财产要控制，供应商和服务承包方等相关方的财产也要控制，更好地体现与供方互利的伙伴关系这一管理原则。

在"交付后的活动"中可以看出，新版更加重视售后服务。而服务行业更须重视这一点。将不合格品控制放到了产品实现阶段，强调了在产品实现过程应随时关注不合格品，尤其是对服务行业，并及时采取措施。不合格品控制的具体方法更加明确、具体，如纠正、隔离、限制、退货或暂停；告知顾客；获得让步接收的授权等。

### 7.1.3.7 绩效评价

1.监视、测量、分析和评价

(1)总则

组织应确定：

a)需要监视和测量的对象；

b)确保有效结果所需要的监视、测量、分析和评价方法；

c)实施监视和测量的时机;

d)分析和评价监视和测量结果的时机。

组织应评价质量管理体系的绩效和有效性。组织应保留适当的形成文件的信息,作为结果的证据。

(2) 顾客满意

组织应监视顾客对其需求和期望获得满足的程度的感受。组织应确定这些信息的获取、监视和评审方法。

注:监视顾客感受的例子可包括顾客调查、顾客对交付产品或服务的反馈、顾客会晤、市场占有率分析、赞扬、担保索赔和经销商报告。

(3)分析与评价

组织应分析和评价通过监视和测量获得的适宜数据和信息。

应利用分析结果评价:

a)产品和服务的符合性;

b)顾客满意程度;

c)质量管理体系的绩效和有效性;

d)策划是否得到有效实施;

e)针对风险和机遇所采取措施的有效性;

f)外部供方的绩效;

g)质量管理体系改进的需求。

注:数据分析方法可包括统计技术。

2.内部审核

组织应按照策划的时间间隔进行内部审核,以提供有关质量管理体系的下列信息:

a)是否符合:

1)组织自身的质量管理体系要求;

2)本标准的要求。

b)是否得到有效的实施和保持。

组织应:

a) 依据有关过程的重要性、对组织产生影响的变化和以往的审核结果,策划、制定、实施和保持审核方案,审核方案包括频次、方法、职责、策划要求和报告;

b)规定每次审核的审核准则和范围;

c)选择可确保审核过程客观公正的审核员实施审核;

d)确保相关管理部门获得审核结果报告;

e)及时采取适当的纠正和纠正措施;

f)保留作为实施审核方案以及审核结果的证据的形成文件的信息。

注:相关指南参见 GB/T 19011。

3.管理评审

(1)总则

最高管理者应按照策划的时间间隔对组织的质量管理体系进行评审,以确保其持续地保持适宜性、充分性和有效性,并与组织的战略方向一致。

(2)管理评审输入

策划和实施管理评审时应考虑下列内容:

a)以往管理评审所采取措施的实施情况;

b)与质量管理体系相关的内外部因素的变化;

c)有关质量管理体系绩效和有效性的信息,包括下列趋势性信息:

1)顾客满意和相关方的反馈;

2)质量目标的实现程度;

3)过程绩效以及产品和服务的符合性;

4)不合格以及纠正措施;

5)监视和测量结果;

6)审核结果;

7)外部供方的绩效。

d)资源的充分性;

e)应对风险和机遇所采取措施的有效性;

f)改进的机会。

(3)管理评审输出

管理评审的输出应包括与下列事项相关的决定和措施:

a)改进的机会;

b)质量管理体系所需的变更;

c)资源需求。

组织应保留作为管理评审结果证据的形成文件的信息。

评价的概念在 ISO 9001:2015 中保持不变,这突出了反馈和定期评估的重要性。新标准对监视测量的目的、方法、内容更加清楚。明确了获取顾客满意的内涵是听取顾客的声音,并非满意度调查,强调听取顾客声音的目的是要增强顾客满意。突出了数据分析应关注质量管理体系的绩效和有效性。强调管理评审本身就是一种监视和测量的手段,在管理评审中非常关注内部、外部变化。

### 7.1.3.8　持续改进

1.总则

组织应确定并选择改进机会,采取必要措施,满足顾客要求和增强顾客满意。

这应包括:

a)改进产品和服务以满足要求并关注未来的需求和期望;

b)纠正、预防或减少不利影响;

c)改进质量管理体系的绩效和有效性。

注:改进的例子可包括纠正、纠正措施、持续改进、突变、创新和重组。

2. 不合格和纠正措施

(1)若出现不合格,包括投诉所引起的不合格,组织应:

a)对不合格做出应对,适用时:

1)采取措施予以控制和纠正;

2)处置产生的后果。

b)通过下列活动,评价是否需要采取措施,以消除产生不合格的原因,避免其再次发生或者在其他场合发生:

1)评审和分析不合格;

2)确定不合格的原因;

3)确定是否存在或可能发生类似的不合格。

c)实施所需的措施;

d)评审所采取的纠正措施的有效性;

e)需要时,更新策划期间确定的风险和机遇;

f)需要时,变更质量管理体系。

纠正措施应与所产生的不合格的影响相适应。

(2)组织应保留形成文件的信息,作为下列事项的证据:

a)不合格的性质以及随后所采取的措施;

b)纠正措施的结果。

3. 持续改进

组织应持续改进质量管理体系的适宜性、充分性和有效性。

组织应考虑管理评审的分析、评价结果,以及管理评审的输出,确定是否存在持续改进的需求或机会。

ISO 9001:2015 的关键概念和主要关注点是关于客户、改进和全公司参与的承诺。所以,必须强调整体改进。标准对不符合采取的纠正行动更加明确。强调质量管理体系应不断吸收纠正措施引起的更改,质量管理体系改进时应关注风险,确定优先顺序。

回首 ISO 9001 发展的 28 年,也是质量管理理论和技术方法不断丰富和创新的过程。充分体现了"没有最好,只有更好"的孜孜以求的探索和进取、超越的精神。它之所以如此受欢迎,还要归功于该标准为各类组织提供了通用的质量管理框架和思路,同时也为组织建立了提供满足顾客和法律法规要求的产品及服务的基本信心。

### 7.1.4　ISO 9004 标准的主要内容

国际标准化组织(ISO)2018 年发布了 ISO 9004:2018 Quality management - Quality of an organization - Guidance to achieve sustained success (质量管理-组织质量-对实现持续成功的指南)标准。ISO 9004 标准所规定的质量管理要求与 ISO 9001 比较范围更宽广,不仅要满

足所有相关方的需求和期望,还对组织进行系统的、持续的业绩改进提供了指南。

ISO 9001 是对质量管理体系的基本要求,其核心是满足顾客要求的有效性,是国际通用的质量管理门槛,它可作供方证实、顾客评价、质量管理体系认证和注册的依据。而 ISO 9004 是一个指导性标准,不用于认证,因此不具有强制性。但是它有着更为广阔的目的,特别是在如何改进组织的整体业绩、效率和有效性方面,以使组织持续获得成功方面,对组织完善质量管理体系提供具体的指导。因此,组织在通过了 ISO 9001 认证以后,按照 ISO 9004 来改善业绩,以期获得持续的成功,便是应当追求的下一个目标。

ISO 9004 的目标体现在以下几个方面:①由关注顾客满意发展到关注顾客满意和其他相关方需求和期望;②由关注产品质量发展到关注组织的业绩和如何取得持续的成功;③由关注体系和过程的有效性发展到关注有效和高效,特别讲求效率;④由产品实现过程(包括交付和交付以后)扩展到整个产品生命周期。ISO 9004 的详细内容,请阅读二维码拓展内容。

### 7.1.5　ISO 9001 质量管理体系的建立与实施

质量管理体系的建立和实施一般包括质量体系的确立、质量体系文件的形成、质量体系的运行和质量体系认证注册 4 个阶段。

2015 版 ISO 9001 虽然取消了对质量手册、文件化的程序等强制性文件的要求。但在标准中共有 19 个地方提到应形成文件,其中包括明确规定的有 18 项,和除 18 项之外为满足体系运行的其他文件。可见,质量体系的建立需要编制必要的文件。

#### 7.1.5.1　质量体系的确立

(1)管理者决策和统一认识　建立和实施质量体系的关键是企业管理者的重视和直接参与。只有管理者统一了思想,下定决心并作出正确决策,才能建立起有效的质量管理体系。

(2)组织落实和成立贯标小组　制定政策,选择合适的人员组成贯标小组。小组成员应包括与企业质量管理有关的各个部门的人员,选出小组长,具体负责质量管理体系的建立和实施。

(3)制订工作计划、实施培训　质量管理体系是现代质量管理和质量保证的结晶,要真正领会这套标准并付诸实施,就必须制定全面而周密的实施计划。为了使员工了解质量管理体系的内容及实施质量管理体系的意义,需要对各级员工进行必要的培训。

(4)制定质量方针、确立质量目标　质量方针是企业进行质量管理,建立和实施质量体系、开展各项质量管理活动的根本准则。制定质量方针时应根据企业的具体情况、发展趋势和市场形势研究确定,制定出具有特色、生动具体的质量方针。质量目标是企业在一定时期内应达到的质量目标,包括产品质量、工作质量、质量体系等方面的目标。

(5)调查现状、找出薄弱环节　企业当前存在的主要问题就是建立质量管理体系时要重点解决的内容。广泛调查本企业产品质量形成中的各阶段、各环节的质量现状、存在的问题,各部门所承担的质量职责及完成情况,相互之间的协调关系及不协调情况。在调查过程中应注意收集下列信息:有关质量管理体系的相关信息或资料以及在以往的合同中、营销服务中顾客所提的一些要求;同行中质量管理体系认证企业的资料;本企业应遵循的法律、规定,以及国际贸易中相关的规定、协定、准则和惯例等。

(6)根据企业实际情况对标准内容进行合理剪裁　将调查结果与质量管理体系的内容进行对照,对标准的内容进行合理的剪裁。

(7)进行职能分配、确定资源配置　职能分配是指将所选择的质量体系要素分解成具体的质量活动,并将完成这些质量活动的相应的职责和权限分配到各职能部门。职能分配的通常做法是:一个职能部门可以负责或参与多项质量活动,但不应让多个职能部门共同负责一项质量活动。资源是质量管理体系的重要组成部分,企业应根据设计、开发、检验等活动的需要,积极引进先进的技术设备,提高设计、工艺水平,确保产品质量满足顾客的需要。

### 7.1.5.2　质量体系文件的形成

在 2015 版 ISO 9001 标准中不再对编制"质量手册"和"文件化程序"有明确的规定,只是用"形成文件的信息"来要求,并且,质量管理体系形成文件的信息的多少与详略程度可以不同,主要取决于组织的规模、类型等。也就是说,按照标准中形成文件的信息的要求,编制的文件可以叫"手册",也可以叫作"规章制度、管理办法"等,把相关的管理制度等文件可以视作"程序"等。新标准合并了文件和记录,二者不作区分。总之,2015 版 ISO 9001 标准更强调了管理体系的适用性、实用性和有效性。

ISO 9001:2015 质量管理体系标准中 19 个地方提到的应形成的文件有:质量管理体系范围,并说明删减条款及删减理由;质量方针;质量目标;规定监视和测量设备使用要求的文件,包括使用、维护、鉴定、校准等;能证明人员满足能力要求的记录,包括任职要求、人员技能档案、培训等;组织确定的为确保质量管理体系有效运行所需的形成文件的信息;能证明过程经有效策划的相关记录;产品和服务有关要求的评审报告;对外部供方的评价报告;对外部供方的业绩的监视报告;控制产品唯一性标识的文件;顾客或外部供方的财产丢失、损坏或发现不适用的相关记录;产品生产和服务的变更的评价、批准和采取的措施等相关记录;放行管理制度(规定放行人员职权);不合格品处置记录;监视和测量记录;内审方案和记录;管理评审报告和纠正预防措施相关记录;纠正预防措施相关记录,包括验证。

### 7.1.5.3　质量体系的实施运行

质量体系的实施运行实质上是指执行质量体系文件并达到预期目标的过程,其根本问题就是把质量体系中规定的职能和要求,按部门、按专业、按岗位加以落实,并严格执行。企业可通过全员培训、组织协调、内部审核和管理评审来达到这一目的。

(1)全员培训　在质量体系的运行过程阶段,首先对全体员工进行培训,了解各自的工作要求和行为准则。通过培训,在思想上认识到新的质量体系是对过去质量体系的变革,建立新的质量体系是为了适应国际贸易发展的需要,是提高企业竞争能力的需要。

(2)组织协调　组织协调主要解决质量体系在运行过程中出现的问题。新建立的质量体系在全面实施运行之前可试运行。对于发现的问题,要及时研究解决,并对质量手册和程序文件中的内容作出相应的修改。质量体系的运行是动态的,而且涉及企业各个部门的各项活动,相互交织,因此协调工作就显得尤为重要。

（3）内部审核和管理评审 内部审核和管理评审是质量管理标准的重要内容,是质量体系运行的关键环节,也是保证质量体系有效运行的重要措施和手段。内部审核是指企业自己来确定质量活动及其有关结果是否符合计划安排,以及这些安排是否有效并适合于达到目标的有系统的独立的审查。其中心内容是:审核质量体系文件是否适用和相协调;是否执行了文件中的有关规定;是否根据规定要求、自身要求和环境变化采取了应对措施;是否需要改进所进行的综合评价。管理评审由企业最高管理者主持定期进行。

### 7.1.5.4 质量管理体系认证注册

（1）质量体系认证的程序

①申请认证的条件。申请方持有法律地位证明文件;申请方建立、实施和保持了文件化的质量体系。

认证申请的提出:申请方根据企业的需要和产品的特点确定申请认证的质量体系所覆盖的产品范围,并向质量体系认证机构正式提出认证申请。提出申请时要按要求填写申请书,提交所需的附件。申请书的附件是指说明申请方质量体系状况的文件。

认证申请的受理和合同的签订:认证机构收到正式申请后,经审查符合规定的申请要求后即可决定受理申请,并发出"受理申请通知书",签订认证合同。

②建立审核组。在签订认证合同后,认证机构应成立审核组,审核组成员名单和审核计划一起向受审核方提供,由受审核方确认。审核组一般由 2～4 人组成,其正式成员必须是注册审核员,其中至少有一名熟悉申请方生产技术特点的成员。对于审核的组成人员,若申请方认为会与本企业构成利益冲突时,可要求认证机构作出更换。

③质量体系文件的审查。质量体系文件审查的主要对象是申请方的质量体系文件及其他说明质量体系的材料,审查的内容包括:了解申请方的基本情况。企业产品及生产特点、人员、设备、检验手段,以往质量保证能力的业绩等。判定质量体系文件描述的质量体系在总体上是否符合相应的质量标准的要求;是否具有明确的质量方针和质量目标;审查质量职能的落实情况;审核质量体系要素包含了质量标准要求证实的全部质量体系要素等。了解质量体系文件的总体构成状况。质量体系文件审查合格后,审核组到场检查之前,质量体系文件不允许做任何修改。

④现场审核。现场审核的目的是通过查证质量体系文件的实际执行情况,对质量体系运行的有效性作出评价,判定是否真正具有满足相应质量标准的能力。现场检查是审核组按事先编制的检查表所制定的检查项目,并根据现场情况适当调整后,对受审核方质量体系的具体情况和实际运行有效性进行深入细致的检查取证和评价的过程。

由审核组全体成员研究检查情况,对检查结果进行评定,作出审核结论,提出审核报告。审核的结论有 3 种:建议通过认证;要求进行复审;要求进行重审。审核组完成内部审核后,与受审核方举行末次会议,报告审核过程总体情况、发现的不合格项、审核结论、现场审核结束后的有关安排等。审核报告是现场审核结果的证明文件,由审核组编写,经组长签署后,报认证机构。

(2)注册与发证 认证机构对审核组提出的报告进行全面的审查,若批准通过认证,则由认证机构颁发质量体系认证证书并予以注册。

## 7.2 ISO 14000 环境管理体系

ISO 14000 环境管理体系系列管理标准是由国际标准化组织继 ISO 9000 质量管理标准之后推出的又一个管理标准。其目的是通过实施这一套环境管理标准,规范企业和社会团体等组织的环境行为,使之与社会发展相适应,改进生态环境质量,减少人类各项活动所造成的环境污染、节约资源,促进经济的可持续发展。

### 7.2.1 环境管理体系的产生和发展

环境保护是指人类为解决现实的或潜在的环境问题,协调人类活动与环境的关系,保护社会经济的可持续发展为目的而采取的各种行动的总称。

环境管理是指在环境容量容许的条件下,以环境科学技术为基础,运用法律、经济、行政、技术和教育等手段对人类影响环境的活动进行调节和控制,规范人类的环境行为,其目的是为了协调社会经济发展与环境关系,保护和改善生活环境和生态环境,防治污染和其他公害,保护人体健康,促进社会经济的可持续发展。环境管理已逐步发展成为一个专门的管理学科,作为解决环境问题的管理方式。

英国于 1992 年颁布了 BS7750 环境管理体系规范,建立一套有效的管理体系,作为合理规范环境行为和参与"环境审核"体系的基础,预防有损环境的行为发生,促进工业活动的环境行为的持续改善。

在环境管理的发展过程中,各国制定的法律法规的标准不统一,在国际贸易中产生技术壁垒,不利于国际贸易的发展。因此,国际标准化组织于 1992 年设立了"环境与战略咨询组(SAGE)",并于 1993 年 10 月成立了 ISO/TC 207 环境管理技术委员会,开展环境管理体系和措施方面的标准化工作。国际标准化组织(ISO)推出的 ISO 14000 环境管理系列标准,提供了有效的管理模式和管理工具,起到了规范组织的环境行为的作用,得到了世界各国自愿实施环境管理体系的响应。

### 7.2.2 ISO 14000 的主要内容

目前已颁布的 ISO 14000 环境管理系列标准主要由环境管理体系标准和产品环境标志标准 2 个部分组成。

环境管理体系标准是针对企业环境管理需求制定的。包括环境管理体系标准和环境审核标准。环境管理体系标准是通过环境管理中相关的管理要素来规范企业和环境行为,对企业的环境管理活动提出基本要求;环境审核标准是评价企业环境管理体系的方法标准,是评价工具;而环境行为评价则是评价企业的实施环境管理体系的最终结果,评价其适用性和有效性。

产品环境标志标准是针对企业产品生产需求制定的。包括生命周期分析标准,这是确定产品的环境标准的理论基础和依据;而产品标准中环境指标则是评价产品环境标志的标准。

### 7.2.2.1　ISO 14000 系列标准的构成

ISO 14000 系列标准有 100 个预留的标准号。目前已正式颁布的标准有以下几项:

①ISO 14001 环境管理体系(EMS):规范及使用指南。

②ISO 14004 环境管理体系:原理、体系和支持技术通用指南。

③ISO 14010 环境审核指南(EA):通用原则。

④ISO 14011 环境审核指南:审核程序、环境管理体系审核。

⑤ISO 14012 环境审核指南:环境审核员的资格要求。

⑥ISO 14020 环境标志(EL)。

⑦ISO 14030 环境行为评价(EPE)。

⑧ISO 14040 生命周期分析:原理和实践。

⑨ISO 14050 术语和定义(T&D)。

在 ISO 14000 环境管理系列标准中,ISO 14001 环境管理体系规范及使用指南是 ISO/TC 207 所有标准中的核心标准,它的有效运行是实施 ISO 14000 环境管理其他标准的基本保证。ISO 14000 环境管理体系系列标准是一个完整的标准体系,它是总结了国际环境管理的经验,结合环境科学、环境管理科学的理论和方法而提出的环境管理工具,丰富了传统环境管理的手段,把环境管理强制性和保护、改善生活环境和生态环境的自愿性有机地结合在一起,使企业找到了一条经济与环境协调发展的正确途径,使人类沿着可持续发展道路进入 21 世纪有了保障。在实际应用过程 ISO/TC 207 根据标准应用的情况,对 ISO 14000 系列标准进行了不断的修改和完善,2005 年正式提出 ISO 14001 的修订版——ISO 14001:2004。

### 7.2.2.2　基本术语

(1)环境(environment)　环境是指组织运行活动的外部存在,包括空气、水、土地、自然资源、植物、动物、人以及它们之间的相互关系。环境是指围绕某一中心事物的外部客观条件的总和。对食品生产企业来说,环境应包括所有与食品生产、运输及销售有关的外部客观条件。

(2)环境因素(environment aspect)　环境因素是指一个组织的活动、产品或服务中能与环境发生相互作用的要素。如食品企业排出的废水、废气等都是环境因素。

(3)环境绩效(environmental performance)　环境绩效是指组织对环境因素进行管理所取得的可测量结果。

(4)环境方针(environment policy)　环境方针是指由最高管理者就组织的环境绩效所正式表述的总体意图和方向。它为组织的行为及环境目标和指标的建立提供了一个框架。环境方针是组织在环境保护、改善生活环境和生态环境方面的宗旨和方向,是实施与改进组织环境管理的推动力。制定组织的环境方针时应考虑使该环境方针适合于组织的活动、产品或服务对环境的影响;应在环境方针中对持续改善和防止污染作出承诺,并对遵守有关法律、法规和遵守组织确认的其他要求作出承诺。

(5)环境目标(environment objective)　环境目标是组织所要实现的环境方针相一致的总

体环境目的。

(6)环境指标(environment target)　环境指标是直接来自环境目标,或为实现环境目标所需规定并满足的具体的环境行为要求,它们可适用于组织或其局部。

(7)环境管理体系(environmental management system)　环境管理体系是组织整个管理体系的一个组成部分,用来制定和实施环境方针,并管理环境因素。包括为制定、实施、实现、评审和保持环境方针所需的组织机构、计划活动、职责、惯例、程序、过程和资源。环境管理体系是一种运行机制,是通过相关的管理要素组成具有自我约束、自我调节、自我完善的运行机制来实现企业的环境方针、目标和指标的需求。

(8)环境管理体系审核(environmental management system audit)　环境管理体系审核是客观地获取审核证据并予以评价,以判断组织的环境管理体系是否符合所规定的环境管理体系审核准则的一个以文件支持的系统化验证过程,包括将这一过程的结果呈报给管理者。

(9)污染预防(prevention of pollution)　旨在避免、减少或控制污染而对各种过程、惯例、材料或产品的采用,也可包括再循环、处理、过程更改、控制机制、资源的有效利用和材料替代等。

(10)持续改进(continual improvement)　持续改进是强化环境管理体系的过程,目的是根据组织的环境方针,实现对整体环境效果的改进。

### 7.2.2.3　ISO 14001:2004 环境管理体系要素

ISO 14001 是 ISO 14000 系列标准中的龙头标准。在这一环境管理体系中规定了环境方针、策划、实施与运行、检查和纠正措施、管理评审等要求。

(1)总的要求　ISO 14001 要求企业根据标准的要求建立环境管理体系,形成可执行的文件,保持和持续改进环境管理体系,并确定将如何实现这些要求。

(2)环境方针　企业的最高管理者应确定本组织的环境方针并确定它在环境管理体系的覆盖范围内。环境方针首先应反映出组织的特点,要与组织所从事的活动、产品或服务的性质、内容和规模相适应;其次要体现对遵守相关的环境法律、法规和其他要求的承诺。

(3)策划　策划是环境管理体系的初始阶段,主要任务是通过初始环境评审来确定组织在活动、产品或服务中,产生或可能产生环境影响的环境因素,并评价出重要的环境因素;制定适合组织的环境方针;依据组织环境方针所确定的环境目标、指标的框架,制定环境目标和指示文件;依据组织的环境目标的要求,制定环境管理方案,从人力、物力及财力来落实环境管理方案的实施计划。

策划阶段共包括 3 个要素。

①环境因素:组织应建立并保持一个或多个程序,用来确定其活动、产品或服务中它能够控制,或可望对其施加影响的环境因素,从中判定哪些对环境具有重大影响,或可能具有重大影响的因素。

②法律与其他要求:组织应建立保持程序,用来确定适用于其活动、产品或服务中环境的法律,以及其他应遵守的要求,并建立获得这些法律和要求的渠道。

③目标、指标和环境管理方案:组织应针对其内部的有关职能部门和不同的层次,建立并

保持环境目标和指标。环境目标和指标应形成文件,并与环境方针相一致,应包括对污染预防、持续改进和遵守适用的法律法规要求及其他要求的承诺。

(4)实施与运行　实施与运行是实现环境方针、目标和指标,改善组织的环境行为,减少或消除组织在活动、产品或服务中环境影响的关键阶段。

①资源、职责和权限:管理者应确保为环境管理体系的建立、实施、保持和改进提供必要的资源。包括人力资源及技能、组织的基础设施、技术及财力资源。环境管理体系成功的实施需要组织内全体员工的积极参与,组织应建立相应的组织机构,并明确其职责。

②培训、意识与能力:环境管理体系的有效实施,全体员工的参与者是重要的保证,这就需要对全体员工进行环境意识、环境知识以及环境技能的提高和培训。

③信息交流:主要是建立组织对外、对内的信息渠道,以便于工作通报组织在活动、产品或服务过程中所有与环境相关的信息。

④文件:环境管理体系文件实际上是按照 ISO 14001 环境管理体系标准条款的要求,针对组织的活动、产品或服务的特点、规模、惯例以及人员素质等情况而编写的以文件支持的管理制度和管理办法,是组织加强环境管理工作的依据。环境管理体系文件可与企业所实施的其他体系文件构成一个整体,并彼此共享。

⑤文件控制:为保证文件的适用性、系统性、协调性和完整性,组织应对环境管理体系相关文件进行控制,加强管理。文件管理应做到以下几点:文件应有固定的保存场所,以便于检索;对文件进行定期评审和修订,并重新评审;凡对体系的有效性起关键作用的岗位,都应能得到文件的有效版本;对失效的文件能迅速撤回,或采取其他措施以防止误用。

⑥运行控制:运行控制是指对组织活动、产品或服务过程中,凡是影响组织环境行为的所有活动都应处于受控制状态。对食品企业而言,对产品生产和销售过程中的重要环境因素都要实施有效的控制。

⑦应急准备和响应:组织在其活动、产品或服务过程中,由于某种主观或客观原因都有可能发生紧急情况或意外事故,如有毒、有害化学品泄漏,发生火灾及爆炸事件等。组织应建立一套应急准备的措施,以尽可能减少或消除由于紧急情况或意外事故所造成的损失和对环境的破坏。组织应确定在活动、产品或服务过程中潜在的及可能发生紧急情况和环境事故的活动、场所及分析造成环境影响的后果。

(5)检查　环境管理体系是一个系统工程,具有自我约束、自我调节、自我完善的功能,以达到持续改善的目的。环境管理体系运行后,应对管理体系运行情况进行经常性的监督、检测和评价,如发现偏离环境方针、目标和指标的情况应及时加以纠正,以防止不符合的情况再次发生。

①监督与监测:本标准要求组织建立、实施并保持一个或多个程序,对可能具有重大环境影响的运行与活动的关键特性进行例行监测和测量。应对环境效果、运行控制、环境目标和指示符合情况的监测结果进行记录。对监测设备应及时校准并妥善维护,并根据组织的程序保存好校准与维护记录。

②合规性评价:组织应建立、实施并保持一个或多个程序,以定期评价对适用环境法律法

规的遵循情况,并对定期评价的结果进行记录。

③不符合事项的纠正与预防措施:在环境管理体系的运行过程中可能会出现不符合规定要求的情况。因此本条款中要求组织应建立并保持一套程序,用来规定有关职责和权限,对不符合的情况进行处理和调查,采取措施减少由此产生的影响,采取纠正与预防措施;在考虑消除已存在的和潜在的不符合情况的纠正和预防措施时,应与考虑问题的严重性和事故的环境影响相适应。

④记录控制:组织应对环境体系的运行情况进行记录。应建立一套程序用来标识、保存与有关环境管理的记录。

⑤内部审核:本条款要求组织定期开展环境管理体系内部审核,审核的目的是判定环境管理体系是否符合对环境管理工作的预定安排;本标准的要求是否得到了正确的实施和保持。审核的结果应向管理者报告。

(6)管理评审　为了保持环境管理体系的适用性、充分性和有效性,组织的最高管理者应定期对环境管理体系进行评审和评价。管理评审是由企业最高管理者主持,有各职能部门和运行实施部门的主管及其他相关人员参加的评价活动。至少每年举行一次,管理评审一般在企业内部评审结束后进行。

### 7.2.3　食品企业环境管理体系的建立与实施

当食品生产企业要求建立和实施环境管理体系时应注意,环境管理体系应充分结合企业的特点;应与企业现行的管理体系相结合;环境管理体系是一个动态发展,不断改进和不断完善的过程;各类管理体系的一体化。

环境管理体系建立与实施主要要经过前期的准备、初始环境评审、环境体系策划、环境管理体系文件编制、环境管理体系试运行、环境管理体系内部审核、环境管理体系申请认证等几个阶段。

(1)前期的准备工作　前期的准备工作包括最高管理者的承诺、任命管理者代表、提供资源保证和培训等内容。

(2)初始环境评审　初始环境评审的目的是为了了解企业的环境现状和环境管理现状,评审的结果是企业建立和实施环境管理体系的基础。初始环境评审包括:调查并确定在活动、产品或服务过程中已造成或可能造成环境影响的环境因素;结合企业的类型、产品特点,以及针对企业识别出的环境因素,搜集整理国家、地方及行业所颁布的法律、法规及污染物排放标准;评价企业现行的环境管理机构设置,职责和权限以及管理制度的有效性;评价企业的环境行为与国家、地方及行业标准的符合程度;评价企业环境行为对市场竞争的风险与机遇;了解相关方对企业环境管理工作的看法和要求等。

(3)环境管理体系策划　环境管理体系策划包括:①环境方针的制定;②制定环境目标和指标;③环境管理实施方案;④组织结构和职责。

(4)环境管理体系文件的编制　环境管理体系文件是企业实施环境管理工作的文件,必须遵照执行。编制管理文件时要遵循以下原则:该说到一定要说到,说到的一定要做到,运行的结果要留有记录。环境管理体系文件一般分为3个层次:环境管理手册;环境管理体系程序文件;环境管理体系其他文件(作业指导书、操作规程等)。

(5)管理体系审核 环境管理体系审核是企业建立和实施环境管理体系的重要组成部分,是评价企业环境管理体系实施效果的手段。通过审核可以发现问题,纠正和改进环境管理体系。环境管理体系审核按其目的不同可以分为内部审核和外部审核,外部审核又可以分为合同审核和第三方认证。

内部审核是企业在建立和实施环境管理体系后,为了评价其有效性,由企业管理者提出,并由企业内部人员或聘请外部人员组成审核组,依据审核规则对企业环境管理体系进行审核。内部审核的主要目的有:保证企业建立的环境管理体系能够有效地运行并不断地改进企业的环境管理;为企业申请外部审核做准备。

合同审核是指需方对供方环境管理体系的审核。以判断供方的环境管理体系是否符合要求。

第三方认证是由国家认可委员会认可的审核机构对企业进行的审核。审核的依据是标准中规定的审核准则,按照审核程序实施审核,根据审核的结果对受审核方环境管理体系是否符合审核规则的要求给予书面保证,即合格证书。

# 7.3 ISO 22000 食品安全管理体系

国际标准化组织(ISO)技术委员会 2018 年发布了 ISO 22000:2018 标准,即,ISO 22000:2018 Food Safety Management System—requirement for any organization in food chain(食品安全管理体系 食品链中各类组织的要求)。我国将等同采用此标准。

## 7.3.1 ISO 22000 食品安全管理体系的产生

从 20 世纪 50 年代后期,美国宇航局(NASA)和食品生产企业共同开发 HACCP,到 20 世纪后期,HACCP 已经得到了广泛应用。HACCP 不是依赖对最终产品的检测来确保食品的安全,而是将食品安全建立在对加工过程的控制上,以防止食品产品中的可知危害或将其减少到一个可接受的程度。HACCP 已经被多个国家的政府、标准化组织或行业集团采用,或是在相关法规中作为强制性要求,或是在标准中作为自愿性要求予以推荐,或是作为对供货方的强制要求。如美国水产品和果蔬汁法规(FDA 1995 和 FDA 2001),国际食品法典委员会(CAC)《食品卫生通则》(CAC 2001),丹麦 DS 3027 标准,荷兰 HACCP 体系实施的评审准则等都采用了 HACCP。进入 21 世纪,世界范围内的消费者要求安全和健康的食品呼声越来越高,食品加工企业也要求有一个食品安全管理体系,以确保生产和销售安全食品,国际贸易也要求建立一个食品安全管理和认证体系,确认企业具有提供安全食品的能力。为了满足各方面的要求,在丹麦标准协会的倡导下,国际标准化组织(ISO)协调,将相关的国家标准在国际范围内进行整合,于 2005 年 9 月 1 日发布了国际标准 ISO 22000:2005《食品安全管理体系 食品链中各类组织的要求》,2018 年发布了新版标准。

### 7.3.2　食品安全管理体系的内容

ISO 22000 食品安全管理体系是一个基于 HACCP 原理,能提供关于 HACCP 概念的国际交流的平台;一个协调自愿性的国际标准;一个可用于审核(内审、第二方审核、第三方审核)的标准;一个在体系结构上与 ISO 9001 和 ISO 14001 相一致的标准。ISO 22000 标准既是描述食品安全管理体系要求的使用指导标准,又是可供食品生产、操作和供应的组织认证和注册的依据。

ISO 22000:2018 标准包括 10 个方面的内容,即范围、规范性引用文件、术语和定义、组织环境、领导作用、策划、支持、运行、绩效评价、改进。

标准的结构如下:

前言

引言

1 范围

2 规范性引用文件

3 术语和定义

4 组织环境

4.1 理解组织及其环境

4.2 理解相关方的需求和期望

4.3 确定食品安全管理体系的范围

4.4 食品安全管理体系

5 领导作用

5.1 领导作用和承诺

5.2 方针

5.2.1 制定食品安全方针

5.2.2 沟通食品安全方针

5.3 组织的岗位、职责和权限

6 策划

6.1 应对风险和机遇的措施

6.2 食品安全管理体系目标及其实现的策划

6.3 变更的策划

7.支持

7.1 资源

7.1.1 总则

7.1.2 人员

7.1.3 基础设施

7.1.4 工作环境

### 7.3.3　食品安全管理体系的要点

食品安全管理体系的宗旨是为了确保整个食品链直至消费者的食品安全。

该标准强调了它的通用性,适用于所有在食品链中各种组织,无论该组织类型、规模和所提供的产品如何,包括直接或间接介入食品链中一个或多个环节的组织。

标准明确了食品安全管理体系 4 个关键要素:体系管理,相互沟通,前提方案和 HACCP原理。

(1)该标准强调了组织的管理职责。组织的经营目标即是食品安全。最高管理者应承诺建立和实施食品安全管理体系并持续改进其有效性;宣传与食品安全相关的法律法规、本标准以及顾客要求;制定食品安全方针;进行管理评审;确保食品安全管理体系持续更新;确保提供各种资源;应成立食品安全小组,任命食品安全小组组长。食品安全小组应具备多学科的知识和建立与实施食品安全管理体系的经验。

(2)该标准强调了沟通,包括外部沟通和内部沟通。在外部沟通方面,组织应制定、实施和保持有效的措施,以便与供方和承包方、顾客或消费者、立法和执法部门等方面进行沟通,确保能够获得充分的食品安全方面的信息。在内部沟通方面,组织应制定、实施和保持有效的安排,以便与有关人员就影响食品安全的事项进行沟通。

(3)前提方案是指在整个食品链中为保持卫生环境所必需的基本活动,以适合生产、处置和提供安全终产品和人类消费的安全食品。前提方案为良好农业条件和规范(GAP)、良好兽医规范(GVP)、良好加工操作规范(GMP)、良好卫生规范(GHP)、良好生产规范(GPP)、良好分销规范(GDP)、良好贸易规范(GTP)等。操作性前提方案是指为减少食品安全危害在产品或产品加工环境中引入、污染或扩散的可能性,通过危害分析确定的基本前提方案。

(4)HACCP 将在本书第 9 章讲述。HACCP 是通过危害分析,然后确定关键控制点,确定关键限值来控制危害的控制措施。标准将 HACCP 原理作为方法应用于整个体系,明确了危害分析作为实现食品安全的核心地位,将 HACCP 计划与前提方案、操作性前提方案动态地结合在一起。

### 7.3.4 食品安全管理体系的特点

与 HACCP 相比较,ISO 22000 标准具有下列明显的特点:

(1)标准适用范围更广 ISO 22000 标准适用范围为食品链中所有类型的组织。ISO 22000 表达了食品安全管理中的共性要求,适用于在食品链中所有希望建立保证食品安全体系的组织,无论其规模、类型和其所提供的产品,而不是针对食品链中任何一类组织的特定要求。它适用于农产品生产厂商,动物饲料生产厂商,食品生产厂商,批发商和零售商。它也适用于与食品有关的设备供应厂商、物流供应商、包装材料供应厂商、农业化学品和食品添加剂供应厂商、涉及食品的服务供应商和餐厅。

(2)标准采用了 ISO 9000 标准体系结构 ISO 22000 采用了 ISO 9000 标准体系结构,突出了体系管理理念,将组织、资源、过程和程序融合到体系之中,使体系结构与 ISO 9001 标准完全一致,强调标准既可单独使用,也可以和 ISO 9001 质量管理体系标准整合使用,充分考虑了两者的兼容性。

(3)标准体现了对遵守食品法律法规的要求 ISO 22000 标准不仅在引言中指出"本标准要求组织通过食品安全管理体系以满足与食品安全相关的法律法规要求",而且标准的多个条款都要求与食品法律法规相结合,充分体现了遵守法律法规是建立食品安全管理体系前提之一。

(4)标准强调了沟通的重要性 沟通是食品安全管理体系的重要原则。顾客要求、食品监督管理机构要求、法律法规要求以及一些新的危害产生的信息,须通过外部沟通获得,以获得充分的食品安全相关信息。通过内部沟通可以获得体系是否需要更新和改进的信息。

(5)标准强调了前提方案、操作性前提方案的重要性 前提方案可等同于食品企业的良好操作规范。操作性前提方案则是通过危害分析确定的基本前提方案。操作性前提方案在内容上和 HACCP 相接近。但两者区别在于控制方式、方法或控制的侧重点并不相同。

(6)标准强调了"确认"和"验证"的重要性 "确认"是获取证据以证实由 HACCP 计划和操作性前提方案安排的控制措施是否有效。ISO 22000 标准在多处明示和隐含了"确认"要求或理念。"验证"是通过提供客观证据对规定要求已得到满足的认定,证实体系和控制措施的有效性。标准要求对前提方案、操作性前提方案、HACCP 计划及控制措施组合、潜在不安全产品处置、应急准备和响应、撤回等都要进行验证。

(7)标准增加了"应急准备和响应"规定 ISO 22000 标准要求最高管理者应关注有关影响食品安全的潜在紧急情况和事故,要求组织应识别潜在事故和紧急情况,组织应策划应急准备和响应措施,并保证实施这些措施所需要的资源和程序。

(8)标准建立了可追溯性系统和对不安全产品实施撤回机制 标准提出了对不安全产品采取撤回要求,充分体现了现代食品安全的管理理念。要求组织建立从原料供方到直接分销商的可追溯性系统,确保交付后的不安全终产品能够及时、完全地撤回,降低和消除不安全产品对消费者的伤害。

**? 思考题**

1. ISO 9000：2015 有什么特点？

2. ISO 9001：2015 与 ISO 9001：2008 比较有哪些新的变化？

3. 结合 ISO 14000 环境管理系列标准的学习，思考食品企业在建设和生产中应如何牢固树立和践行绿水青山就是金山银山的理念，站在人与自然和谐共生的高度谋划发展。

4. ISO 22000 与 HACCP 相比较有哪些特点？

5. 如何建立和实施 ISO 22000 体系？试编写 ISO 22000 体系文件。

**▣ 指定学生参考书**

刘晓论，柴邦衡. ISO 9001：2015 质量管理体系文件，2 版[M].北京：机械工业出版社，2017.

**▥ 参考文献**

[1] 李晓飞，段一泓.质量管理体系标准实用教程[M].北京：中国质检出版社、中国标准出版社，2017.

[2] 徐平国，张莉，张艳芬. ISO 9000 族标准质量管理体系内审员实用教程，4 版[M].北京：北京大学出版社，2017.

[3] 林少华等. 应用 ISO 9001：2015 质量管理体系标准在规模化奶牛场建立原料奶质量控制体系[J].中国奶牛，2018(2)：61-64.

[4] 徐国民，肖文晖.ISO 22000：2018 食品安全管理体系标准关键变化和应对措施探讨[J].标准科学，2019(5)：117-121.

[5] 吴士权.认真贯彻 ISO 9004 新标准赢得更大市场商机和发展[J].机械工业标准化与质量，2020(3)：39-43.

**编写人：周辉(湖南农业大学)**

第 8 章

# 良好操作规范（GMP）和
# 卫生标准操作程序（SSOP）

## 学习目的与要求

1.掌握良好操作规范和卫生标准操作程序的基本理论和主要内容；

2.熟悉企业制定和实施良好操作规范的程序和措施。

# 8.1　良好操作规范(GMP)

　　GMP 是良好生产规范又称良好操作规范(good manufacture practice)的简称,是食品企业在原辅材料采购,产品加工、包装及储运等过程中,关于人员、建筑、设施、设备的设置,以及卫生、生产过程、产品品质等管理应达到的条件和要求,以确保提供安全、可靠、卫生的产品。

　　GMP 以现代科学知识和技术为基础,应用先进的技术和管理的方法,解决食品生产中的质量和安全卫生问题,是实现食品工业现代化、科学化的必备条件,是食品优良品质和安全卫生的保证体系。

## 8.1.1　概述

### 8.1.1.1　GMP 的历史和现状

　　GMP 的概念借自于药品的良好操作规范。20 世纪 60 年代以来,随着科技进步和医疗水平的提高,来自药品、化妆品等感染病症的问题日益引起关注。当时,欧美各国相继研究和报道了一些药品和化妆品的微生物污染以及药品相互交叉污染的案例。美国食品药品管理局(FDA)认识到必须通过立法加强药品的安全生产,并在 1963 年颁布了药品的良好生产规范,1964 年在美国实施。1969 年美国以联邦法规的形式公布食品的 GMP 基本法《食品制造、加工、包装、储运的现行加工良好生产规范》,简称 CGMP 或 FCMP。

　　世界卫生组织(WHO)在 1967 年召开的第 20 界世界卫生大会(WHA)的 20.39 号决议中所表达的一些顾问的请求,着手编制了《药品生产质量管理规范》,即所谓 GMP(good manufacturing practice)的首版草案。1968 年,此草案以《药品和药物的生产和质量控制规范草案》为题,被提交到第 21 届世界卫生大会,并获通过。随后,WHO 药品生产规范专家委员会对上述草案提出了一些修正,并把修正后的版本,作为该委员会第 22 次报告的附件(WHO. TRS418.1969)出版。1969 年第 22 届世界卫生大会通过了 WHO 所推荐的,以 GMP 作为其重要组成内容的第一版《国际贸易中药品质量签证纲要》,并列入第 22 届世界卫生大会的 WHA22.50 决议中。1971 年又略作修改后,作为国际药典第二版的补充材料再次出版。

　　国际食品法典委员会(CAC)在良好生产规范的基础上制定了《食品卫生通则》(CAC/PC-PI—1981)以及 30 多种食品卫生实施法规,供各会员国政府在制定食品法规时作为参考。这些法规已经成为国际食品生产贸易的准则,对消除非关税壁垒和促进国际贸易起了很大的作用。加拿大政府制定本国的 GMP 和采纳一些国际组织的 GMP,鼓励本国食品企业自愿遵守,一些 GMP 的内容则被列入法律条文,要求强制执行。

　　日本自 1976 年起,以"日本制药团体联合会"行政公告形式开始推行 GMP。1979 年日本厚生省公布了《医药品德制造管理及品质管理规则》,并于 1980 年 9 月正式施行,把它列入医药法中。在药品的生产鉴定和批准过程中,从设备和管理两方面进行严格审查。1987 年 8 月日本中药生药制剂协会公布了《医疗用中药提取物制剂 GMP 细则》，于 1988 年 8 月正式实施。1988 年 7 月日本医药品原药工业协会、日本制药团体联合会联合公布了《原药 GMP 法》，并得到了日本厚生省认可，于 1990 年 2 月正式实施。

我国的 GMP 最早也是在医药企业实施的。1982 年制定了《药品生产管理规范》（试行稿），试行 4 年取得了明显成效。1988 年我国卫生部颁布了名为《药品生产质量管理规范》1992 年卫生部颁发了修订后的《药品生产质量管理规范》。1993 年 5 月发行了 1992 年版"指南"。

### 8.1.1.2　我国食品生产良好操作规范的现状

1994 年我国建立了《食品企业通用卫生规范》（GB 14881—1994），对规范我国食品生产企业加工环境，提高从业人员食品卫生意识，保证食品产品的卫生安全方面起到了积极作用。近些年来，我国社会经济快速发展，取得了历史性的成就，食品生产环境、生产条件不断改善，食品加工新工艺、新材料、新品种不断涌现，食品企业生产技术水平进一步提高，对生产过程控制提出了新的要求。原标准的许多内容已经不能适应食品行业的实际需求，为此中华人民共和国国家卫生和计划生育委员会在 2013 年组织修订了新版《食品生产通用卫生规范》（GB 14881—2013）。

2009 年《食品安全法》颁布前，原卫生部以食品卫生国家标准的形式发布了近 20 项"卫生规范"和"良好生产规范"。有关行业主管部门制定和发布了各类"良好生产规范""技术操作规范"等 400 余项生产经营过程标准。2010 年以来，国家卫生和计划生育委员会（包括原卫生部）先后颁布了《乳制品良好生产规范》（GB 12693—2010）、《粉状婴幼儿配方食品良好生产规范》（GB 23790—2010）、《特殊医学用途食品良好生产规范》（GB 29923—2013）、《食品接触材料及制品生产通用卫生规范》（GB 31603—2015）、《食品经营过程卫生规范》（GB 31621—2014），作为各类食品生产过程管理和监督执法的依据。

### 8.1.1.3　GMP 的基本理论

良好操作规范是一种具有专业特性的质量保证体系和制造业管理体系。政府以法规形式对所有食品制定了一个通用的良好操作规范，所有企业在生产食品时都应自主地采用该操作规范。同时政府还针对各种主要类别的食品（如低酸性罐头食品）制定一系列的 GMP，各食品厂在生产该类食品时也应自主地遵守它的 GMP。食品 GMP 要求食品加工的原料、加工的环境和设施、加工贮存的工艺和技术、加工的人员等的管理都符合良好操作规范，防止食品污染，减少事故发生，确保食品安全和稳定。

在编制某食品 GMP 时应包括以下格式和内容：范围；规范性引用文件；术语和定义；选址及厂区环境；厂房和车间；设施与设备；卫生管理；食品原料、食品添加剂和食品相关产品；生产过程的食品安全控制；检验；食品的贮存和运输；产品召回管理；培训；管理制度和人员；记录和文件管理等。

GMP 的重点是制定操作规范和双重检验制度，确保食品生产过程的安全性；防止异物、有毒有害物质、微生物污染食品，防止出现人为事故；完善管理制度，加强标签、生产记录、报告档案记录的管理。

GMP 中最关键最基本的内容是卫生标准操作程序(SSOP)。在 1996 年美国农业部 FSIS 发布的法规中特别强调肉禽类产品生产加工中应严格执行 SSOP。SSOP 强调预防食品生产车间、环境、人员以及与食品接触的器具、设备中可能存在的危害及其防治措施。在编制食品 SSOP 时通常包括以下格式和内容:水的安全性、与食品接触表面的清洁卫生;防止交叉污染;洗手、手的消毒和卫生间设施;防止外来污染物造成的伪劣品;有毒化合物的处理、贮存和使用;职工的健康状况;昆虫与鼠类的扑灭与控制等内容。

GMP 和 SSOP 是实施危害分析与关键控制点(HACCP)体系的基础。在内容上 GMP 和 SSOP 有许多相同之处,下面综合进行论述。

#### 8.1.1.4　推广和实施 GMP 的意义

世界各地的实践证实,GMP 能有效地提高食品行业的整体素质,确保食品的卫生质量,保障消费者的利益。GMP 要求食品企业必须具备良好的生产设备,科学合理的生产工艺,完善先进的检测手段,高水平的人员素质,严格的管理体系和制度。因此食品企业在推广和实施 GMP 的过程中必然要对原有的落后的生产工艺、设备进行改造,对操作人员、管理人员和领导干部进行重新培训,无疑对食品企业的整体素质的提高有极大的推动作用。食品加工良好生产规范充分体现了保障消费者权利的观念,保证食品安全也就是保障消费者的安全权利。有明确的 GMP 标志,也保障了消费者的认知权利和选择权利。推广和实施 GMP 在国际食品贸易中是必备条件,因此实施 GMP 能提高食品产品在全球贸易的竞争力。实施 GMP 也有利于政府和行业对食品企业的监管,强制性和指导性 GMP 中确定的操作规程和要求可以作为评价、考核食品企业的科学依据。

### 8.1.2　GMP 的主要内容

食品的种类很多,情况很复杂,本章主要介绍所有食品企业都应遵照执行的通用的 GB 14881—2013《食品安全国家标准 食品生产通用卫生规范》。各类食品企业还应根据实际情况分别执行各自的 GMP,或参照执行相近的 GMP。在执行政府和行业的 GMP 时,企业应按照各类食品生产许可审查细则的要求,根据企业的实际情况,进一步细化、具体化、数量化,使之更具有可操作性和可考核性。

GB 14881 标准分 14 章,内容包括:范围,术语和定义,选址及厂区环境,厂房和车间,设施与设备,卫生管理,食品原料、食品添加剂和食品相关产品,生产过程的食品安全控制,检验,食品的贮存和运输,产品召回管理,培训,管理制度和人员,记录和文件管理。附录"食品加工过程的微生物监控程序指南",针对食品生产过程中较难控制的微生物污染因素,向食品生产企业提供了指导性较强的监控程序建立指南。

与 GB 14881—1994 相比,新标准主要有以下几方面变化:强化了源头控制,对原料采购、验收、运输和贮存等环节食品安全控制措施做了详细规定。加强了过程控制,对加工、产品贮存和运输等食品生产过程的食品安全控制提出了明确要求,并制定了控制生物、化学、物理等主要污染的控制措施。加强生物、化学、物理污染的防控,对设计布局、设施设备、材质和卫生管理提出了要求。增加了产品追溯与召回的具体要求。增加了记录和文件的管理要求。增加了附录 A"食品加工环境微生物监控程序指南"。

### 8.1.2.1 选址及厂区环境

食品工厂的选址及厂区环境与食品安全密切相关。适宜的厂区周边环境可以避免外界污染因素对食品生产过程的不利影响。在选址时需要充分考虑来自外部环境的有毒有害因素对食品生产活动的影响,如工业废水、废气、农业投入品、粉尘、放射性物质、虫害等。如果工厂周围无法避免的存在类似影响食品安全的因素,应从硬件、软件方面考虑采取有效的措施加以控制。厂区环境包括厂区周边环境和厂区内部环境,工厂应从基础设施(含厂区布局规划、厂房设施、路面、绿化、排水等)的设计建造到其建成后的维护、清洁等,实施有效管理,确保厂区环境符合生产要求,厂房设施能有效防止外部环境的影响。

### 8.1.2.2 厂房和车间

良好的厂房和车间的设计布局有利于使人员、物料流动有序,设备分布位置合理,减少交叉污染发生风险。食品企业应从原材料入厂至成品出厂,从人流、物流、气流等因素综合考虑,统筹厂房和车间的设计布局,兼顾工艺、经济、安全等原则,满足食品卫生操作要求,预防和降低产品受污染的风险。

不同种类的食品厂房和车间在各自的 GMP 中要求也有差别,例如保健食品生产对车间的清洁度、尘埃和总菌数有更严格要求。GB 17405—1998《保健食品良好生产规范》中 5.2.2 中要求厂房与厂房设施必须按照生产工艺和卫生、质量要求,划分洁净级别,原则上分为一般生产区、10 万级区,不同级区对尘埃数、活微生物数及换气次数都有具体要求。10 万级洁净级区应安装具有过滤装置的相应的净化空调设施。厂房洁净级别及换气次数见表 8-1。

表 8-1 厂房洁净级别及换气次数

| 洁净级别 | 尘埃数* | | 活微生物数* | 换气次数/(次/h) |
| --- | --- | --- | --- | --- |
| | ≥0.5μm | ≥5μm | | |
| 10 000 级 | ≤350 000 | ≤2 000 | ≤100 | ≥20 |
| 100 000 级 | ≤3 500 000 | ≤20 000 | ≤500 | ≥15 |

注:"＊"表示以每立方米尘埃数或活微生物数计。

### 8.1.2.3 设施与设备

企业设施与设备是否充足和适宜,不仅对确保企业正常生产运作、提高生产效率起到关键作用,同时也直接或间接地影响产品的安全性和质量的稳定性。正确选择设施与设备所用的材质以及合理配置安装设施与设备,有利于创造维护食品卫生与安全的生产环境,降低生产环境、设备及产品受直接污染或交叉污染的风险,预防和控制食品安全事故。设施与设备涉及生产过程控制的各直接或间接的环节,其中,设施包括供、排水设施、清洁、消毒设施、废弃物存放设施、个人卫生设施、通风设施、照明设施、仓储设施、温控设施等;设备包括生产设备、监控设备,以及设备的保养和维修等。

如 DB 31/2017-2013《食品安全地方标准　发酵肉制品生产卫生规范》中对设施与设备的规定:供水、排水、清洁消毒、废弃物存放、个人卫生、通风、照明、仓储、温控等设施应符合 GB 14881 的相关规定。同时,按照该类产品生产的特点,规定了更加具体的要求。

原料处理间应配备空气制冷设施。操作场所在有蒸汽或粉尘产生而有可能污染食品的区域,应有适当的排除、收集或控制装置。

腌制间应配备空气制冷设施及温、湿度监测设施。烟熏间应配备烟熏发生器及空气循环系统。发酵间应配备风干发酵系统设施,或其他温湿度控制及监测设施。发酵及热处理间应配备可控制温度、时间的热处理设施,以及温度、时间监测设施,确保加热时产品中心温度能够达到工艺要求。风干间应配备风干发酵系统设施,或其他温湿度控制及监测设施。后处理间应配备除霉、剔骨、压型等后处理操作设施,以及空气制冷设施。包装间应配备切片机、真空包装机、金属探测仪等设施,以及空气制冷设施,并配备紫外灯或其他空气消毒设施。

原辅料和成品贮存应配备具有冷藏、冷冻、常温仓储设施。仓库和贮存场所应配备温度监测设施,必要时配备湿度监测设施。

工器具清洗间应配备工器具清洗用冷、热水源头及清洗、消毒设施。

生产设备、监控设备及其保养和维修应符合 GB 14881 的相关规定。

### 8.1.2.4　卫生管理

卫生管理是食品生产企业食品安全管理的核心内容。卫生管理从原料采购到出厂管理,贯穿于整个生产过程。卫生管理涵盖管理制度、厂房与设施、人员健康与卫生、虫害控制、废弃物、工作服等方面管理。以虫害控制为例,食品生产企业常见的虫害一般包括老鼠、苍蝇、蟑螂等,其活体、尸体、碎片、排泄物及携带的微生物会引起食品污染,导致食源性疾病传播,因此食品企业应建立相应的虫害控制措施和管理制度。

如 DB 31/2017—2013《食品安全地方标准　发酵肉制品生产卫生规范》中对卫生管理规定:卫生管理制度、厂房及设施卫生管理应符合 GB 14881 的相关规定。

清洁与消毒要求:清洁与消毒应符合 GB 14881 的相关规定。应制定有效的清洁与消毒的内部检查制度,以确保清洁与消毒效果符合食品安全要求。应制定清洁、消毒计划,保证所有区域均被清洁。明确参加清洁工作人员的岗位责任。所有参加清洁工作的人员均应接受良好的培训,清楚污染的危害性和防止污染的重要性。应对清洗和消毒情况进行记录,记录内容包括洗涤剂和消毒剂的品种、作用时间、浓度、对象、温度等。

食品加工人员健康管理与卫生要求:食品加工人员健康管理与卫生要求应符合 GB 14881 的相关规定。员工应穿着符合作业区卫生要求的工作服(包括帽子、口罩)和工作鞋(靴)。清洁作业区及准清洁作业区使用的工作服和工作鞋不能在相关作业区以外穿着。接触即食食品的员工,操作前双手应经清洗、消毒。

工作服管理:工作服管理应符合 GB 14881 的相关规定。不同作业区配备的工作服应能从颜色或标识上加以明显区分。工作服应定期进行清洗、更换。清洁作业区的工作服还应消毒,并每天更换。

来访者、虫害控制、废弃物处理:来访者、虫害控制、废弃物处理应符合 GB 14881 的相关规定。

#### 8.1.2.5 食品原料、食品添加剂和食品相关产品

有效管理食品原料、食品添加剂和食品相关产品等物料的采购和使用,确保物料合格是保证最终食品产品安全的先决条件。食品生产者应根据国家法规标准的要求采购原料,根据企业自身的监控重点采取适当措施保证物料合格。可现场查验物料供应企业是否具有生产合格物料的能力,包括硬件条件和管理;应查验供货者的许可证和物料合格证明文件,如产品生产许可证、动物检疫合格证明、进口卫生证书等,并对物料进行验收审核。在贮存物料时,应依照物料的特性分类存放,对有温度、湿度等要求的物料,应配置必要的设备设施。物料的贮存仓库应由专人管理,并制定有效的防潮、防虫害、清洁卫生等管理措施,及时清理过期或变质的物料,超过保质期的物料不得用于生产。不得将任何危害人体健康的非食用物质添加到食品中。

我国制定了《良好农业规范》系列标准,即 GB/T 20014 系列,规定了作物、畜禽、水产生产良好农业规范的基础要求,适用于对作物、畜禽、水产生产良好农业规范基础要求的符合性判定。这为保证食品原料的质量与安全起到管理和指导作用,具有积极的意义。此外,在食品的生产过程中使用的食品添加剂和食品相关产品应符合 GB 2760、GB 9685 等食品安全国家标准。

#### 8.1.2.6 生产过程的食品安全控制

生产过程中的食品安全控制措施是保障食品安全的重中之重。企业应高度重视生产加工、产品贮存和运输等食品生产过程中的潜在危害控制,根据企业的实际情况制定并实施生物性、化学性、物理性污染的控制措施,确保这些措施切实可行和有效,并做好相应的记录。企业宜根据工艺流程进行危害因素调查和分析,确定生产过程中的食品安全关键控制环节(如杀菌环节、配料环节、异物检测探测环节等),并通过科学依据或行业经验,制定有效的控制措施。

在降低微生物污染风险方面,通过清洁和消毒能使生产环境中的微生物始终保持在受控状态,降低微生物污染的风险。应根据原料、产品和工艺的特点,选择有效的清洁和消毒方式。例如考虑原料是否容易腐败变质,是否需要清洗或解冻处理,产品的类型、加工方式、包装形式及贮藏方式,加工流程和方法等;同时,通过监控措施,验证所采取的清洁、消毒方法行之有效。在控制化学污染方面,应对可能污染食品的原料带入、加工过程中使用、污染或产生的化学物质等因素进行分析,如重金属、农兽药残留、持续性有机污染物、卫生清洁用化学品和实验室化学试剂等,并针对产品加工过程的特点制订化学污染控制计划和控制程序,如对清洁消毒剂等专人管理,定点放置,清晰标识,做好领用记录等;在控制物理污染方面,应注重异物管理,如玻璃、金属、砂石、毛发、木屑、塑料等,并建立防止异物污染的管理制度,制订控制计划和程序,如工作服穿着、灯具防护、门窗管理、虫害控制等。

食品加工过程中的微生物监控措施,具体可参照 GB 14881—2013 中附录 A 的要求。

微生物是造成食品污染、腐败变质的重要原因。企业应依据食品安全法规和标准,结合生产实际情况确定微生物监控指标限值、监控时点和监控频次。企业在通过清洁、消毒措施做好食品加工过程微生物控制的同时,还应当通过对微生物监控的方式验证和确认所采取的清洁、消毒措施能够有效达到控制微生物的目的。

微生物监控包括环境微生物监控和加工中的过程监控。监控指标主要以指示微生物(如菌落总数、大肠菌群、霉菌酵母菌或其他指示菌)为主,配合必要的致病菌。监控对象包括食品接触表面、与食品或食品接触表面邻近的接触表面、加工区域内的环境空气、加工中的原料、半成品,以及产品、半成品经过工艺杀菌后微生物容易繁殖的区域。

通常采样方案中包含一个已界定的最低采样量,若有证据表明产品被污染的风险增加,应针对可能导致污染的环节,细查清洁、消毒措施执行情况,并适当增加采样点数量、采样频次和采样量。环境监控接触表面通常以涂抹取样为主,空气监控主要为沉降取样,检测方法应基于监控指标进行选择,参照相关项目的标准检测方法进行检测。

监控结果应依据企业积累的监控指标限值进行评判环境微生物是否处于可控状态,环境微生物监控限值可基于微生物控制的效果以及对产品食品安全性的影响来确定。当卫生指示菌监控结果出现波动时,应当评估清洁、消毒措施是否失效,同时应增加监控的频次。如检测出致病菌时,应对致病菌进行溯源,找出致病菌出现的环节和部位,并采取有效的清洁、消毒措施,预防和杜绝类似情形发生,确保环境卫生和产品安全。

### 8.1.2.7　检验

检验是验证食品生产过程管理措施有效性、确保食品安全的重要手段。通过检验,企业可及时了解食品生产安全控制措施上存在的问题,及时排查原因,并采取改进措施。企业对各类样品可以自行进行检验,也可以委托具备相应资质的食品检验机构进行检验。企业开展自行检验应配备相应的检验设备、试剂、标准样品等,建立实验室管理制度,明确各检验项目的检验方法。检验人员应具备开展相应检验项目的资质,按规定的检验方法开展检验工作。为确保检验结果科学、准确,检验仪器设备精度必须符合要求。企业委托外部食品检验机构进行检验时,应选择获得相关资质的食品检验机构。企业应妥善保存检验记录,以备查询。

### 8.1.2.8　食品的贮存和运输

贮存不当易使食品腐败变质,丧失原有的营养物质,降低或失去应有的食用价值。科学合理的贮存环境和运输条件是避免食品污染和腐败变质、保障食品性质稳定的重要手段。企业应根据食品的特点、卫生和安全需要选择适宜的贮存和运输条件。贮存、运输食品的容器和设备应当安全无害,避免食品污染的风险。

### 8.1.2.9　产品召回管理

食品召回可以消除缺陷产品造成危害的风险,保障消费者的身体健康和生命安全,体现了食品生产经营者是保障食品安全第一责任人的管理要求。食品生产者发现其生产的食品不符合食品安全标准或会对人身健康造成危害时,应立即停止生产,召回已经上市销售的食品;及时通知相关生产经营者停止生产经营,通知消费者停止消费,记录召回和通知的情况,如食品召回的批次、数量,通知的方式、范围等;及时对不安全食品采取补救、无害化处理、销毁等措施。为保证食品召回制度的实施,食品生产者应建立完善的记录和管理制度,准确记录并保存生产环节中的原辅料采购、生产加工、贮存、运输、销售等信息,保存消费者投诉、食源性疾病、食品污染事故记录,以及食品危害纠纷信息等档案。

### 8.1.2.10　培训

食品安全的关键在于生产过程控制,而过程控制的关键在人。企业是食品安全的第一责任人,可采用先进的食品安全管理体系和科学的分析方法有效预防或解决生产过程中的食品安全问题,但这些都需要由相应的人员去操作和实施。所以对食品生产管理者和生产操作者等从业人员的培训是企业确保食品安全最基本的保障措施。企业应按照工作岗位的需要对食品加工及管理人员进行有针对性的食品安全培训,培训的内容包括:现行的法规标准,食品加工过程中卫生控制的原理和技术要求,个人卫生习惯和企业卫生管理制度,操作过程的记录等,提高员工对执行企业卫生管理等制度的能力和意识。

### 8.1.2.11 管理制度和人员

完备的管理制度是生产安全食品的重要保障。企业的食品安全管理制度是涵盖从原料采购到食品加工、包装、贮存、运输等全过程,具体包括食品安全管理制度、设备保养和维修制度、卫生管理制度、从业人员健康管理制度、食品原料、食品添加剂和食品相关产品的采购、验收、运输和贮存管理制度、进货查验记录制度、食品原料仓库管理制度、防止化学污染的管理制度、防止异物污染的管理制度、食品出厂检验记录制度、食品召回制度、培训制度、记录和文件管理制度等。

### 8.1.2.12 记录和文件管理

记录和文件管理是企业质量管理的基本组成部分,涉及食品生产管理的各个方面,与生产、质量、贮存和运输等相关的所有活动都应在文件系统中明确规定。所有活动的计划和执行都必须通过文件和记录证明。良好的文件和记录是质量管理系统的基本要素。文件内容应清晰、易懂,并有助于追溯。当食品出现问题时,通过查找相关记录,可以有针对性地实施召回。

### 8.1.3 饮料生产实施 GMP 实例

下面是我国饮料生产实施 GMP 和进行生产许可审查时的主要内容。饮料产品系指《饮料通则》(GB/T 10789—2015)涵盖的产品,具体包括:包装饮用水、碳酸饮料(汽水)、茶(类)饮料、果蔬汁类及其饮料、蛋白饮料、固体饮料和其他饮料类。按照 GB 12695—2016《食品安全国家标准 饮料生产卫生规范》《饮料生产许可审查细则》,并结合《食品生产许可审查通则》的要求,生产不同品种的饮料,在进行 GMP 体系的建立和实施中要遵照一些更加具体、细致的要求,并在工厂设计时予以充分考虑。

### 8.1.3.1 厂房和车间

厂房和车间应符合 GB 14881—2013 中第 4 章的相关规定。液体饮料企业一般应设置水处理区、配料区、灌装防护区、包装区、原辅材料及包装材料仓库、成品仓库、检测实验室等,生产食品工业用浓缩液(汁、浆)的企业还应设置原料清洗区(与后续工序有效隔离)。固体饮料企业一般应设置配料区、干燥脱水区/混合区、包装区、原辅材料及包装材料仓库、成品仓库、检测实验室等。如使用周转的容器生产,还应单独设立周转容器检查、预洗间。

生产车间依其清洁度要求一般分为:一般作业区、准清洁作业区、清洁作业区。生产场所或生产车间入口处应设置更衣区,洗手、干手和消毒设施,换鞋(穿戴鞋套)或工作鞋靴消毒设施。清洁作业区入口应设置二次更衣区,洗手、干手和消毒设施,换鞋(穿戴鞋套)或工作鞋靴消毒设施,并设置风淋设施。清洁作业区对空气进行过滤净化处理,应加装空气过滤装置并定期清洁。生产不同品种饮料的清洁作业区,空气洁净度(悬浮粒子、沉降菌)静态时应达到相关要求,如生产包装饮用水为 10000 级且灌装局部达到 100 级,或整体洁净度达到 1000 级;茶(类)饮料、果蔬汁类及其饮料、蛋白饮料至少达到 10 万级要求等。

### 8.1.3.2　设施与设备

一般要求应符合 GB 14881—2013 中第 5 章的相关规定。

(1)设施

饮料生产设施包括:供水设施、排水设施、清洁消毒设施、个人卫生设施及仓储设施等。饮料生产工厂的这些设施必须配套齐全,其材料、构筑等应符合国家相关标准或规定,要进行安全卫生防护,并定期清洗消毒,防止食品污染。

(2)设备

应配备与生产能力和实际工艺相适应的设备,液体饮料生产一般包括:水处理设备、配料设备、过滤设备(需过滤的产品)、杀菌设备(需杀菌的产品)、自动灌装封盖(封口)设备、生产日期标注设备、工器具的清洗消毒设施等,固体饮料生产一般包括:混合配料设备、焙烤设备(有焙烤工艺的)、干燥脱水设备(有湿法生产工艺的)、包装设备、生产日期标注设备等。

灌装、封盖(封口)设备鼓励采用全自动设备,避免交叉污染和人员直接接触待包装食品。生产设备应有明显的运行状态标识,并定期维护、保养和验证。设备安装、维修、保养的操作不应影响产品的质量。设备应进行验证或确认,确保各项性能满足工艺要求。无法正常使用的设备应有明显标识。每次生产前应检查设备是否处于正常状态,防止影响产品安全的情形发生;出现故障应及时排除并记录故障发生时间、原因及可能受影响的产品批次。设备备件应贮存在专门的区域,以便设备维修时能及时获得,并应保持备件贮存区域清洁干燥。

达到对设备的具体要求要注意以下方面:

设计方面:用于饮料制造、调配、加工、包装、储存的机器设备的设计构造,应能防止危害食品卫生,易于清洗消毒(尽可能易于拆除),并容易检查。应采用设备运行时可避免润滑油、金属碎屑、污水或其他可能引起污染的物质混入食品的构造。其大小、位置应易于操作及保养。食品接触面应平滑、无凹陷或裂缝,以减少食品碎屑、污垢及有机物的聚积,使微生物的生长降至最低程度。蒸煮锅、调配桶、储存槽(桶)等类似的器具、容器设备应注意防止死角。不易清洗或受外来物污染的设备上部应加盖,盖子须可拆下,且应有突出槽(桶)边的盖缘,分开两半的盖子应装有可方便向外开启的环扣或铰链,中央缝应有朝上凸缘,以防水或灰尘等异物掉入,其边缘或底部应具平滑的圆角或弯角,避免尖角,其排水口应设于最底部(最低点)。输送带应设计能迅速拆下清洗,且其内外表面应磨亮,没有凹穴处、裂痕,以免微生物聚积。马达、轴承等驱动装置不应安装在产品暴露的上方,若无法避免,应在其下方设有适当的滴盘,盛接油滴,或设置防护设施,防止掉落物污染食品。储存、运送及制造系统(包括重力、气动、密闭及自动系统)的设计与制造,应使其能维持适当的卫生状况。在食品制造或处理区,不与食品接触的设备和用具,其构造亦应易于保持清洁状态。以机器导入食品、用于清洁食品接触面、设备的压缩空气或其他气体,均应予以适当处理,以防造成间接污染。

材质方面:所有用于食品处理区及可能接触食品的设备和用具,应由不会产生毒素、无臭味或异味、非吸收性、耐腐蚀,且可承受重复清洗和消毒的材料制造,同时应避免使用会发生接触腐蚀的不当材料。食品接触面原则上不可使用木质材料,除非可证明其不会成为污染源者方可使用。

（3）检验设备

检验设备一般应具有:无菌室(或超净工作台)、灭菌锅、微生物培养箱、生物显微镜(或菌落计数器)、折光仪(或密度仪)、酸碱滴定装置、分析天平(0.1 mg)和天平(0.1 g)、浊度仪、酸度计和电导率仪(适用于饮用纯净水)、定氮装置(适用于蛋白饮料)、二氧化碳测定装置(适用于碳酸饮料)、相应检测特征性指标的设备(出厂需检特征性指标项目时)及相关的计量器具等。用于测定、控制或记录的测量或记录仪,应能适当发挥其功能且须准确,并应定期校正。

### 8.1.3.3　设备布局和工艺流程

设备布局应按工艺流程设计。具体产品按企业实际工艺流程生产,但其工艺流程必须科学合理,符合相关规定。饮料生产企业应对生产过程中的关键点进行控制,达到生产工艺要求,监控并记录各项指标。如果蔬汁类饮料生产:以新鲜果蔬为原料的,应严格按标准及有关规定控制原料农药残留、污染物以及腐烂率并记录;应有拣选工序,去除不良、病虫害果蔬及异物,严格控制原料腐烂率;应充分清洗,严格监控破碎、制浆等工艺参数,保证处理后达到生产工艺要求,并记录。有调配工艺的,应控制并记录投料种类、数量以及投料顺序;原辅料投入输送系统需有适宜规格的过滤器或其他等效的除杂措施;根据生产工艺要求,进行搅拌、加热、保温等操作的,应监控和记录相关工艺参数。有杀菌工序的,严格监控影响杀菌效果的工艺参数(如杀菌温度、时间等)并记录,同时对于杀菌效果进行监控并记录。灌装封盖(口)时,在产品灌装前应设置异物控制措施,控制灌装温度,按照净含量要求定量灌装;封盖(口)应控制封盖扭矩、封盖压力等封盖(口)密封性参数,确保产品密封。灌装封盖(口)后应对产品的外观、灌装量、容器状况进行检查。

### 8.1.3.4　人员

从事接触直接入口食品工作的食品生产人员应当每年进行健康检查,取得健康证明后方可上岗工作。

### 8.1.3.5　管理制度

（1）企业应建立进货查验记录制度。对原辅料、包装容器供应商进行审核,并定期进行审核评估;应在和供应商签订的合同中明确双方承担的食品安全责任。包装容器、生产用水、原辅料等应符合相应食品安全国家标准和相应产品标准的要求。

（2）企业应建立产品配方管理制度。列明配方中使用的食品添加剂、食品营养强化剂、新食品原料的使用依据和规定使用量;所使用的食品添加剂、食品营养强化剂、新食品原料应符合相应产品标准及国务院卫生行政部门相关公告的规定。

（3）企业应建立生产过程管理制度。对生产过程中水的处理、原料预处理、调配、过滤、杀菌、灌装、灯检(或自动监测)、清洗消毒、储运和交付等环节的质量安全进行管控。应制定有效的清洗、消毒方法和管理制度,保证生产场所、生产设备、包装容器、工作服和人员的清洁卫生和安全,防止产品及包装在生产过程中被污染。食品加工过程的微生物监控等应参照(GB

12695—2016)《食品安全国家标准 饮料生产卫生规范》附录 A《饮料加工过程的微生物监控程序指南》,合理设置卫生监控要求。

如蛋白饮料生产:对于采用生乳为原料的产品,生乳应在挤奶后 2 h 内降温至 0~4℃,采用保温奶罐车及时运输;生乳到厂后应及时进行加工,如果不能及时处理,应有冷藏贮存设施,进行温度及相关指标的监测,并记录。以大豆为原料的蛋白饮料,加工过程中的杀菌强度应符合大豆胰蛋白酶的灭活强度要求;花生仁、核桃仁、杏仁等植物蛋白原料等,应贮存在通风干燥环境下,避免虫蛀、霉变及氧化。对于直投式发酵用菌种,应根据菌种的特性贮存在适宜温度,以保持菌种的活力,并监控记录贮存温度。其中深冷菌种(液态菌种)宜贮存在 −40~−55℃,冻干菌种(干粉菌种)宜贮存在 −4~−18℃。

(4)企业应制定检验管理制度。包括对原辅料、过程、出厂检验的管理规定,确保产品符合相关食品安全标准要求。企业可以使用快速检测方法及设备,但应保证检测结果准确。使用快速检测方法及设备检验时,应定期与国家标准规定的检验方法进行比对或验证。快速检测结果不合格时,应使用国家标准规定的检验方法进行确认。

茶(类)饮料企业的检验能力至少满足感官、茶多酚、菌落总数、大肠菌群、pH 等项目的测定。果蔬汁类及其饮料企业的检验能力至少满足感官、可溶性固形物、可滴定酸(产品中有此项目的)、菌落总数、霉菌(产品中有此项目的)、酵母(产品中有此项目的)、大肠菌群、pH、不溶性固形物(产品中有此项目的)、透光率(产品中有此项目的)、色值(产品中有此项目的)等项目的测定。蛋白饮料企业的检验能力至少满足感官、蛋白质、乳酸菌数(活菌型产品)、菌落总数、大肠菌群、pH 等项目的测定。

### 8.1.3.6　试制产品检验

企业按饮料的品种和执行标准,分别从同一规格、同一批次的试制产品中抽取具有代表性的样品检验。应对提供检验报告的真实性负责;检验项目按产品适用的食品安全国家标准、产品标准、企业标准及国务院卫生行政部门的相关公告要求进行。

## 8.2　卫生标准操作程序(SSOP)

卫生标准操作程序(sanitation standard operating procedures,SSOP)是企业为保证所加工的食品符合卫生要求而制定的指导食品生产加工过程中如何实施清洗、消毒和卫生保持的作业指导文件。SSOP 的制定与实施是达到 GMP 规定的要求所必需的,SSOP 与 GMP 是HACCP(危害分析与关键控制点)的前提条件。企业可根据法规和自身需要建立文件化的SSOP。

### 8.2.1　起源与发展

20 世纪 90 年代,美国频繁暴发食源性疾病,造成每年 700 万人次感染和 7000 人死亡。调查数据显示,其中大半感染或死亡的原因与肉、禽产品有关。这一结果促使美国农业部(USDA)重视肉、禽产品的生产,并决心建立一套涵盖生产、加工、运输、销售所有环节在内的肉禽产品生产安全措施,从而保障公众的健康。1995 年 2 月颁布的《美国肉、禽产品 HACCP

法规》中第一次提出了要求建立一种书面的可行程序——卫生标准操作程序（SSOP），确保生产出安全、无污染的食品。同年12月，美国FDA颁布的《美国水产品的HACCP法规》中进一步明确了SSOP必须包括的八个方面及验证等相关程序，从而建立了SSOP的完整体系。从此，SSOP一直作为GMP和HACCP的基础程序加以实施，成为完成HACCP体系的重要前提条件。

### 8.2.2　SSOP的八项基本内容

卫生标准操作程序（SSOP）主要包括以下8项基本内容。

①与食品接触或与食品接触物表面接触的水（冰）的安全。

②与食品接触的表面（包括设备、手套、工作服）的清洁度。

③防止交叉污染。

④手的清洗与消毒，厕所设施的维护与卫生保持。

⑤防止外来污染。

⑥有毒化学物质的标识，存储和使用。

⑦雇员的健康。

⑧昆虫与鼠类的扑灭及控制。

#### 8.2.2.1　水和冰的安全

与食品接触或与食品接触物表面接触的水（冰）主要是生产用水（冰），有的是食品的组成成分，或作为传送或运输产品的介质，或用来清洗原料、设施、工器具、容器和设备，或消毒、灭菌食品。它的卫生质量是影响食品卫生的关键因素，对于任何食品的加工，一定要保证用水（冰）的安全。因此，食品加工企业一个完整的SSOP计划，首先要考虑与食品接触或与食品接触物表面接触的水（冰）的来源与处理，是否符合有关卫生要求和规定（如国家饮用水标准），并要考虑与非生产用水及污水的交叉污染问题，为加工食品的安全卫生提供重要保证。

对于自备水井的食品加工企业，要对水井周围环境、深度等是否符合卫生要求进行分析、认可，井口必须做好防护，适宜排水并禁止污水进入。对贮水设备（水塔、储水池、蓄水罐等）要定期进行清洗和消毒。

对于公共供水系统必须提供供水网络图，并清楚标明出水口编号和管道区分标记。要合理设计供水、废水和污水管道，防止生产用水、饮用水与污水的交叉污染及虹吸倒流造成的交叉污染。要时常检查水和下水道，追踪至交叉污染区和管道死水区域。

在加工操作中易产生交叉污染的主要是交叉连接、压力回流、虹吸管回流等现象，防止措施是安装阻止回流装置、真空排气阀或检查阀进行保护。清洗、解冻、漂洗槽等水位要适当，水管离水面距离应2倍于水管直径，以防止回吸。车间使用的软水管为无毒材料制成，不能拖在地面上使用，用后盘起放置在专用架上或墙壁上，管口不许接触地面。

要定期对大肠菌群和其他影响水质的成分进行分析。地方主管部门对水的全项目的监测报告一般每年2次；企业至少每月进行1次微生物监测，在生产期间监测频率有时为每周检测一次；每天对水的pH和余氯进行监测。根据国家的要求对自供井水的监测每半年一次，但对有问题的水源应增加检测频率。对用于加工的海水的安全性监测应比陆地城市供水或自供水更频繁。

对于废水排放,要求地面有一定坡度易于排水;加工用水、台案或清洗消毒池的水不能直接流到地面;地沟(明沟、暗沟)要加篦子(易于清洗、不生锈);水的流向要从清洁区到非清洁区,与外界接口处要防异味、防蚊蝇。

与食品或食品表面相接触的冰必须以一种卫生的方式生产和储藏。制冰用水必须符合饮用水标准,制冰设备应该卫生、无毒、不生锈;应检验制冰机内部以确保清洁并不存在交叉污染;储存、运输和存放的容器也要卫生、无毒、不生锈。食品与不卫生的物品不能同存于冰中。必须防止人员在冰上走动引起的污染。若发现加工用水(冰)存在卫生问题,应停止使用,直到问题得到解决。水(冰)的监控、维护及问题处理都要记录保存。

### 8.2.2.2 与食品接触表面的清洁

保持食品接触表面的清洁,使食品接触面的状况达到食品加工卫生要求是为了防止污染食品。与食品接触的表面一般包括:直接(加工设备、工器具和台案、加工人员的手或手套、工作服等)和间接(未经清洗消毒的冷库、卫生间的门把手、垃圾箱等)2种。

接触表面在加工前和加工后都应彻底清洁,并在必要时消毒。对加工设备和器具的清洗、消毒,首先必须进行彻底清洗,除去微生物赖以生长的营养物质,确保消毒效果,冲洗后,再进行消毒。一般对接触面用清水冲洗(必要的用洗洁精洗刷),用 $100 \sim 150$ mg/L 次氯酸钠溶液消毒,物理消毒的方法有紫外线、臭氧等;采用热力消毒一般用超过 82℃的水消毒 15 min 以上。清洗消毒时要注意科学程序,防止清洗剂、消毒剂的残留。

加工设备和器具的清洗消毒频率一般为:大型设备在每班加工结束之后、开工前,工器具每 $2 \sim 4$ h,加工设备、器具(包括手)被污染之后应立即进行。

检验者需要检查判断是否达到了适度的清洁,对难清洗的区域和产品残渣可能出现的地方,如加工台面下或排水孔内等一些产品残渣容易聚集、微生物易于繁殖的场所要重点检查。

设备的设计和安装应易于清洁,这对卫生极为重要。设计和安装应无粗糙焊缝、破裂和凹陷,在不同表面接触处应具有平滑的过渡,以防止清洁和消毒不到位、不彻底。对超过可用期并被刮擦或坑洼不平至不能被充分清洁的设备,应修理或替换掉。设备必须用适宜的材料制作,要耐腐蚀、光滑、易清洗、不生锈。多孔和难于清洁的木头等材料,不应被用作食品接触表面。若食品与墙壁相接触,那么这面墙是一个产品接触表面,设计时要满足维护和清洁要求。

其他的产品接触表面还包括人员的手接触后不再经清洁和消毒而直接接触食品的表面,例如不能充分清洗和消毒的冷藏库、卫生间的门把,垃圾箱和原材料包装等,要视情况随时清洗、消毒。

手套和工作服也是食品接触表面,手套比手更容易清洗和消毒,如使用手套,加工企业应制定适当的清洗和消毒程序。工作服应集中清洗和消毒,应有专用的洗衣房、洗衣设备,不同区域的工作服要分开,并每天清洗、消毒(工作服是用来保护产品的,不是保护加工人员的)。不使用时必须置于不被污染的地方。

对已清洗、消毒过的设备和工器具,除进行外观检查外,一般每月对其进行微生物检验不少于 2 次;对工作服清洗消毒效果的检测,每月不少于 2 次;对空气消毒效果的检测,每月不少于 2 次。在检查发现问题时要采用适当的方法及时纠正,如再清洁、消毒、检查消毒剂浓度、培训员工等,并将结果记录在当天的《卫生检查记录》上。记录的目的是提供证据,证实消毒计划充分,并已执行。注意:只有当卫生状况合格时才能开始生产或重新恢复生产。

### 8.2.2.3 防止交叉污染

交叉污染是通过生的食品、食品加工者或食品加工环境(包括手套、外衣在内的其他食品接触面)把生物或化学污染物转移到食品的过程。通过规范管理可以有效地防止发生交叉污染。此方面主要涉及预防污染的人员要求、原材料和熟食产品的隔离,以及工厂预防污染的设计等。

人员要求。对手进行清洗和消毒能防止污染。手清洗的目的是去除有机物质和暂存细菌,手经常会靠近鼻子,约 50% 人的鼻腔内有金黄色葡萄球菌,因此消毒能有效地减少和消除细菌。员工进入车间必须按规定穿戴整齐,头发不得外露,不得佩戴首饰、手表等物,如果人员涂抹手指,佩戴珠宝、管形或线形饰物,缠裹绷带,手的清洗和消毒将不可能有效。皮肤、珠宝或线带之间是微生物迅速生长的理想部位,极易成为污染源,因此,个人物品需要远离生产区存放,避免引入污染物和细菌。不允许在加工区内吃、喝食物或抽烟等,这是基本的食品卫生要求。皮肤污染也是一个关注点,未经消毒的肘部、手臂或其他裸露皮肤表面均不应与食品或食品接触表面相接触。

隔离。防止交叉污染的一种方式是工厂的合理选址和车间的合理布局。一般在建造之前应本着减少污染的原则,反复查看加工厂设计图,提前与有关部门取得联系,进行改正。在生产线增加产量和新设备安装时也容易有污染问题。食品原材料和成品必须在生产和储藏中分离以防止交叉污染。可能发生交叉污染的原因是生、熟品相接触,或用于储藏原料的冷库同时储存了即食食品。产品贮存区域应每日检查。另外,要注意人流、物流、水流和气流的走向,流向要从高清洁区到低清洁区,一般人走门,物走传递口。

人员操作。人员操作也能导致产品污染。当人员处理非食品表面后,未对手进行清洗和消毒就处理食物产品,容易发生污染。

食品加工的表面必须保持清洁和卫生,避免不当操作造成的污染。如把接触过地面的货箱或原材料包装袋放置到干净的台面上,或因来自地面或其他加工区域的水、油溅到食品加工的表面而造成污染。

若发生交叉污染要及时采取措施防止再发生,必要时停产直到完成改进;如有必要,要评估产品的安全性;记录采取的纠正措施。记录一般包括:每日卫生监控记录,消毒控制记录、纠正措施记录等。

### 8.2.2.4 手部清洗与消毒,卫生间设施的维护与保洁

手部清洗和消毒的目的是防止交叉污染。工厂保证有充足的、布局合理的洗手消毒设施,并使加工人员以食品加工卫生标准规范操作使用。一般的清洗方法和步骤为:清水洗手,擦洗洗手皂液,用水冲净洗手液,将手浸入消毒液中进行消毒,用清水冲洗,干手。

清洗台等设施的建造需要防止再污染,水龙头以膝动式、电力自动式或脚踏式较为理想。

检查时,应该包括测试一部分的清洗台,以保证其能良好工作。

清洗和消毒频率一般为:每次进入车间时;如厕后;进食、吸烟后或者接触任何在嘴里的东西后;接触头发、耳朵或鼻子后;接触废物、垃圾、不洁的器皿之后;对着手打喷嚏或咳嗽后;加工期间每 30 min 至 1 h 进行 1 次。

卫生间应设在远离生产车间的地方,墙面装贴白色瓷砖等,地面贴有耐磨瓷砖并采用直冲式,配有水龙头冲洗,排水畅通。入口设有洗手盆、消毒液,排气良好,由外环境清洁工负责每天打扫、清洗、消毒 2 次,质检部负责监管。入厕洗手消毒程序为:换下工作服,换鞋,入厕所,洗手液洗手,清水冲净,消毒液浸泡,清水冲洗,干手。

监督人员应对加工人员不正确的洗手消毒程序进行及时纠正,并根据微生物抽检结果对员工洗手消毒程序进行纠偏,对不良卫生习惯及时纠正,直至符合卫生要求;对更衣室、卫生间设施的清洁进行监督,纠正任何可能造成污染的情况;隔离污染产品并评估污染情况,以便重新加工或废弃。做好相关记录。

### 8.2.2.5　防止外来污染

食品企业经常要使用一些化学物质,如润滑剂、燃料、杀虫剂、清洁剂、消毒剂等,生产过程中还会产生一些污物和废弃物,如冷凝物和地板污物等。外来污染可能会造成化学性、物理性及生物性危害。在生产中要控制的关键卫生条件是:保证食品、食品包装材料和食品接触面不被外来污染物污染。加工企业首先要了解可能导致食品因间接或不被预见的污染,而导致食用不安全的所有途径,如被润滑剂、燃料、杀虫剂、冷凝物和有毒清洁剂中的残留物或烟雾剂污染等。必须要培训工厂的员工,以防止可能造成的污染。

可能产生外部污染的具体原因如下:

(1)有毒化合物的污染　非食品级润滑油可能含有毒物质,可能造成污染;燃料的使用也可能导致产品污染;允许使用的杀虫剂和灭鼠剂也可能造成污染,应该按照标签说明使用;不恰当的使用清洗剂和消毒剂等化学品,如直接的喷洒或间接的烟雾也可能导致食品污染。当食品、食品接触面、包装材料暴露于上述污染物时会被污染,应将其移开、盖住或彻底清洗;来自非食品区域或邻近加工区域的有毒烟雾、漂浮物等也会造成污染,应该警惕和避免。

(2)冷凝物和死水的污染　被污染的水滴或冷凝物中可能含有致病菌、化学残留物和污物,导致产品被污染;缺少适当的通风会导致冷凝物或水滴滴落到产品、食品接触面和包装材料上,地面或池中的积水可能溅到产品、产品接触面上,使产品被污染;脚或交通工具通过积水时产生喷溅,也可能导致产品被污染。

(3)水滴和冷凝水污染　水滴和冷凝水的污染较为常见,且难以控制,容易形成霉变。一般采取的控制措施有:顶棚设计制做成圆弧形,要有良好的通风并及时清扫;控制车间温度稳定,提前降温等。控制包装材料被污染常用的方法有:通风、干燥、防霉、防鼠;必要时进行消毒;内外包装分别存放。食品贮存时物品不能混放,且要防霉、防鼠等。

每天开工前要检查生产设备的卫生情况;包装材料被接收前和使用前要进行检查监测;对化学品的使用要正确并妥善保管,并标识清楚,每天开工前要检查监测;清洁剂、消毒剂和润滑剂入库前必须进行检验,合格后方能入库;任何可能污染食品或食品接触面的外来物,建议在开始生产时及工作时间每 4h 检查 1 次。对可能造成产品污染的情况必须加以纠正，并对产品的质量进行评估。以上均要做好记录。

### 8.2.2.6 有毒化学物质的标识、存储和使用

食品加工需要使用一些特定的、可能有毒的物质，主要包括：洗涤剂、消毒剂、杀虫剂、润滑剂、试验用药品、食品添加剂等。应通过规范使用管理，防止有毒化学物对食品造成污染。

使用此类物质时必须小心谨慎，应有主管部门批准生产、销售、使用的证明，并按照产品说明书使用；所有物品需要做到正确标记，包括主要成分、毒性、使用剂量、有效期和注意事项等；贮存要安全，要远离加工区域，使用带锁的柜子存放，做到专库存放，专人管理，并有领用及使用记录；如果必要，清洗剂和其他含毒素及腐蚀性成分的物质应贮藏于秘密贮存区，要由经过培训的人员进行管理。

### 8.2.2.7 雇员的健康

食品加工者（包括检验人员）是直接接触食品的人员，其身体健康及卫生状况直接影响食品卫生安全，加强健康管理是保证食品卫生的重要环节。患病、外伤或其他身体不适的员工可能成为食品的微生物污染源。对员工的健康要求一般包括：患有可能影响食品卫生的传染病（如肝炎、活动性肺结核、肠伤寒和肠伤寒带菌者、细菌性痢疾和痢疾带菌者、化脓性或渗出性脱屑性皮肤病和其他有碍食品卫生的疾病等）的人员不能从事食品的直接生产；不能有外伤；员工要具备和养成良好的个人卫生习惯：不得蓄留长发、胡子、指甲；要勤洗澡；工作时不得佩戴首饰、手表，不得化妆，不得随地吐痰、挖鼻孔，乱丢杂物，便后要冲水洗手；进入车间必须穿戴工作服、帽、口罩、鞋等，并及时洗手消毒；应持有有效的健康证；企业要制订体检计划并设有体检档案；应制定卫生操作规范对工人卫生习惯、洗手消毒方法及进入车间注意事项等进行规定。有疾病、伤口或其他可能成为污染源的人员要及时隔离。食品生产企业应制订卫生培训计划，定期对加工人员进行培训，并记录存档。

### 8.2.2.8 昆虫与鼠类的扑灭及控制

害虫主要包括啮齿类动物、鸟和昆虫等携带某种人类疾病源菌的动物。通过其传播食源性疾病的情况经常发生，因此合理规划、规范管理，防治、杜绝虫害鼠害对食品加工至关重要。虫害鼠害的灭除和控制包括生产区全范围，甚至包括加工厂周围地区，重点是卫生间、下脚料出口、垃圾箱周围、食堂、贮藏室等。蟑螂、苍蝇、老鼠等在废弃物、不用的设备、垃圾堆积场等场地和未除尽的植物处容易滋生、繁殖。安全有效的虫害、鼠害控制必须由工厂外开始。厂房的窗、门和其他开口地方，如打开的天窗、排污洞和水泵管道周围的裂缝等，害虫都可能进入到加工区，造成危害。采取的措施主要有：清除产生害虫的滋生地，设置预防进入的风幕、纱窗、门帘、挡鼠板、U 型弯管等；可使用杀虫剂、灭蝇灯、粘鼠胶、捕鼠笼等。家养的动物，如用于防鼠的猫和用于护卫的狗或宠物不允许放养在食品生产和贮存区域，以免引起食品污染。

企业应根据虫害、鼠害的数量和次数及时调整防治方案，必要时采取应急措施。若原辅料仓库及成品仓内发现老鼠活动痕迹，必须上报质检及生产部门，对鼠害情况进行评估后做相应处理。以上应做好记录。

### 8.2.3　SSOP 的作用

SSOP 是帮助食品加工企业完成在食品生产中维护和实现 GMP 的全面目标而使用的程序过程,尤其是 SSOP 制定了一套特殊的和具体的与食品卫生处理、工厂环境的清洁和有毒有害物质的控制等措施,在某些情况下,SSOP 的实施可以减少在 HACCP 计划中关键控制点的数量。在实际生产中有些危害往往是通过 SSOP 和 HACCP 关键控制点的组合来控制的。一般来说,涉及产品本身或某一加工工艺、步骤的危害是由 HACCP 来控制,而涉及加工环境或人员等有关的危害通常是由 SSOP 来控制。在有些情况下,一个产品加工操作可以不需要一个特定的 HACCP 计划,这是因为危害分析显示没有显著危害,但是所有的加工厂都必须对卫生状况和操作进行监测。

建立和维护一个良好的"卫生计划"(sanitation program)是实施 HACCP 计划的基础和前提。如果没有对食品生产环境的卫生控制,仍将会导致食品的不安全。美国 FDA 食品生产企业 GMP 法规(21 CFR part 110)中指出:"在不适合生产食品条件下或在不卫生条件下加工的食品为掺假食品(adulterated),这样的食品不适于人类食用"。无论是从人类健康的角度来看,还是食品国际贸易要求来看,都需要食品的生产者在建立一个良好的卫生条件下生产食品。无论企业的大与小、生产的复杂与否,卫生标准操作程序都要起这样的作用。通过实行卫生计划,企业可以对大多数食品安全问题和相关的卫生问题实施强有力的控制。事实上,对于导致产品不安全或不合法的污染源,卫生计划就是控制它的预防措施。

在我国食品生产企业都制定有各种卫生规章制度,对食品生产的环境、加工的卫生、人员的健康进行控制。为确保食品在卫生状态下加工,充分保证达到通用卫生规范和各食品加工厂 GMP 的要求,工厂应针对产品或生产场所制订并且实施一个书面的 SSOP 或类似的文件,消除与卫生有关的危害。实施过程中还必须有检查、监控,如果实施不到位还要进行纠正,并进行记录保持。这些卫生方面的操作程序适用于各种类型的食品零售商、批发商、仓库和生产操作。

### ❓ 思考题

1. 简述实施食品 GMP 的意义。
2. 简述 GMP、SSOP、HACCP 之间的关系。
3. 试制订一套某食品公司 SSOP 程序文件。
4. 在假期时协助一个食品企业建立 GMP。
5. 试设计某类食品生产的 GMP 车间。

### 📖 指定学生参考书

樊永祥,丁绍辉.《GB 14881—2013《食品安全国家标准 食品生产通用卫生规范》实施指南》[M].北京:中国质检出版社,2016.

### 📖 参考文献

[1] 夏延斌.食品加工中的安全控制[M].北京:中国轻工业出版社,2013.

[2] 鲁燕骅等. 结合 GB 14881—2013、食品生产许可审查通则谈食品生产许可现场对申请资料审核的内容和方法[J]. 食品安全质量检测学报，2015（5）：1948—1952.

[3] 曾庆孝. GMP 与现代食品工厂设计[M]. 北京：化学工业出版社，2006.

[4] 徐学福，徐学梅，杨军. 乳制品加工 SSOP 的要求与执行[J]. 中国畜禽种业，2016. 3：28.

编写人：陈宗道（西南大学）

张平平（天津农学院）

## 第 9 章
# 危害分析与关键控制点（HACCP）体系

### 学习目的与要求

1.掌握 HACCP 体系的基本原理和实施步骤；
2.学会制订食品的 HACCP 计划及其应用。

## 9.1　HACCP 的产生及发展

HACCP(hazard analysis critical control point)即危害分析与关键控制点的英文缩写,是一种食品安全保证系统,是一种食品安全全程控制方案,其根本目的是由企业自身通过对生产体系进行系统的分析和控制来预防食品安全问题的发生。

HACCP 体系始建于 1959 年,由美国皮尔斯柏利(Pillsbury)公司与美国航空航天局(NASA)纳蒂克(Natick)实验室联合开发,主要用于确保太空食品的质量安全。一开始,科学家们认为将食品胶合起来,再覆盖一层食用软膜,可以避免食品粉末四溅导致太空舱中空气污染。后来发现最大的难点在于保证食品具有 100% 的安全性,因为食品的危险有可能导致太空计划的失败甚至灾难。而传统的品质控制(QC)手段不能完全确保产品的安全,往往需要对产品进行破坏性检测试验,不能完全避免会发生二次污染,最终可能只有少量的产品符合要求。Pillsbury 公司研究了 NASA 的"无缺陷计划"(zero-defect program),发现这种非破坏性检测系统虽然符合研究目的,但不适用于食品,需要采用一种新的方法来解决上述问题。经过广泛研究,认为唯一成功的方法就是建立一个"防御体系",要求这个体系能尽可能早地控制原料、加工过程、环境、职员、贮存和流通等影响产品安全的各种因素,并一直保持记录,将危害预防、消除或降低到消费者可接受水平,就可以生产出具高置信度的产品,即安全食品。因此,保持准确、详细记录便成为新体系的基本要求之一。Pillsbury 公司就此建立了 HACCP 体系,用于控制生产过程中可能出现危害的位置或加工工序,而生产过程应该涵盖原辅材料生产、加工过程、贮运过程直到食品消费。

美国是最早应用 HACCP 原理的国家,并在食品加工制造中强制性实施 HACCP 的监督与立法工作。1971 年 Pillsbury 公司在美国食品保护会议(National Conference on Food Protection)上首次提出 HACCP,几年后美国食品与药物管理局(FDA)采纳并作为酸性与低酸性罐头食品法规的制定基础,随后相关部门和机构相继发布了《食品生产的 HACCP 原理》《HACCP 评价程序》《冷冻食品 HACCP 一般规则》等。1994 年美国 FDA 公布用于食品安全保证措施《用于食品工业的 HACCP 进展》,同时组织有关企业进行一项 HACCP 推广应用的计划,以使 HACCP 的应用扩大到其他食品企业。1995 年 FDA 发布《安全与卫生加工、进口海产品的措施》法规,要求海产品的加工者执行 HACCP。同时,对不同食品生产与进口的HACCP 法规相继出台,如 1996 年美国农业部发布最后法规(61FR38806),要求对每种肉禽产品都要执行书面卫生标准操作措施(SSOP)及改善其产品安全的 HACCP 控制系统。2012年美国发布《美国食品企业 HACCP 法规(草案)》(21CFR Part 117),要求所有在美销售的食品企业全面建立实施 HACCP 体系。

HACCP 在发达国家发展快速。加拿大、英国、新西兰等国家已在食品生产与加工业中全面应用 HACCP 体系。1993 年欧共体理事会发布了 93/43/EEC 会议指南,明确食品工厂要建立以 HACCP 为基础的体系,以确保食品安全的要求;1997 年欧盟发布的"食品安全绿皮书"中,明确将 HACCP 制度的应用作为立法目标之一;2000 年的"食品安全白皮书"和 2002

年"基本食品法"中,欧盟要求强制推行 HACCP 制度,并对企业实施 HACCP 制度的有关记录进行检查;欧盟第 854/2004/EC 号法规和第 882/2004 号法规规定了实施与执行 HACCP 制度的官方控制规范。在日本、澳大利亚、泰国等国家也相继发布其实施 HACCP 原理的法规、办法。

为规范世界各国对 HACCP 系统的应用,1993 年 FAO/WHO 食品法典委员会(CAC)发布了《HACCP 体系应用准则》,1997 年 6 月作了修改,形成新版的法典指南,即《HACCP 体系及其应用准则》(hazard analysis critical control point system and guidelines for its application),推动了 HACCP 系统普遍应用。除了 CAC 的食品卫生专业法典委员会制定 HACCP 法典准则外,各种商品专业委员会也正在制定或已经制定了特定食品的一般性 HACCP 模式。如水产品法典委员会 1998 年制定了《水产品建议性操作法典草案》,列出了几种重要水产品的 HACCP 模式。现在,HACCP 已成为世界公认的有效保证食品安全卫生的质量保证系统。

HACCP 方法自 20 世纪 80 年代末在全球食品行业逐步推行实施之后,我国原国家商检局就极为关注。1988 年我国检验检疫部门引进与学习了国际食品微生物规范委员会(ICMSF)对 HACCP 体系基本原理的详细评述,并多次参加有关 HACCP 的国际会议和培训。

为了适应国际贸易要求,有利于我国对外贸易的进行,从 1990 年起,国家进出口商品检验局开始对肉类、禽类、蜂产品、对虾、烤鳗、柑橘、芦笋罐头、花生、冷冻小食品等 9 种食品加工应用 HACCP 体系进行研究,制定了《在出口食品生产中建立"危害分析与关键控制点"质量管理体系的导则》,出台了 9 种食品 HACCP 系统管理的具体实施方案;2002 年国家认证认可监督委员会(国家认监委)发布了第一个专门针对 HACCP 的行政规章《食品生产企业危害分析与关键控制点(HACCP)管理体系认证管理规定》,详述了 HACCP 体系的基本原理、术语、实施程序;2009 年国家质量监督检验检疫总局发布实施了危害分析与关键控制点(HACCP)体系食品生产企业通用要求(GB/T 27341—2009);2011 年《出口食品生产企业备案管理办法》(质检总局第 142 号令),要求所有出口食品企业全面建立 HACCP 体系。经过 30 多年的探索和发展,我国已经建立起有中国特色的食品生产企业 HACCP 验证和认证管理制度,并且围绕 HACCP 应用与认证,形成了"政府引导、法规规范、行业自律、企业自控、科教支持、认证推动、媒体宣传、消费者响应、全社会参与"的共治模式和体系。目前,我国的大部分食品企业进行了 HACCP 体系认证或按照该体系进行食品安全管理,取得了突出的效果和社会经济效益。

我国《食品安全法》第四十八条规定"国家鼓励食品生产经营企业符合良好生产规范要求,实施危害分析与关键控制点体系,提高食品安全管理水平。"实施 HACCP 体系不仅有利于企业不断地自我检查和总结提高,促进产品升级,提高食品质量,增强市场竞争力,增加进入国际贸易的机会,而且使政府有可能更有效地监督食品生产商和销售商,从而推动国内食品行业的整体发展与提高。

## 9.2　HACCP 的基本原理

### 9.2.1　HACCP 的定义

食品法典委员会(CAC)对 HACCP 的定义是:鉴别、评价和控制对食品安全至关重要的危害的一种体系。

人们从不同的侧面对 HACCP 的概念也有不同的表述：

①HACCP 是一种对特定食品生产工序或操作有关的风险（发生的可能性及严重性）的鉴别、评估以及对其中的生物、化学、物理危害进行控制的系统方法。

②HACCP 是一种以预防食品安全问题为基础的食品控制体系。

③HACCP 是一种被国际权威机构或多国食检部门认定可控制由食品引起疾病的最有效方法。

④HACCP 是一种研究产品和它的所有组分以及生产各步骤的工程体系，并探讨在整个体系中会出现什么问题的系统方法。

⑤HACCP 是对食品生产工艺进行鉴别、评价、控制的一种以科学为基础的、系统性的方法。该方法通过预计哪些问题最有可能出现以及通过建立防止这些问题出现的有效措施来确保食品的安全性。

总之，HACCP 是一种质量保证体系，是一种预防性策略，是一种简便、易行、合理、经济、有效的食品安全鉴别、评估和控制的方法，其为政府机构实行食品安全管理提供了实际内容和程序，为企业提供了保障产品安全的管理系统和方法，为减少食源性疾病的发生，保护消费者的健康和安全提供了有效的保证措施，也为食品科技人员提供了分析食品工程体系与危害的产生及消除的有效工具。

### 9.2.2 基本术语

FAO/WHO 食品法典委员会（CAC）在《HACCP 体系及其应用准则》和 GB/T 27341—2009《危害分析与关键控制点（HACCP）体系 食品生产企业通用要求》中的基本术语及其定义如下。

（1）控制（control，动词）　采取一切必要措施，确保和维护与 HACCP 计划所制定的安全指标一致。

（2）控制（control，名词）　遵循正确的方法和达到安全指标的状态。

（3）控制措施（control measure）　用以防止或消除食品安全危害或将其降低到可接受的水平所采取的任何措施和活动。

（4）纠正措施（corrective action）　针对关键控制点（CCP）的监测结果显示失控时所采取的措施。

（5）控制点（control point，CP）　它是指能用生物的、化学的、物理的因素实施控制的任何点、步骤或过程。

（6）关键控制点（critical control point，CCP）　可运用控制措施，并有效防止或消除食品安全危害或降低到可接受水平的步骤或工序。

（7）关键限值（critical limit，CL）　将可接受水平与不可接受水平区分开的判定指标，是 CCP 的预防性措施必须达到的标准。

（8）偏差（deviation）　不符合关键限值标准。

（9）流程图（flow diagram）　生产或制作特定食品所用操作顺序的系统表达。

（10）CCP 判断树（CCP decision tree）　用来确定一个控制点是否是 CCP 的问题次序。

（11）前提计划（preliminary plans）　包括 GMPs，为 HACCP 计划提供基础的操作条件。

（12）危害分析与关键控制点计划（HACCP plan）　根据 HACCP 原理所制订的文件，系统的、必须遵守的工艺程序，能确保食品链各考虑环节中对食品有显著意义的危害予以控制。

（13）危害（hazard）　会产生潜在的对人体健康危害的生物、化学或物理因素或状态。

（14）危害分析（hazard analysis，HA）　收集和评估导致危害和危害条件的过程，以便决定哪些对食品安全有显著意义，从而应被列入 HACCP 计划中。

（15）监控（monitor）　为了确定 CCP 是否处于控制之中，对所实施的一系列预定控制参数所做的观察或测量进行评估。

（16）步骤（step）　食品链中某个点、程序、操作或阶段，包括原辅材料及其从初级生产到最终消费。

（17）证实（validation）　获得证据，证明 HACCP 计划的各要素是有效的过程。

（18）验证（verification）　除监控外，用以确定是否符合 HACCP 计划所采用的方法、程序、测试和其他评估方法。

### 9.2.3　HACCP 的基本原理

HACCP 方法现已成为世界性的食品安全控制管理的有效办法。HACCP 原理经过实际应用与修改，被 CAC 确认，由以下 7 个基本原理组成：

原理 1　进行危害分析（HA）和制定控制措施。拟定工艺中各工序的流程图，确定与食品生产各阶段（从原料生产到消费）有关的潜在危害性及其程度，鉴定并列出各有关危害并规定具体有效的控制措施，包括危害发生的可能性及发生后的严重性估计。这里的"危害"是一种使食品在食用时可能产生不安全的生物的、化学的或物理方面的特征。

原理 2　确定关键控制点（CPP）。使用判定树（decision tree）鉴别各工序中的 CCP。CCP 是指能进行有效控制的某一个工序、步骤或程序，如原料生产收获与选择、加工、产品配方、设备清洗、贮运、职工与环境卫生等都可能是 CCP，且每一个 CCP 所产生的危害都可以被控制、防止或将之降低至可接受的水平。

原理 3　确定关键限值。即制定为保证各 CCP 处于控制之下的而必须达到的安全目标水平和极限。安全水平有数的内涵，包括温度、时间、物理尺寸、湿度、水分活度、pH、有效氯、细菌总数等。

原理 4　建立关键控制点的监控系统。通过有计划的测试或观察，以保证 CCP 处于被控制状态，其中测试或观察要有记录。监控应尽可能采用连续的理化方法，如无法连续监控，也要求有足够的间隙频率次数来观察测定每一 CCP 的变化规律，以保证 HACCP 计划的制订与实施食品质量管理的有效性。

原理 5　确立纠偏措施。当监控过程发现某一特定 CCP 正超出控制范围时应采取纠偏措施，因为任何 HACCP 方案要完全避免偏差是几乎不可能的。因此，需要预先确定纠偏行为计划,来对已产生偏差的食品进行适当处置,纠正产生偏差,使之确保 CCP 再次处于控制之下,同时要做好此纠偏过程的记录。

原理 6　建立验证程序。审核 HACCP 计划的准确性,包括适当的补充试验和总结,以确证 HACCP 是否在正常运转,确保计划在准确执行。检验方法包括生物学的、物理学的、化学的或感官方法。

原理 7　建立文件和记录保持系统。HACCP 具体方案在实施中,都要求做例行的、规定的各种记录,同时还要求建立有关适于这些原理及应用的所有操作程序和记录的档案制度,包括计划准备、执行、监控、记录及相关信息与数据文件等都要准确和完整地保存。

## 9.3　HACCP 计划的建立与实施

根据以上 7 个原理,食品企业制订 HACCP 计划和在具体操作实施时,一般需通过 13 个步骤才能得以实现。每个生产企业在实施 HACCP 计划中,必须按要求建立反映实际的书面文件,这些文件通常反映在有关的表格及记录上。每个企业都可以根据自身特点制订反映 HACCP 执行过程的有关表格,最重要的应有 HACCP 计划表、危害分析工作表及其他相应的有关表格。下面进行详细介绍。

### 9.3.1　HACCP 的预备步骤

步骤 1:HACCP 小组的组成。

HACCP 小组负责编写 HACCP 体系文件,监督 HACCP 体系的实施及承担 HACCP 体系建立和实施过程中主要的关键工作,因此 HACCP 小组人员的能力应满足企业食品生产专业技术要求,并由不同部门的人员组成,应包括卫生质量控制、产品研发、生产工艺技术、设备设施管理、原辅料采购、销售、仓储及运输部门人员,必要时,可从外部聘请兼职专家。小组成员应经过系统的 HACCP 体系建立与实施理论的培训,拥有较丰富的食品生产领域的知识和经验。

HACCP 小组可由 5～6 名成员组成,同时应指派 1 名熟知 HACCP 体系和有领导才能的人为组长,领导和组织 HACCP 小组的工作,并通过教育、培训、实践等方式确保小组成员在专业知识、技能和经验方面得到持续提高,确保 HACCP 体系所需的过程得到建立、实施和保持,并向最高管理者报告 HACCP 体系的有效性、适宜性以及任何更新或改进的需求。同时 HACCP 小组应保持小组成员的学历、经历、培训、批准及活动的记录。

步骤 2:产品描述。

HACCP 小组应对产品(包括原辅料与包装材料),识别并确认进行危害分析所需的信息进行全面的描述,尤其对以下内容要作具体定义和说明。

①原辅料、食品包装材料的名称、类别、成分及其生物、化学和物理特性;

②原辅料、食品包装材料的来源,以及生产、包装、储藏、运输和交付方式;

③原辅料、食品包装材料接受要求、接受方式和使用方式;

④产品的名称、成分及其生物、化学和物理特性；

⑤产品的加工方式（热处理、冷冻、盐渍等）；

⑥产品的包装（密封、真空、气调等）、储藏（冻藏、冷藏、常温贮藏等）、运输和交付方式；

⑦产品的销售方式和标识；

⑧所要求的储存期限（保质期、保存期、货架期等）。

步骤 3：识别、确定产品用途及消费对象。

食品的最终用户或消费者对产品的使用期望即是用途。实施 HACCP 计划的食品应识别、确定其最终消费者，特别要关注特殊消费人群，如儿童、妇女、老人、体弱者、免疫功能不健全者等。食品的使用说明书要明示由何类人群消费、食用目的和如何食用（生食、即食、加热食用等），有时还应考虑易受伤害的消费人群应注意的事项。同时，将有关内容填入 HACCP 计划表（表 9-1）表头的相应位置。

**表 9-1　HACCP 计划表**

企业名称：××水产品冷冻加工厂　　　　　　产品名称：冻煮小龙虾仁

企业地址：××省××市××路××号　　　　贮藏和销售方法：-18℃以下冷冻

用途和消费者：加热食用，公众

| 关键控制点（CCP） | 显著危害 | 预防措施所用限值 | 监控 | | | | 纠偏措施 | 记录 | 验证 |
|---|---|---|---|---|---|---|---|---|---|
| | | | 内容 | 方法 | 频率 | 操作人 | | | |
| | | | | | | | | | |

企业负责人签字：　　　　　　　　　　　　日期：

步骤 4：编制流程图。

流程图是建立和实施 HACCP 体系的起点和焦点，HACCP 小组应根据产品的操作要求描绘产品的工艺流程图（图 9-1）。流程图没有统一的模式，但应包括所有操作步骤，对食品生产过程的每一道工序，从原料选择、加工到销售和消费者使用，在流程图中都要依次清晰地标明，不可含糊不清。要确定一个完整的 HACCP 流程图，还需要有以下技术数据资料：①所使用的原辅料、原辅料组分、包装材料以及它们的微生物、化学及物理的数据资料；②平面布置和设备布局，包括相关配套服务设施如水、电、气供应等；③所有工艺步骤次序（包括原辅料添加次序）；④所有原辅料、中间产品和最终产品的时间、温度变化数据，包括延迟的可能及其他工艺操作细节要求；⑤流体和固体的流动条件；⑥产品再循环与再利用路线；⑦设备设计特征；⑧清洁和消毒操作步骤的有效性；⑨环境卫生；⑩人员进出与工作路线；⑪潜在的交叉污染路线；⑫高与低风险区的隔离；⑬人员卫生习惯；⑭贮运和销售条件；⑮消费者使用说明。

步骤 5：流程图现场验证。

对流程图中所列的每一步操作在实际操作现场进行比对确认，验证流程图表达的各加工步骤与实际加工工序是否一致，发现不一致或存在遗漏时，如改变操作控制条件、调整配方、改进设备等，应对流程图作相应修改或补充，以确保流程图的准确性、适用性和完整性。

### 9.3.2　危害分析和制定控制措施

步骤 6：危害分析和制定控制措施。

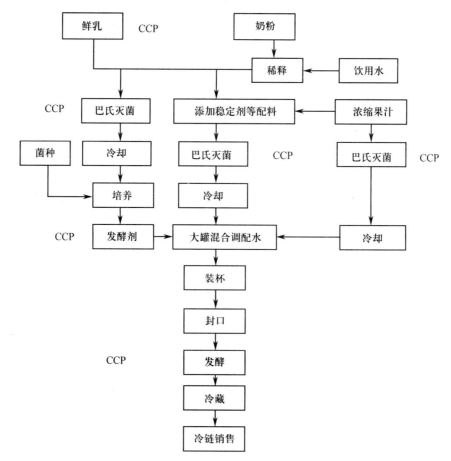

**图 9-1　凝固型果汁酸奶生产工艺流程图与 CCP**

(1)危害识别　HACCP 小组根据流程图分析并列出从原料生产直到最终消费的范围内可能会发生的所有危害。危害包括生物性(微生物、昆虫)、化学性(农药、毒素、化学污染物、药物残留、添加剂等)和物理性(杂质、软硬度等)的危害。针对需要考虑的危害,识别其在每个操作步骤中有根据预期被引入、产生或增长的所有潜在危害及其原因,当影响危害识别结果的任何因素发生变化时,HACCP 小组应重新进行危害识别。

(2)危害评估　HACCP 小组应针对识别的潜在危害,评估其发生的风险性和严重性,若这种潜在危害在该步骤极有可能发生且后果严重,则应确定为显著危害。对某种潜在危害如不采取控制措施实施控制,其危害的风险性和严重性至少一项会显著增加,同样应确定为显著危害。

(3)控制措施的制定　HACCP 小组应针对每种显著危害制定相应的控制措施,描述危害控制原理,并证实其有效性;应明确显著危害与控制措施之间的对应关系,并考虑一项控制措施控制多种显著危害或多项控制措施控制一种显著危害的情况。针对人为的破坏或蓄意污染等造成的显著危害应建立食品防护计划作为控制措施。这些措施和办法可以排除或减少危害出现,使其达到可接受水平。当这些措施涉及操作的改变时,应作出相应的变更,并修改流程图。在现有技术条件下,某种显著危害不能制定有效控制措施时,企业应策划和实施必要的技术改造，必要时应变更加工工艺、产品（包括原辅料）或预期用途，直至建立有效的控制措施。

对所制定的控制措施应予以确认。当控制措施有效性受到影响时，应评价、更新或改进控制措施，并再确认。

（4）危害分析工作单　HACCP 小组应根据工艺流程、危害识别、危害评估、控制措施等结果提供形成文件的危害分析工作单（表 9-2），包括加工步骤、考虑的潜在危害、潜在危害是否显著、显著危害的判断依据、控制措施等，并明确各因素之间的相互关系，为确定关键控制点（CCP）提供依据。

以速冻全虾产品为例，表 9-2 仅列举 2 个工序，具体可按工艺流程图的顺序，依次填写。经研究认为速冻全虾产品的原料可能存在生物的、化学的和物理的危害，其中生物和化学的危害是显著的。其中生物危害可通过蒸煮工艺解决，因此不是 CCP。而在蒸煮工序控制不当会造成后续工序不能解决的生物危害，因此，该工序的生物危害是 CCP。

表 9-2　危害分析工作单

企业名称：　　　　　　　　　　　　　　　产品名称：速冻全虾
企业地址：　　　　　　　　　　　　　　　贮藏和销售方法：
用途和消费者：

| 加工工序 | 可能存在的潜在危害 | 潜在危害是否显著 | 危害显著理由 | 控制危害措施 | 是否为 CCP |
|---|---|---|---|---|---|
| 原料验收 | 生物的致病菌 | 是 | 原料虾生长环境中可能存在致病菌 | 蒸煮工序可杀灭致病菌 | 否 |
| | 化学的农药残留重金属 | 是 | 原料虾生长环境中可能存在 | 凭原料虾安全区域产地证明书收货 | 是 |
| | 物理的无 | | | | |
| 蒸煮 | 生物的致病菌残存 | 是 | 温度/时间不当造成致病菌残活 | 控制蒸煮温度和时间 | 是 |
| | 化学的消毒剂残留 | 否 | | SSOP 控制 | |
| | 物理的无 | | | | |

企业负责人签字：　　　　　　　　　　　　日期：

### 9.3.3　确定关键控制点

步骤 7：确定关键控制点是第 7 步骤。HACCP 计划中关键控制点（CCP）的确定有一定的要求，并非有一定危害就设为 CCP。HACCP 执行人员常采用判断树来认定 CCP，即对工艺流程图中确定的各控制点（加工工序）使用判断树按先后回答每一问题，按次序进行审定，如图 9-2 所示。应当明确，一种危害（如微生物）往往可由几个 CCP 来控制，若干种危害也可以由 1 个 CCP 来控制。

由图 9-2 可见，就问题 1 对已确定的显著危害首先是了解有无控制该危害的措施，如果

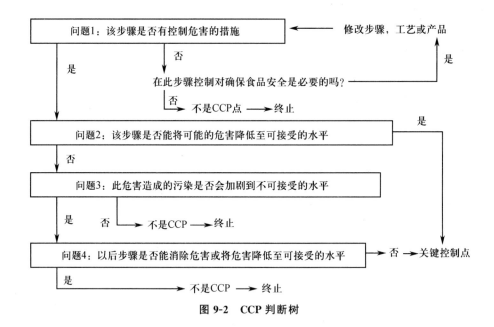

图 9-2　CCP 判断树

"否",即产品将是不安全的,则继续讨论此点对确保食品安全是否必要,是否一定要加以控制,如果"是",则该点必须要加以控制,即要修改或调整此工艺步骤。如果"否",即该点对确保食品安全没必要,不是关键控制点,要加以终止。

如果对问题 1 回答"是",有控制危害的措施,则进入问题 2。问该点的危害能否降至可接受的水平,如果"是",即能达到要求,则该关键点成立;如"否",则进入问题 3。

就问题 3,问此点的危害是否会加剧至不可接受的水平,如果"否",即"此点"的危害还无关紧要,不是 CCP,应予终止;如果"是",即所有措施还难达到此阶段的规定要求,则进入问题 4。

就问题 4,问以后步骤能否控制危害或将危害降低到可接受的水平,如果"否",即该点以后工序累积的危害不能被控制和减少至可接受水平,则此点就要作为关键控制点,也就是说应提早或在此点要严加控制,否则以后控制就来不及了;如果"是",即能解决危害,则此控制点是无关大局,属非 CCP 点应予终止。

应用 CCP 判断树应该注意的是:①小组成员必须尽可能找出每个点的危害源,如时间与温度等参数的不适宜;工艺设备缺陷;生产环境、产品、人员交叉污染;设备积滞物的污染以及所有污染源累加后的污染等,这样才能准确判定"是"与"否",如果判定错误,则整个 HACCP 方案将对食品安全不起作用,甚至起反作用。②在确定 CCP 时,问题 4 的功能很重要,它允许前面的某工序存在某种程度的危害,只要经过以后的步骤该危害能被消除或被降低至可接受的水平,则前面工序或关键点的控制水平可被降低标准,或不作为关键控制点来考虑,否则某食品加工过程的每一个步骤都可能成为 CCP。CCP 应设在最佳、最有效的控制点上,如 CCP 设在后步骤(工序)上,则前步骤(工序)不作为 CCP。如果都要求控制才能使食品更安全,则都要设定为 CCP,是设后不设前还是前后都设置,要依据产品危害情况而定。③判断树的应用是有局限性的,如不适于肉禽类的宰前、宰后检验,不能认为宰后肉品检验合格就可以取消宰前检疫;又如不能将已污染严重的原料经过高压杀菌等手段处理后供人畜禽食用。因此在使用判断树时,要根据专业知识与有关法规来辅助判断和说明。当显著危害或控制措施发生变化时,HACCP 小组应重新进行危害分析,判定 CCP。

### 9.3.4　确定各 CCP 的关键限值

步骤 8:第 8 步骤是确定各 CCP 的关键限值。在逐个确定所有 CCP 后,HACCP 小组接着要确定各 CCP 的控制措施应达到的关键限值(CL),也就是预先规定 CCP 的标准值。选择限值的原则是:可控制且直观、快速、准确、方便和可连续监测。在生产实践中,一般不用微生物指标作为 CL,可考虑用温度、时间、流速、含水量、水分活度、pH、盐度、密度、质量、有效氯等可快速测知的物理的和化学的参数,以利于快速反应,采取必要的纠偏措施。有的 CCP 可能存在 1 个以上控制预防方法,则都应逐一建立控制界限或 CL 值。当操作中偏离了 CL 值,则必须马上采取纠偏措施以确保食品安全。CL 值的确定,可参考有关法规、标准、文献、专家建议和实验结果,如果一时还找不到适合的 CL 值,食品企业应选用一个保守的 CL 值。具体方法如表 9-3 所示。

所有用于确定 CL 值的数据、资料应存档,纳入 HACCP 计划的支持性文件。同时将 CL 值填入表 9-1 的相应栏目中。

表 9-3　CL 值实例

| 危害 | CCP | 关键限值(CL) |
|------|-----|------------|
| 致病菌(生物的) | 巴氏杀菌 | ≥72℃,≥15 s 将牛奶中致病菌杀死 |
| 致病菌(生物的) | 干燥室内干燥 | ≥93℃,≥120 min,风速≥0.15 m³/min,半成品厚度≤1.2 cm(达到水分活度≤0.85,以控制被干燥食品中的致病菌) |
| 致病菌(生物的) | 酸化 | 批次生产配料表:半成品质量≤100 kg;浸泡时间≥8 h;醋酸浓度:≥3.5%,≥50 L[达到 pH 在 4.6 以下,以控制腌制食品中的肉毒梭菌(*Clostridium botulinum*)] |

在步骤 8 还应确定容差(operational limit,OL)。容差(OL)即具体操作时的限值,操作人员必须将偏差控制在 OL 范围内,以避免违反 CL。这是因为设备与监测仪表都存在着一定的正常的误差,容差范围即是允许的一个缓冲区。在食品加工生产中,很多加工参数如温度、压力、时间、水分活度等都有规定的限值范围。合理的 OL 范围能保证产品品质(色、香、味),又能达到杀灭致病菌的最重要目的。

### 9.3.5　CCP 的监控

步骤 9:第 9 步骤是制定 CCP 的监控措施。制订某食品的 HACCP 计划,还应包括拟定和采取正确的监控制度,以对 CCP 是否符合规定的限值与容差进行有计划的观察和测量,以确定是否符合限值(CL)的要求,从而来确保所有 CCP 处于受控状态。监控过程应做精确的运行记录(应填入表 9-1),可为将来分析食品安全原因提供直接的数据。实施监控时必须明确以下几点。

(1)监控对象　监控对象可以是生产线上的,如时间与温度的测量;也可以是非生产线上的化验分析,如盐、pH、总固形物、化学成分、微生物总数等的测定。生产线外的监控费时较多,容易造成较长时间的失控状态。因此,监控应尽可能在生产线上的操作过程中解决,这样有利于及时采取纠偏措施。监控对象还包括:现场观察检查、卫生环境条件、原料产地、原料包装容器上标志、政府法规是否允许等。

(2)监控方法 通常采用物理或化学的测量或观察方法,要求及时、准确,如温度计、钟表、秤、pH 计、水分活度计、化学分析设备等。

(3)监控频率 对 HACCP 计划的每一进程,都要按规定及时进行监控。监控可以是连续性的(如温度、压力)和非连续性的(如固形物、重金属)。非连续监控是点控制,对样品及测定点要有代表性。非连续性监控要规定科学的监控频率,此频率要能反映 CCP 的危害特征,如果监控数据欠稳定,产品生产量大,则应加大监控的频率。如果正常操作值与 CL 值很接近,可降低监控频率;如果偏离 CL 值的可能性越大,则增加监控频率。监控过程所获数据应由专门训练的人员进行评价。

(4)监控人员选择及其任务 监控人员选择与 HACCP 计划是否得到贯彻实施关系重大。监控人员应是流水线上工人、设备操作工、工序监督员、维修人员、品管人员等。监控人员必须懂得 HACCP 的全部内容及其含义原理,充分理解 CCP 监控的重要性,掌握应采取纠偏的措施,以达到规定的 CL 和 OL。监控人员由 HACCP 小组推荐,企业主管认定,要求经过严格的培训并有过实践操作,能对监控活动过程及结果提供准确报告。要求监控人员要及时报告异常事件或 CCP 偏离情况。监控人员有权对 CCP 产生的危害(超出 CL 或 OL)采取纠偏措施,做好各项规定的记录并同另一审核人员共同签字,并做好数据档案保管。

### 9.3.6 建立关键限值偏离时的纠偏措施

步骤 10:第 10 步骤是建立关键限值偏离时的纠偏措施。食品生产过程中,HACCP 计划的每一个 CCP 会发生偏离其规定的 CL 或 OL 范围的现象,这时候就要有纠偏行动,并以文件形式表达。纠偏行动要解决两类问题:①制定使工艺重新处于控制之中的措施;②拟好 CCP 失控时期生产的食品的处理办法,包括将失控的产品进行隔离、扣留、评估其安全性、原辅料及半成品等移作他用(如做饲料)、重新加工(杀菌)和销毁产品等。对每次所施行的这两类纠偏行动都要记入 HACCP 记录档案,并应明确指明原因及责任所在。具体纠偏措施应包括:采用的纠偏动作能保证 CCP 已经在控制限值以内;纠偏措施要经有关权威部门认可;对不合格产品要及时处理;纠偏措施实施后,CCP 一旦恢复控制,有必要对这一系统进行审核,防止再出现偏差。

纠偏行动过程应做的记录内容包括:①产品描述、隔离或扣留产品数量;②偏离描述;③所采取的纠偏行动(包括失控产品的处理);④纠偏行动的负责人(签名);⑤必要时提供评估的结果。

### 9.3.7 HACCP 计划的确认和验证

步骤 11:步骤 11 是 HACCP 计划的确认和验证。企业应建立并实施对 HACCP 计划的确认和验证程序,用来确定 HACCP 体系是否按 HACCP 计划运作或计划是否需要修改及再确认、生效,以证实 HACCP 计划的完整性、适宜性、有效性。

确认程序(validation)应包括对 HACCP 计划所有要素(危害分析、CCP 等)有效性的证实,当确认表明 HACCP 计划的有效性不符合要求时,立即修订 HACCP 计划。确认程序每年至少 1 次,且在 HACCP 计划实施前或变更后开展。

验证的目的:①验证 HACCP 操作程序是否适合产品,对工艺危害的控制是否充分和有效;②验证所拟定的监控措施和纠偏措施是否适用。

验证时要复查整个 HACCP 计划及其记录档案。验证方法与具体内容包括:①要求原辅料、半成品供货方提供产品合格证证明;②检测仪器标准,并对仪器仪表校正的记录进行审查;③复查 HACCP 计划制订及其记录和有关文件;④审查 HACCP 内容体系及工作日记与记录;⑤复查偏差情况和产品处理情况;⑥CCP 记录及其控制是否正常检查;⑦对中间产品和最终产品的微生物检验;⑧评价所制订的目标限值和容差,不合格产品淘汰记录;⑨调查市场供应中与产品有关的意想不到的卫生和腐败问题;⑩复查已知的、假想的消费者对产品的使用情况及反应记录。

验证报告内容可以包括:①HACCP 计划表;②CCP 点的直接监测资料;③监测仪器校正及正常运作;④偏离与矫正措施;⑤CCP 点在控制下的样品分析资料(有物理、化学、微生物或感官品评的);⑥HACCP 计划修正后的再确认,包括各限值可靠性的证实;⑦控制点监测操作人员的培训等。验证过程食品企业可自行实施,也可委托第三方实施,官方机构作为 HACCP 方法强制性实施的管理者,也可组织人员进行验证。

### 9.3.8　HACCP 计划记录的保持

步骤 12:第 12 步骤是对 HACCP 计划记录的保持。完整准确的过程记录有助于及时发现问题和准确分析与解决问题,使 HACCP 原理得到正确应用。HACCP 程序应文件化,文件和记录的保存应合乎操作种类和规范。保存的文件有:说明 HACCP 系统的各种措施(手段);用于危害分析采用的数据;与产品安全有关的所做出的决定;监控方法及记录;由操作者签名和审核者签名的监控记录;偏差与纠偏记录;审定报告等及 HACCP 计划表;危害分析工作表;HACCP 执行小组会上报告及总结等。

各项记录在归档前要经严格审核,CCP 监控记录、限值偏差与纠正记录、验证记录、卫生管理记录等所有记录内容,要在规定的时间(一般在下班、交班前)内及时由工厂管理代表审核,如通过审核,审核员要在记录上签字并写上当时时间。所有的 HACCP 记录归档后妥善保管,自生产之日起至少要保存 2 年。

### 9.3.9　HACCP 计划的回顾

步骤 13:最后第 13 步骤是对 HACCP 计划的回顾。HACCP 方法在经过一段时间的运行,或者也做了完整的验证,都有必要对整个实施过程进行回顾与总结,HACCP 体系需要并要求建立这种回顾的制度。当发生以下情况时,应对 HACCP 特别进行重新总结检查:①原料、产品配方发生变化;②加工体系发生变化;③工厂布局和环境发生变化;④加工设备改进;⑤清洁和消毒方案发生变化;⑥重复出现偏差,或出现新危害,或有新的控制方法;⑦包装、储存和发售体系发生变化;⑧人员等级或职责发生变化;⑨假设消费者使用发生变化;⑩从市场供应上获得的信息表明有关于产品的卫生或腐败风险。总结检查工作所形成的一些正确的改进措施应编入 HACCP 计划中,包括对某些 CCP 控制措施或规定的容差调整,或设置附加的新 CCP 及其监控措施。

总之,在完成整个 HACCP 计划后,要尽快以草案形式成文,并在 HACCP 小组成员中传阅修改,或寄给有关专家征求意见,吸纳对草案有益的修改意见并编入草案中,经 HACCP 小组成员最后一次审核修改后成为最终版本,供上报有关部门审批或在企业质量管理中应用。

### 9.3.10  HACCP 体系文件的编制

HACCP 体系文件的编制是对企业所建立的 HACCP 体系作出总体规定,描述 HACCP 体系各组成部分、各过程之间的相互关系和相互作用,按准则、法规的要求转化为对本企业的具体要求,在规定与程序文件之间建立对应关系,确保规定能够被实施。它具有效性、唯一性、适用性和系统性等特点。

HACCP 体系文件应包括:①形成文件的食品安全方针;②HACCP 手册;③形成文件的程序;④企业为确保 HACCP 体系过程的有效策划、运行和控制所需的文件;⑤记录表单等。

## 9.4  HACCP 在超高温灭菌奶生产中的应用实例

首先介绍一下乳制品安全控制的相关术语。

(1)乳制品  以牛乳、羊乳等为主要原料加工制成的各种制品。

(2)清洁作业区  指半成品贮存、充填及内包装车间等清洁度要求高的作业区域。

(3)准清洁作业区  指鲜乳处理车间等生产场所中清洁度要求次于清洁作业区的作业区域。

(4)一般作业区  指收乳间、辅料仓库、材料仓库、外包装车间及成品仓库等清洁度要求次于准清洁作业区的作业区域。

(5)非食品处理区  指检验室、办公室、洗手消毒室、厕所等非直接处理食品的区域。

### 9.4.1  组建 HACCP 工作小组

组建 HACCP 工作小组,小组由各方面的专业人员及相关操作人员组成,并规定其职责和权限,以制定、实施和保持 HACCP 体系。

### 9.4.2  产品描述

奶类为一乳白色的复杂乳胶体。其中最多的组成部分是水,约占 $83\%$,奶中还含有乳糖、蛋白质、脂肪、水溶性盐类和维生素。超高温瞬间杀菌法将乳迅速加热至 $130\sim150$ ℃持续 $0.5\sim2$ s,可使乳中细菌几乎全部死亡,因此认为是目前理想的杀菌法。由于纸盒包装的超高温灭菌奶有较长的保质期,因而更受我国城市居民欢迎(表 9-4)。

表 9-4　超高温灭菌奶的产品描述

加工类别:超高温灭菌乳

产品类型:全脂灭菌纯牛乳

| 1.产品名称 | 100％纯牛奶 |
| --- | --- |
| 2.主要配料 | 新鲜牛奶(与食品标签一致,执行 GB 7718) |
| 3.重要的产品特性 | 感官、色泽:均匀一致的乳白色或微黄色<br>滋味、气味:具有牛乳固有的滋味和气味,无异味<br>组织状态:均匀液体,无凝块、黏稠<br>理化指标:蛋白质≥2.9％<br>　　　　　脂肪≥3.1％<br>　　　　　非脂固体≥8.1％<br>卫生指标:防腐剂不得检出,硝酸盐(以 $NaNO_3$ 计)≤11 mg/kg,亚硝酸盐(以 $NaNO_2$ 计)≤0.2 mg/kg,黄曲霉毒素 $M_2$≤0.5 μg/kg,商业无菌 |
| 4. 计划用途及适宜消费者<br>(主要消费对象、分销方法等) | 普通消费者,乳糖不耐症不宜饮用<br>批发、零售 |
| 5.使用方法 | 开启后及时饮用 |
| 6.储存条件 | 常温,开启后需冷藏,保质期 2 d |
| 7.包装类型 | 百利包 |
| 8.保质期 | 45 d |
| 9.标签说明 | 符合国家相关标准 |
| 10.运输销售要求 | 常温 |

### 9.4.3　绘制和确认工艺流程图

#### 9.4.3.1　工艺流程图

储奶罐、配料缸、管道及前处理系统CIP清洗

原料乳验收 → 预处理 → 冷却贮存 → 标准化 → 巴氏杀菌 → 冷却 → 中贮 → 脱气 → 均质 → UHT灭菌

→ 冷却 → 无菌灌装 → 封合成型

超高温灭菌及灌装系统CIP清洗

包材验收 → 包材灭菌

#### 9.4.3.2　工艺叙述

(1)鲜乳接收　公司运输人员直接从牧场采收。经检验合格后接收(应符合 GB 19301—2010《食品安全国家标准　生乳》)。包括相对密度,含脂率,蛋白含量、抗生素残留检验、掺假掺杂检验等多方面的指标。原料乳在运往乳品厂的过程于 4℃ 以下保存。

(2)预处理

①脱气。加工前原料乳一般气体含量在 10％ 以上。若不脱气则影响分离效果和标准化的准确度。将牛乳预热至 68℃ 后,泵入真空脱气罐,气体则由真空泵排除。

②冷却。用板式热交换器将脱气后原料乳立即冷却至 4～10℃,以抑制细菌的繁殖,保证

加工之前原料乳的质量。冷却后通往闪蒸罐进行预杀菌。

③离心净乳。用碟式分离机除去密度较大的杂质、减少微生物数量,并使稀奶油和脱脂乳分开。有利于提高制品质量。净乳时乳温在 30～40℃为宜,过程中要防止泡沫的产生。

④贮乳。为保证连续生产的需要,乳品厂在生产环节中必须有一定的原料贮存量。一般为生产能力的 50%～100%。本厂以 100%计,用中型即容量 5 000 L 的贮乳罐 4 个贮乳。

⑤标准化。在贮乳罐的原料乳中进行。用全脂奶粉(或脱脂奶粉、稀奶油)调整原料牛乳的理化指标,使其符合国标规定。

⑥巴氏杀菌。为了防止乳在后续的贮存中微生物的繁殖造成危害,进行巴氏杀菌处理,采用 75～85℃,保温 15～16 s。

⑦均质。均质在均质机内进行。经均质后脂肪球被打碎变小,其直径可控制在 1～2 μm,提高了产品的稳定性,并且易于消化吸收。为提高效果,均质分两级。一级均质压力为 14～21 MPa,二级均质时第一段为 14～21 MPa,第二段为 3.5 MPa。

⑧杀菌。采用超高温瞬时灭菌,流动的乳液经 135℃以上灭菌数秒。

⑨冷却灌装。牛乳经冷却后,被泵入包装机,进行无菌包装。

⑩包装材料接收。用清洁、密封和保养良好的车辆运输,经 HACCP 办公室会同车间检验合格后,指定批号分别存放于干燥的物料仓库内。

⑪包装材料贮藏。包装材料按内包装和外包装材料分别存放在物料包装仓库内,加盖塑料薄膜以防止包装材料受到污染。

⑫装箱、入库。产品按客户要求装入外纸箱内并封箱;外纸箱上标明产品生产的日期、企业代码和批号。包装完毕,成品送入成品冷藏库,按规格、批号分别堆垛。

⑬运输、销售。所有货物装箱装运前应检查车厢内是否清洁卫生。运输、销售过程中储存在阴凉干燥处。

### 9.4.4 乳与乳制品的危害分析

乳与乳制品的不安全因素一方面来源于乳牛的饲养过程,包括乳牛的饮用水、饲料、饲养环境和乳牛的卫生,另一方面来源于乳制品生产过程,包括原料奶的卫生质量、生产过程有害的添加物质、生产用水和生产设备的卫生等。按照危害性质,可分为生物性危害、化学性危害和物理性危害。

#### 9.4.4.1 产品特性的危害分析

乳品的危害主要来源是微生物,而给人类带来健康危害的微生物主要是致病菌。牛奶中常见的微生物种类主要有:乳酸菌、肠内细菌、低温菌群、芽孢杆菌以及球菌类。此外,牛奶中还可能存在酵母菌、放线菌、霉菌、结核杆菌、布鲁氏菌、李斯特氏菌等。

一些调查表明乳制品中存在较为严重的抗生素残留。

根据对产品特性的分析,乳与乳制品的重要卫生指标为微生物指标和抗生素残留指标。

#### 9.4.4.2 饲养过程的危害分析

(1)乳牛的饮用水与饲料 饮用水与饲料中的危害种类主要有以下 3 大类。

①微生物危害:有害细菌、产毒霉菌;

②化学危害：有机污染物、农药残留、兽药残留、重金属、其他有毒有害成分；

③物理危害：物理危害包括各种称之为外来物质或外来颗粒的物质。饲料中物理性危害有几个来源，如被污染的材料、设计或维护不好的设施和设备、加工过程中错误的操作。物理危害的类型为玻璃、金属、石头、塑料、骨头、针、笔尖、纽扣、珠宝等。

（2）饲养环境　包括微生物污染、化学性危害等。

（3）乳牛的卫生　乳牛的健康会对牛乳的卫生质量产生影响。患病的乳牛，部分病原菌可能直接由血液进入乳中，如患结核病、布鲁氏菌病、波状热时，有可能从乳中排出细菌，尤其是在患乳房炎的乳牛所产乳中，微生物的含量很高。

### 9.4.4.3　原料奶的危害分析

（1）生物性危害　原料奶中的生物性危害主要是如前所述的常见的微生物造成的。

（2）化学性危害　主要包括抗生素残留、农药残留及其他有害化合物等。镉、铅、汞以及类金属砷等重金属污染物污染饲料，以及苯并芘、游离棉酚、二噁英等环境污染物随饲料进入乳牛体内，会在牛乳中造成相应的残留，如邻近焚化炉的牧草饲养的奶牛，其牛乳样品含较高水平的二噁英。饲料变质残留物可造成牛乳中黄曲霉毒素 $M_1$ 污染危害。

（3）物理性危害　可能会有金属、砂石、塑料等混入（表 9-5）。

表 9-5　超高温灭菌奶原料和包装材料危害分析表

| 加工步骤 | 食品安全危害 | 危害显著（是/否） | 判断依据 | 预防措施 | 关键控制点（是/否） |
|---|---|---|---|---|---|
| 原料乳验收 | 生物性：病原性微生物、致病菌 | 是 | • 牛奶本身含微生物；<br>• 挤奶、贮存、运输过程微生物污染并繁殖；<br>• 病牛挤奶导致乳中含致病菌 | 1.选择合格供应商：现场考察奶牛的育种、饲养、喂养、免疫等整个生产操作过程均符合规范、法规要求；<br>2.挤奶过程符合卫生要求，牛奶贮运设施、温度、时间符合要求；<br>3.验收原料检验合格证；<br>4.每车原料奶经检验合格接收，验后迅速冷却至 4℃以下；<br>5.后工序杀菌工艺杀灭原菌 | 是 |
| | 化学性：抗生素、农药、硝酸盐、亚硝酸盐、重金属残留，蛋白质变性 | 是 | • 奶牛摄入不合格饲料和水或用药后处在药物作用周期，使乳中残留污染物；<br>• 微生物产生的某些代谢产物对牛奶成分起化学作用造成蛋白质变性 | 1.选择合格的、固定的供应商；<br>2.索取原料乳的检验合格证；<br>3.抽样检验新鲜度、抗生素、酸度、杂质等指标 | 是 |
| | 物理性：异物，如杂草、牛毛、乳块、昆虫、灰尘等污染 | 是 | 挤奶后处理不当混入异物 | 1.挤奶过程按标准操作，车间有防蝇防虫措施；<br>2.净乳机过滤 | 否 |

续表 9-5

| 加工步骤 | 食品安全危害 | 危害显著（是/否） | 判断依据 | 预防措施 | 关键控制点（是/否） |
|---|---|---|---|---|---|
| 包材验收 | 生物性:细菌 | 是 | 生产管理、运输、贮存不当 | 1.后工序包材灭菌工艺杀灭致病菌;<br>2.选择质量稳定供应商;<br>3.索取每批包材的检验合格证并加收检验 | 否 |
| | 化学性:有机物,异味 | 是 | 生产管理不当造成污染物残留 | 1.选择产品质量稳定的包材材料生产厂;<br>2.索取检验合格证并接收检验 | 否 |
| | 物理性:膜的薄厚、避光性、印刷图案清晰度不符合要求 | 是 | 不合格的包装材料 | 1.接收检验;<br>2.后工序车间操作工及时反馈膜的质量稳定性 | 否 |

#### 9.4.4.4 生产过程到销售环节危害分析

牛乳中嗜冷菌、嗜热菌、芽孢菌、致病菌及其他微生物如蛋白分解菌、脂肪分解菌、酵母、霉菌等,随着牛乳被挤出、贮存、运输,包括杀菌后工艺过程中的污染,会广泛存在,以致对终产品造成危害。

致病菌中,沙门氏菌、病原性大肠菌、结核菌、李斯特氏菌等会引起食物中毒或染上疾病;嗜冷菌产生的耐热孢外蛋白酶、脂肪酶在乳中残留,最终导致产品有苦味、结块分层;芽孢菌残留在乳中的芽孢最终导致产品在贮存期发生酸包、胀包等。

乳制品在加工过程中可发生污染。尤其是乳中耐热菌能耐过巴氏杀菌而继续存活。在杀菌及保温过程中,如果沾染了嗜热性酵母菌,可能有潜在危险性。

表 9-6 对超高温灭菌乳生产过程的危害进行了分析。根据危害分析结果,确定关键控制点,提出了预防与控制措施。

表 9-6 超高温灭菌奶生产过程危害分析表

| 加工步骤 | 食品安全危害 | 危害显著（是/否） | 判断依据 | 预防措施 | 关键控制点（是/否） |
|---|---|---|---|---|---|
| 储奶罐、配料缸、管道及前处理系统CIP清洗 | 生物性:细菌等微生物 | 是 | 不适当的清洗造成设备、管道中细菌残留 | 1.清洗用水应符合生活饮用水的规定;<br>2.通过既定CIP程序清洗、消毒,控制碱液计酸碱液浓度、温度、压力、清洗时间;<br>3.控制清水清洗时间,pH | 是 |
| | 化学性:清洗剂 | 是 | 不适当的清洗造成设备、管道中清洗剂的残留 | 通过既定CIP程序清洗、消毒、控制碱液及酸度浓度、温度、压力、清洗时间 | 是 |
| | 物理性:无 | 否 | | | 否 |

续表 9-6

| 加工步骤 | 食品安全危害 | 危害显著（是/否） | 判断依据 | 预防措施 | 关键控制点（是/否） |
|---|---|---|---|---|---|
| 净乳 | 生物性:细菌 | 是 | 不适当的清洗造成设备、管道中的细菌残留 | 通过既定的 CIP 程序清洗、消毒 | 否 |
| | 化学性:清洗剂等 | 是 | 不适当的清洗造成设备、管道中清洗剂的残留 | 通过既定的 CIP 程序清洗、消毒 | 否 |
| | 物理性:杂草、乳块、泥土等 | 是 | 不适当的工艺造成机械杂质残留 | 1.过滤器过滤;离心机定时排渣<br>2.抽样检验净乳效果,杂质度≤1.5 mg/kg | 否 |
| 冷却 | 生物性:细菌 | 是 | • 不适当的冷却温度、时间导致细菌繁殖;<br>• 不适当的清洗造成设备、管道中的细菌残留 | 1.控制冷却过程的时间和冷却后奶的温度;<br>2.通过既定 CIP 清洗、消毒;<br>3.后工序杀菌工艺杀灭致菌,使病原菌得到有效控制 | 否 |
| | 化学性:清洗剂等 | 是 | 不适当的清洗造成设备、管道中清洗剂的残留 | 通过既定的 CIP 程序清洗、消毒 | 否 |
| | 物理性 | 无 | | | |
| 贮存 | 生物性:细菌繁殖、产毒 | 无 | • 不适当的储存时间、温度造成细菌的增殖、产毒、产酶和代谢物的污染;<br>• 嗜冷菌繁殖导致细菌总数增加;<br>• 不适当的清洗造成设备、管道中细菌残留 | 1.控制冷藏储存时间、奶的温度变化在标准范围内;<br>2.通过既定 CIP 程序清洗、消毒;<br>3.后工序杀菌工艺杀灭致病菌,使病原菌得到有效控制 | 否 |
| | 化学性:清洗剂等 | 是 | 不适当的清洗造成设备、管道中清洗剂的残留 | 通过既定的 CIP 程序清洗、消毒 | 否 |
| | 物理性:环境污染物 | 是 | 储存容器密封不合适带来的环境污染物 | 封闭容器 | 否 |
| 标准化 | 生物性:细菌 | 是 | • 不适当的清洗设备造成设备、管道中细菌残留;<br>• 标准化时添加物的污染;<br>• 配料时不规范操作造成污染 | 1.通过既定的 CIP 程序清洗、消毒;<br>2.控制配料时水的温度和配料过程的时间;<br>3.后工序杀菌工艺杀灭致病菌 | 否 |
| | 化学性:清洗剂等 | 是 | 不适当的清洗造成设备、管道中清洗剂残留 | 通过既定的 CIP 程序清洗、消毒 | 否 |
| | 物理性:杂质、质量不达标 | 是 | • 添加物中带入、混入杂物(如纸屑、纤维等);<br>• 环境中带入杂质;<br>• 配料不准确 | 1.根据实验结果调整鲜奶质量达标要求;<br>2.按工艺要求将原料奶与辅料混合 | 否 |

续表 9-6

| 加工步骤 | 食品安全危害 | 危害显著（是/否） | 判断依据 | 预防措施 | 关键控制点（是/否） |
|---|---|---|---|---|---|
| 巴氏杀菌 | 生物性:细菌 | 是 | • 杀菌温度、时间不符合工艺标准造成细菌残留；<br>• 不适当的清洗造成设备、管道中细菌的残留 | 1.严格执行标准工艺；<br>2.通过既定的 CIP 程序清洗、消毒；<br>3.后工序杀菌工艺杀灭致病菌 | 否 |
| | 化学性:清洗剂等 | 是 | 不适当的清洗造成清洗剂残留 | 1.通过既定的 CIP 程序清洗、消毒；<br>2.设备的定期维修保养 | 否 |
| | 物理性:无 | 否 | | | |
| 冷却 | 生物性:细菌 | 是 | 不适当的清洗造成设备、管道中细菌残留 | 通过既定的 CIP 程序清洗、消毒 | 否 |
| | 化学性:清洗剂等 | 是 | 不适当的清洗造成设备、管道中细菌残留 | 通过既定的 CIP 程序清洗、消毒 | 否 |
| | 物理性:无 | 否 | | | |
| 中贮 | 生物性:细菌增殖、产毒 | 是 | • 不适当的储存时间、温度造成细菌的增殖、产毒、产酶和代谢物的污染；<br>• 不适当的清洗造成设备、管道中细菌残留 | 1.控制冷藏储存时间、奶的温度以及变化在标准范围内；<br>2.通过既定的 CIP 程序清洗、消毒；<br>3.后工序杀菌工艺杀灭致病菌 | 否 |
| | 化学性:清洗剂等 | 是 | 不适当的清洗造成设备、管道中清洗剂的残留 | 通过既定的 CIP 程序清洗、消毒 | 否 |
| | 物理性:环境污染物 | 是 | 储存容器密封不合适带来环境污染物 | 封闭容器 | 否 |
| 脱气 | 生物性:细菌 | 是 | 不适当的清洗造成设备、管道中细菌的残留 | 通过既定的 CIP 程序清洗、消毒 | 否 |
| | 化学性:清洗剂等 | 是 | 不适当的清洗造成设备、管道中细菌的残留 | 通过既定的 CIP 程序清洗、消毒 | 否 |
| | 物理性:空气 | 是 | 奶中空气含量超标 | 保证脱气的真空度 | 否 |
| 均质 | 生物性:细菌 | 是 | 不适当的清洗造成细菌残留 | 通过既定的 CIP 程序清洗、消毒 | 否 |
| | 化学性:清洗剂等 | 是 | 不适当的清洗造成设备、管道中清洗剂的残留 | 通过既定的 CIP 程序清洗、消毒 | 否 |
| | 物理性:机油、脂肪球上浮 | 是 | • 均质机泄露造成机油混入奶中；<br>• 均质压力不平稳,压力过小,均质不完全,发生"浮油"影响质量 | 1.设备的定期维修保养；<br>2.均质压力符合工艺要求 | 否 |

续表 9-6

| 加工步骤 | 食品安全危害 | 危害显著（是/否） | 判断依据 | 预防措施 | 关键控制点（是/否） |
|---|---|---|---|---|---|
| 超高温灭菌及灌装系统 CIP 清洗 | 生物性:细菌 | 是 | 不适当的清洗造成设备、管道中细菌残留 | 1.通过既定的 CIP 程序清洗、消毒,控制碱液及酸液浓度、温度、压力、清洗时间;<br>2.控制清水清洗时间、pH | 否 |
| | 化学性:清洗剂等 | 是 | 不适当的清洗造成设备、管道中清洗剂的残留 | 1.通过既定的 CIP 程序清洗、消毒,控制碱液及酸液浓度、温度、压力、清洗时间;<br>2.控制清水清洗时间、pH<br>3.后工序杀菌工艺杀灭致病菌及其他微生物 | 是 |
| | 物理性:无 | 否 | | | 否 |
| UHT 系统灭菌 | 生物性:细菌 | 是 | 不适当的杀菌造成设备、管道中细菌等微生物残留 | 1.通过既定的杀菌程序灭菌(温度≥136℃,时间≥30 min);<br>2. 后工序杀菌工艺杀灭致病菌及其他微生物 | 是 |
| | 化学性:无 | 否 | | | 否 |
| | 物理性:无 | | | | 否 |
| UHT 产品灭菌 | 生物性:细菌 | 是 | 杀菌温度、时间不符合工艺要求使产品中细菌存活并繁殖或导致牛奶褐变 | 严格执行杀菌工艺要求 | 是 |
| | 化学性:无 | 否 | | | 否 |
| | 物理性:无 | | | | 否 |
| 冷却 | 生物性:细菌 | 是 | • 不适当的杀菌造成设备、管道中细菌的残留;<br>• 冷却段系统的泄漏 | 1.通过既定的杀菌程序灭菌(温度≥136℃,时间≥30 min);<br>2. 监测压力范围,维持系统的正压 | 否 |
| | 化学性:无 | 否 | | | 否 |
| | 物理性:无 | 否 | | | |
| 包材灭菌 | 生物性:细菌 | 是 | • 外来细菌污染;<br>• 不适当的包材消毒程序造成包材内表面细菌残留 | 控制双氧水的浓度、温度、用量、接触时间 | |
| | 化学性:双氧水 | 是 | 不适当的包材消毒程序造成包材表面消毒剂残留 | 1.监控双氧水用量;<br>2.监控热空气温度 | 是 |
| | 物理性:无 | 否 | | | 否 |

续表 9-6

| 加工步骤 | 食品安全危害 | 危害显著（是/否） | 判断依据 | 预防措施 | 关键控制点（是/否） |
|---|---|---|---|---|---|
| 无菌灌装 | 生物性：细菌 | 是 | •热空气温度低，没有形成无菌系统；<br>•无菌室压力低使微生物侵入 | 1. 报警停机；<br>2. 对已出产品进行评估；<br>3. 调整温度、压力符合标准 | 是 |
| | 化学性：无 | 否 | | | 否 |
| | 物理性：无 | 否 | | | 否 |
| 封合成型 | 生物性：细菌 | 是 | 牛奶封口不严密，造成细菌二次污染 | 监控产品的密封性 | 是 |
| | 化学性：无 | 否 | | | 否 |
| | 物理性：无 | 否 | | | 否 |
| 装箱、入库 | 生物性：细菌 | 是 | 病原菌在适宜条件下繁殖 | 适宜的贮存时间 | 否 |
| | 化学性：无 | 否 | | | 否 |
| | 物理性：无 | 否 | | | 否 |
| 合格出厂 | 生物性：无 | 是 | 病原菌在适宜条件下繁殖 | 适宜的贮存时间 | 否 |
| | 化学性：无 | 否 | | | 否 |
| | 物理性：无 | 否 | | | 否 |
| 运输、销售 | 生物性：细菌 | 是 | 病原菌在适宜条件下繁殖 | 适宜的贮存时间 | 否 |
| | 化学性：无 | 否 | | | 否 |
| | 物理性：无 | 否 | | | 否 |

### 9.4.5 超高温灭菌乳 HACCP 计划

通过对乳制品的原料和加工过程的危害分析（可以采用 CCP 判断树法），确定的超高温灭菌乳关键控制点为：原料奶验收（生物性和化学性危害）、CIP 清洗系统（贮奶罐、配料缸、管道及前处理系统、超高温灭菌及灌装系统，生物性和化学性危害）、超高温灭菌（生物性危害）、包材灭菌（生物性和化学性危害）、无菌罐装（生物性和化学性危害）、封合成型（生物性危害）。

在确定关键控制点后，要确定各关键控制点的关键限值，建立各关键控制点的监控程序、纠偏措施、记录和验证程序等，制订出超高温灭菌乳的 HACCP 计划，如表 9-7 所示。

表 9-7 超高温灭菌乳 HACCP 计划表

| 关键控制点(CCP) | 显著危害 | 关键限值 | 监控 | | | | | 纠偏措施 | 记录 | 验证 |
|---|---|---|---|---|---|---|---|---|---|---|
| | | | 对象 | 内容 | 方法 | 频率 | 人员 | | | |
| 原料验收 | 生物性化学性 | 微生物指标符合标准抗生素反应阴性;重金属、农药、亚硝酸盐、硝酸盐残留、酸碱度等符合国家标准;酒精试验、掺伪试验达到标准 | 牛乳 | 微生物生长抗生素、重金属、农药残留、硝酸盐、亚硝酸盐残留、酸度碱、掺伪、口味等 | 微生物检验化学试验;感官检验;索证 | 每批 | 检验员 | 根据偏离情况处理:1.拒收 2.隔离 3.技术科进一步评价 4.查找原因反馈原奶事业部 | 供应商提供的相关证明;原料奶检验记录;拒收记录;纠偏记录 | 质量管理部门定期审查供应商提供的相关证明;定期审查原料奶接收检验记录;成品检验;成品保温实验 |
| 储奶罐、配料缸、管道及前处理系统CIP清洗 | 生物性化学性 | 清水清洗,碱液清洗(2%~2.5%,90℃以上,10 min)清水清洗,酸液清洗(1.5%~2%,90℃以上,10 min),水流量 | 接触乳的生产设备及管道 | 清洗时间、酸碱液浓度、温度、流量、压力 | 测定电导率,测定温度,测定pH,测定流量 | 每次 | 操作工 | 重新清洗 | 清洗记录;仪器矫正记录 | 检测清洗液微生物指标;检测清洗液pH;抽样检测产品微生物指标 |
| 超高温灭菌及灌装系统CIP清洗 | 生物性化学性 | 清水清洗,碱液清洗(2%~2.5% 90℃以上,10 min)清水清洗酸液清洗(1.5%~2% 90℃以上,10 min)清水清洗,水流量 | 接触乳生产设备及管道 | 清洗时间、酸碱液浓度、温度、流量、压力 | 测定电导率,测定温度,测定电导率,测定温度,测定pH,测定流量 | 每次 | 操作工 | 重新清洗 | 清洗记录;仪器校正记录 | 检测清洗液微生物指标;检测清洗液pH;抽样检测产品微生物指标 |

续表 9-7

| 关键控制点（CCP） | 显著危害 | 关键限值 | 监控 | | | | | 纠偏措施 | 记录 | 验证 |
|---|---|---|---|---|---|---|---|---|---|---|
| | | | 对象 | 内容 | 方法 | 频率 | 人员 | | | |
| UHT灭菌 | 生物性 | 灭菌温度;(140±2)℃,灭菌时间:4 s | 牛乳 | 时间,温度 | 自动温度记录仪查看机械式温度表查看流量计显示器 | 连续半小时一次 | 操作工,检验员 | 根据偏离情况处理:1.隔离产品技术科进行评估产品2.重新杀菌3.修复自动回流装置4.查找原因采取措施 | 灭菌记录;纠偏记录 | 抽样检测产品微生物指标;质量部定期审查灭菌记录 |
| 包材灭菌 | 生物性物理性 | 双氧水浓度≥30%,≤50%,温度≥70℃,≤78℃,用量符合要求 | 双氧水 | 双氧水浓度、温度、包材走速 | 观察双氧水温度、用量情况、包材走速 | 连续 | 操作工 | 根据偏离情况处理:1.重新杀菌2.报废3.调整设备到最佳状态 | 双氧水使用记录;纠偏记录 | 质量部定期检查使用记录 |
| 无菌灌装 | 生物性化学性 | 热空气温度(360±5)℃,无菌压力符合规定 | 热空气,无菌室压力 | 无菌灌装区域工作期间始终处于无菌状态 | 监控热空气温度;检测无菌室压力; | 连续 | 操作工 | 根据偏离情况处理:1.报警停机2.对已出成品评估3.调整压力4.调整设备到最佳状态 | 热空气灭菌记录;纠偏记录 | 质量部定期检查记录 |
| 封合成型 | 生物性 | 封口严密 | 包装产品 | 包装产品封口严密性 | 撕拉实验 | 开机检查,然后每10 min抽取2个检查 | 操作工,检验员 | 根据偏离情况处理:1.调整设备到最佳状态2.隔离产品,评估其安全性3.报废,另作它用 | 检验记录;纠偏记录 | 保温实验;质量部定期抽检 |

### 9.4.6　HACCP 系统运转的验证和记录保存

每 1 h 由车间检验员负责 CCP 的抽查验证并做记录,每 2 h 由品控部抽取成品样,做理化及微生物检验,确认受控情况。每 3 个月由 HACCP 小组对原辅料、监控记录、配方、纠偏措施及监控计量仪器精度记录、成品检验记录、一般卫生管理记录等进行核查以确认系统处于正常运转中。若一段时间出现相类似的失控事故,则 HACCP 小组需要重新审查制定管制标准与措施是否得当,并责成相关部门予以修正。

记录的内容包括:原料验收记录;杀菌记录;无菌罐装记录;CIP 清洗记录等。出现失控时的内容、场所、时间、原因及调查结果以及处理方法记录;一般卫生管理的记录:车间设备机械器具消毒记录,包括频率、操作过程及所用时间和当事人等,蚊、蝇、虫、鼠等的防御措施,生产工人的卫生管理等。HACCP 记录至少保留 3 年,由资料室统一管理。

### 思考题

1. HACCP 系统是怎么产生与发展的?
2. 简述我国 HACCP 的应用情况。
3. 简述 HACCP 的 7 个原理。
4. 草拟一份所熟知的食品加工的 HACCP 计划表。
5. 制订一份某食品的 HACCP 计划。

### 指定学生参考书

曾庆孝,许喜林.食品生产的危害分析与关键控制点(HACCP)原理与应用[M].广州:华南理工大学出版社,2000.

### 参考文献

[1] 岑俏媛等.HACCP 体系在食品行业中的应用研究进展[J].广东农业科学,2019,46(6):133-141.

[2] 孟冲.HACCP 体系在我国食品工业中的实施水平及其影响因素研究[D].南京:南京农业大学,2012.

[3] 熊传武.HACCP 体系在中国食品企业的运用分析[J].食品安全导刊,2018(34):18-22.

[4] 付莉莉.食品企业成功实施 HACCP 的影响因素和效益分析[D].天津:天津大学,2013.

[5] 谭玉晶.HACCP 体系在乳品企业中的应用研究[D].宁波:宁波大学,2013.

[6] 岳刚,赵建坤.HACCP 体系理解与实施指南[M].北京:中国标准出版社,2007.

[7] 国家质量监督检验检疫总局,译.欧盟食品安全法规概述[M].北京:中国计量出版社,2007.

[8] CAC. Principle and Application of HACCP System. Alinorm Codex Alimentations Commission,Washington D. C.　Report of 25th Session the Codex Committee on food hy-

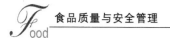
giene,1991.

 [9] FDA,U. S. Depertment of Health and Human Services. HACCP Guideline[M]. Food Code. Annex 5,1994.

**编写人:陈绍军(福建农林大学)**

第 10 章
# 食品质量和安全检验

## 学习目的与要求

学会建立食品质量和安全检验组织机构、编制质量检验计划和实施质量检验。

我国食品安全法规定,"县级以上人民政府食品药品监督管理部门应对食品进行定期或者不定期的抽样检验,并依据有关规定公布检验结果,不得免检。食品生产企业可以自行对所生产的食品进行检验,也可以委托符合本法规定的食品检验机构进行检验。食品行业协会和消费者协会等组织、消费者需要委托食品检验机构对食品进行检验的,应当委托符合本法规定的食品检验机构进行。"食品质量检验是食品质量和安全管理体系的重要组成部分,是保证和提高食品质量的重要手段,也是我国食品质量安全市场准入的重要组成部分。人民群众对食品安全十分关心和关注,党的二十大报告提出"我们要实现好、维护好、发展好最广大人民根本利益,紧紧抓住人民最关心最直接最现实的利益问题,坚持尽力而为、量力而行","着力解决好人民群众急难愁盼问题,健全基本公共服务体系,提高公共服务水平"。在现代食品质量与安全管理活动中,质量检验不仅仅是对最终产品的检验,而且是对食品生产全过程的检验,我们需要形成一套完整科学的体系。

## 10.1　质量和安全检验概述

质量检验是指采用一定的检验测试手段和检查方法,测定原材料、半成品和产品的质量特性,然后把测定的结果同规定的质量标准进行比较,从而对产品做出合格或不合格的判断,决定原料能否用于生产,中间产品能否用于下道工序,成品能否供应市场。在不合格的情况下做出适用或不适用的判断。

### 10.1.1　质量和安全检验的步骤

(1)检验的准备　即明确检验的要求,根据产品技术标准和考核指标,明确检验的项目及其质量标准;在抽验的情况下,要明确采用什么样的抽样方案,什么是合格品或合格批。

(2)检测　用一定的方法和手段检测产品,得到质量特性值和结果。

(3)记录　把所有测量的有关数据,按规定要求认真做好记录。按质量体系文件规定的要求对质量记录进行控制。

(4)比较和判定　将测试得到的数据同质量标准比较,确定是否符合质量要求,然后判定单个产品是否为合格品,批量产品是否为合格批。

(5)处理　对单个产品,合格的放行,不合格的打上标记,隔离存放,另作处置;对批量产品决定接收、拒收、筛选、复检等。

(6)报告　记录数据和判定的结果,向上级或有关部门作出报告,以便促使各个部门改进工作。

### 10.1.2　质量和安全检验的职能

(1)评价(鉴别)职能　企业的质量检验机构根据技术标准、合同、法规等,对产品质量形成的各阶段进行检验,并将检验结果与标准比较,做出符合或不符合的判断,或对产品质量水平进行评价。这一职能主要由专职检验员完成。

（2）保证职能　即把关的职能。通过从原材料开始到半成品直至成品的严格检验,道道把关,保证不合格的原材料不投产,不合格的半成品不转入下道工序,不合格的成品不出厂。这是质量和安全检验最主要、最基本的职能。

（3）预防职能　在质量检验的过程中,收集和积累反映质量状况的数据和资料,从中发现规律性、倾向性的问题和异常现象,为质量控制提供依据,以便及时采取措施,防止同类问题再发生。

（4）报告职能　通过对检验结果的记录和分析,对产品质量状况作出评价,向上级或有关部门作出报告,为改进设计、加强管理和提高质量提供必要的信息和依据。

（5）改进职能　充分发挥质检人员对整个生产过程非常熟悉的优势,积极参与质量改进工作,为保证产品质量的稳定和提高做出贡献。

### 10.1.3　质量和安全检验的形式

（1）查验原始质量凭证　在所供货物质量稳定,供货方有充分信誉的条件下,质量检验往往采取查验原始质量凭证,如质量证明书、合格证、检验或试验报告等以认定其质量状况。

（2）实物检验　对产品最终性能、食品安全性有决定性影响的物料和质量特征,必须进行实物质量检验。由本单位专职检验人员或委托外部检验单位按规定的程序和要求进行检验。

（3）派员进厂(驻厂)验收　采购方派员到供货方对其产品、产品的形成过程和质量控制进行现场查验,认定供货方产品生产过程质量受控,产品合格,给予认可接受。

### 10.1.4　质量和安全检验的方式

（1）进货检验　进货检验是在加工产品之前对原材料、辅料和半成品进行的检验,包括对供货单位提供的首件(批)样品的检验和成批供货的入厂检验。目的是以合格的原材料投入生产,保证生产正常运行。

进货检验应在原材料、辅料和半成品进厂时及时进行,主要是检验质量保证单和供货单位签发的合格证;核对数量、规格、批号,查验封存期、使用期是否超过;必要时进行理化和微生物检验,提出检验报告;对不合格品做出明显标记,进行隔离;并通知采购部门处理。

（2）工序检验　工序检验是在产品生产过程中,由专职检验人员在工序间对成品、半成品进行检验,目的在于剔除生产过程中的不合格品,预防大批废品的产生,并防止废品流入下道工序。

（3）成品检验　成品检验也称为最终检验,是对最终完工产品入库前的一次全面检验。目的是剔除废次品,保证出厂产品的质量。它是防止不合格品出厂的必要措施。检验时应把成品质量特性的实际检测结果记录下来,及时整理,向有关部门做出报告。

（4）固定检验　固定检验是指在固定的地点进行的检验。固定检验是利用技术检验装备对关键工序的产品质量进行检查,其作用是保证产品的关键质量特性。

（5）流动检验　流动检验又称巡回检验,是专职检验员到操作者的工作场地所进行的检验。巡回检验时,检验员按一定的检验路线和巡回次数,对有关工序加工的半成品、成品的质量,操作工人执行工艺的情况,工序控制图上检验点的情况,以及废次品的隔离情况进行检查。通过巡回检验可以及时发现生产过程中的不稳定因素并加以纠正,防止成批不良品的产生,同时也便于专职检验员对操作者进行指导。

(6)全数检验　全数检验是对提交检验的产品逐件进行的检验,一般能较可靠地把好质量关,但校验时工作量较大。通常对于加工技术复杂、精度要求较高的产品,批量较小的产品,对下道工序或成品质量影响较大的关键工序采用全数检验。它的检验对象是每个产品。

(7)抽样检验　抽样检验是按照预先确定的抽样方案,在整批检验对象中抽取一定数量样品进行检查,并根据这部分产品的抽检结果对整批检验对象的质量进行判断、处理的检验方式。抽样检验可以减少检验工作量,但一般只适合于批量较大,工序处于比较稳定状态的情况下。对于需要进行破坏性试验的产品也采用抽样检验,处理对象是批。

(8)首件检验　首件检验是指在更换操作者,更换加工对象,调整设备与工艺装备,工艺方法有较大变动后,对加工出来的第一件或头几件产品进行的检验。其作用是及时发现系统性缺陷,防止成批报废。

(9)统计检验　统计检验是运用概率论和数理统计原理,借助统计检验图表进行的检验。统计检验可以减少专职检验的工作量,但一般只适用于大量大批生产的中间工序。凡是工序能力能够满足产品质量要求,且从控制图等图表中反映出工序处于受控状态的产品,专职检验部门就可判定其为合格。

### 10.1.5　质量和安全检验的依据

食品质量检验的依据主要有:食品安全标准、食品检验方法标准和食品其他标准。

(1)食品安全标准　《食品安全法》规定:"食品安全标准是强制执行的标准。除食品安全标准外,不得制定其他的食品强制性标准。食品安全国家标准由国务院卫生行政部门会同国务院食品药品监督管理部门制定、公布,国务院标准化行政部门提供国家标准编号。食品安全国家标准应当经国务院卫生行政部门组织的食品安全国家标准审评委员会审查通过。食品安全国家标准审评委员会由医学、农业、食品、营养、生物、环境等方面的专家以及国务院有关部门、食品行业协会、消费者协会的代表组成,对食品安全国家标准草案的科学性和实用性等进行审查。对地方特色食品,没有食品安全国家标准的,省、自治区、直辖市人民政府卫生行政部门可以制定并公布食品安全地方标准,报国务院卫生行政部门备案。食品安全国家标准制定后,该地方标准即行废止。省级以上人民政府卫生行政部门应当会同同级食品药品监督管理、质量监督、农业行政等部门,分别对食品安全国家标准和地方标准的执行情况进行跟踪评价,并根据评价结果及时修订食品安全标准。"可见国家、地方和企业制定的食品安全标准是食品质量与安全检验的最重要的依据。

(2)食品检验方法标准　食品检验方法标准主要规定了检测方法的过程和操作,使用的仪器及化学试剂等。《食品安全法》规定,"食品中农药残留、兽药残留的限量规定及其检验方法与规程由国务院卫生行政部门、国务院农业行政部门会同国务院食品药品监督管理部门制定。屠宰畜、禽的检验规程由国务院农业行政部门会同国务院卫生行政部门制定。"

### 10.1.6　质量和安全检验制度

我国借鉴国外经验以及长期的实践,已形成了一整套行之有效的质量检验管理原则和制度。

(1)三检制　三检制是指操作者的自检、操作者之间的互检和专职检验人员的专检相结合的一种检验制度。自检是操作者对自己所加工的产品,按照工艺要求和质量指标等技术参数自行检验,并做出是否合格的判断。互检是指操作者之间进行互相检验。专检是由专职人员进行的检验。专业检验是现代化大生产劳动分工的客观要求,是互检和自检无法代替的。

(2)重要工序双岗制　重要工序是指生产过程的关键工序,或者是无参数或结果记录的工序等。所谓双岗制,就是在这些工序中,除了有操作者还应有质检人员,以监督该工序必须按规定的程序和要求进行。

(3)留名制　这是一种重要的责任制,是在整个生产过程中,包括原辅料进厂、每道工序之后、成品入库和出厂,进行检验和交接、存放和运输,责任者都应该在有关记录上签名,以示负责。特别是在成品出厂检验单上,检验员必须签名或加盖印章。

(4)追溯制　许多企业都在实行追溯性管理。将产品生产者和检验者的姓名都记录保存,在适当的产品部位注明生产者和检验者,这些记录与带标志的产品同步流转。追溯制分批次、日期、连续序号 3 种管理办法。

## 10.2　质量和安全检验的组织

食品安全法规定:"食品检验机构按照国家有关认证认可的规定取得资质认定后,方可从事食品检验活动。但是,法律另有规定的除外。食品检验机构的资质认定条件和检验规范,由国务院食品药品监督管理部门规定。符合本法规定的食品检验机构出具的检验报告具有同等效力。县级以上人民政府应当整合食品检验资源,实现资源共享。食品检验由食品检验机构指定的检验人独立进行。检验人应当依照有关法律、法规的规定,并依照食品安全标准和检验规范对食品进行检验,尊重科学,恪守职业道德,保证出具的检验数据和结论客观、公正,不得出具虚假的检验报告。食品检验实行食品检验机构与检验人负责制。食品检验报告应当加盖食品检验机构公章,并有检验人的签名或者盖章。食品检验机构和检验人对出具的食品检验报告负责。"

为了保证检验工作的顺利进行,食品企业首先要建立专职检验部门,并配备具有相应专业知识的检验人员。如图 10-1 所示。

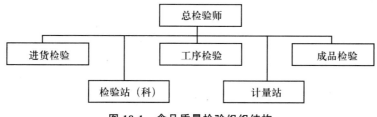

**图 10-1　食品质量检验组织结构**

## 10.3 质量和安全检验计划

质量和安全检验计划就是对检验涉及的活动、过程和资源做出规范化的书面文件规定,用以指导检验活动,使其能正确、有序、协调地进行。

检验计划是生产企业对整个检验工作进行系统策划和总体安排。一般以文字或图表形式明确的规定检验点(组)的设置、资源的配置(包括人员、设备、仪器、量具和检具)、检验方式和工作量。质量检验计划是指导检验人员工作的依据,是企业质量工作计划的一个重要组成部分。

### 10.3.1 质量和安全检验计划的编制

(1)编制质量检验计划的目的

①可使分散在各个生产单位的检验人员熟悉和掌握产品及其检验工作的基本情况和要求,指导他们的工作,更好地保证检验的质量。

②可保证企业的检验活动和生产作业活动密切协调和紧密衔接。

(2)质量检验计划的作用

①按照产品加工及物流的流程,充分利用企业现有资源,统筹安排检验点的设置,可以节约质量成本中的检验费用,降低产品成本。

②根据产品和工艺要求合理地选择检验项目和方法,合理配置和使用人员、设备、仪器仪表和量具,有利于调动每个检验人员的积极性,提高检验的工作质量和效率,降低物质和劳动消耗。

③对不合格产品按不合格程度分级,并实施管理,能够充分发挥检验职能的有效性,在保证产品质量的前提下降低产品制造成本。

④使检验工作逐步实现规格化、科学化和标准化,使产品质量能够更好地处于受控状态。

(3)编制检验计划的原则

①充分体现检验计划的目的。一是防止产生和及时发现不合格品;二是保证检验通过的产品符合质量标准的要求。

②对检验活动能起到指导作用。检验计划必须对检验项目、检验方式和检验手段等具体内容有清楚、准确、简明的叙述和规定,而且应能使检验活动相关人员有同样的理解。

③关键质量应优先保证。所谓关键质量是指产品关键的质量特性。对这些质量环节要优先考虑和保证。

④进货检验应在采购合同的附件中作出说明。对外部供货商的产品质量检验,应在合同的附件或检验计划中详细说明,并经双方共同评审确认。

⑤综合考虑检验成本。制订检验计划时要综合考虑质量检验成本,在保证产品质量的前提下,尽量降低检验费用。

(4)质量检验计划的内容

①编制质量检验流程图,合理设置检验点,确定合适生产特点的检验程序。

②编制检验指导书(检验规程、细则或检验卡片)。

③编制检验手册。

### 10.3.2 检验流程图的编制

检验流程图,如图 10-2 所示,是从原料或半成品投入到最终生产出成品的整个过程中安排各项检验工作的一种图表。检验流程图是正确指导检验活动的重要依据,它有助于管理人员对该产品的检验工作通盘考虑。通过检验流程图可明确检验重点和检验方式,合理地使用检验力量,掌握生产过程中对检验工作的各种需要,以便采取相应措施来实现这些需要。检验流程图一般包括检验点设置、检验项目、检验方式、检验手段、检验方法和检验数据处理等内容。

(1)检验点设置 检验点是指需要由专职检验人员进行检验的工序或环节。确定在哪些工序或环节设置检验点是企业检验计划工作重要内容。

检验点对象的选择与产品的复杂程度、生产组织形式、工艺路线的安排等因素有关,一般情况下,可在下列工序或环节作为选择设置检验点的对象:原材料、外购件、外协件的进厂验收;质量容易波动或对成品质量影响较大的关键工序检验;检验手段或检验技术比较复杂,靠操作工人自检、互检无法保证质量的工序;工艺阶段的末道工序和成品入库验收。

(2)检验项目设置 根据产品技术标准、工艺文件所规定技术的要求,列出质量特性表,并按质量特性缺陷严重程度对缺陷进行分级,以此作为检验项目。

质量特性的重要程度一般可分为 3 级。

①关键质量特性:符号记为"A"。这种质量特性如果达不到要求,造成的缺陷称为致命缺陷。致命缺陷对使用、维修或保管产品的人有危险性,对产品的基本功能有致命影响。

②重要质量特性:符号记为"B"。这种质量特性如果达不到要求,造成的缺陷称为重缺陷。重缺陷能够使产品造成故障或严重降低产品的实用性能。

③一般质量特性:符号记为"C"。这种质量特性如果达不到要求,造成的缺陷称为轻缺

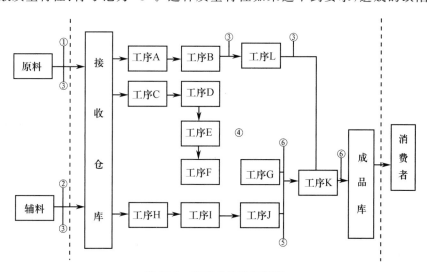

**图 10-2 某产品检验流程图**

①供货单位产品质保书 ②供货单位产品合格书 ③抽样验收 ④巡回检验
⑤统计检验 ⑥全数检验 未标明检验点的工序表示操作者自检和互检

陷。轻缺陷只对产品的实用性能有轻微影响或几乎没有影响。

（3）检验方式　根据工序能力和质量特性的重要程度明确自检、专检、定点检和巡回检等。

（4）检验手段　明确是理化检验，还是感官检验。

（5）检验方法　明确检验的具体方法和操作步骤。

（6）检验数据处理　规定如何搜集、记录、整理、分析和传递质量数据。

### 10.3.3　编制检验指导书

检验指导书又称检验规程或检验卡片，是产品生产制造过程中，用以指导检验人员正确实施产品和工序检验的技术文件，是产品检验计划的一个重要部分。对关键的、重要的质量特性都应编制检验指导书。在指导书上应明确规定需要检验的质量特性及其质量要求、检验手段、抽样的样本容量等。通过检验指导书，检验员就能知道检的项目及如何检验，有利于质量检验工作正常进行。

### 10.3.4　编制检验手册

检验手册是质量检验活动的管理规定和技术规范的文件集合。它是质量检验工作的指导文件，是质量体系文件的组成部分，是质量检验人员和管理人员的工作指南，加强生产企业的检验工作，使质量体系的业务活动实现标准化、规范化、科学化。

检验手册基本上由程序性和技术性两方面内容组成。程序性检验手册的具体内容有：①质量检验体系和机构，包括机构框图，机构职能（职责、权限）的规定；②质量检验的管理制度和工作制度；③进货检验程序；④过程（工序）检验程序；⑤成品检验程序；⑥计量控制程序（包括通用仪器设备及计量器具的检定、校检周期表）；⑦检验有关的原始记录表格格式、样式及必要的文字说明；⑧不合格产品审核和鉴别程序；⑨检验标志的发放和控制程序；⑩检验结果和质量状况反馈及纠正程序。

技术检验手册可因不同产品和过程（工序）而异。主要内容有：①不合格产品严重性分级的原则和规定；②抽样检验的原则和抽样方案的规定；③各种材料规格及其主要性能及标准；④工序规范、控制、质量标准；⑤产品规格、性能及有关技术资料，产品样品、图表等；⑥试验规范及标准；⑦索引、术语等。

编制检验手册是专职检验部门的工作，由熟悉产品质量检验管理和检测技术的人员编写，并经授权的负责人批准签字后生效。

## 10.4　抽样检验和检验送样

### 10.4.1　抽样检验概述

对质量要求较高的产品，最后仍需人工全检。在产品价值较低、批量较大的情况下，采用全检需耗费大量的人工和时间，很不经济。抽样检验时，由于抽检的检验量少，因而检验费用低，较为经济，所需检验人员较少，管理也不复杂，有利于集中精力，抓好关键质量；适用于破坏性检验；由于是逐批判定，对供货方提供的产品可能是成批拒收，这样能够起到刺激供货方加强质量管理的作用。但是,抽验也存在着缺点:经抽验合格的产品批中,混杂一定数量的不合格品;抽验存在着一定的错判风险,不过,风险的大小可根据需要加以控制;抽验前要设计抽验方案,增加了计划工作和文件编制工作量;抽验所提供的质量情报比全检少。

抽样检验的基本术语如下。

(1)单位产品　就是组成产品总体的基本单位,如一瓶奶粉、一个月饼等,又称检验单位。

(2)生产批　在一定条件下生产出来的一定数量单位产品所构成的总体称为生产批,简称批。

(3)检验批　为判定质量而检验的且在同一条件下生产出来的一批单位产品称为检验批,又称交验批、受验批,有时混称为生产批,简称批。批的形式有稳定批和流动批 2 种。前者是将整批产品贮放在一起,同时提交检验;后者的单位产品不需预先形成批而是逐个地从检验点通过,由检验员直接进行检验。一般说来,成品检验常用稳定批的形式,工序检验采用流动批的形式。

(4)批量　批中所含单位产品个数,记作 $N$。

(5)生产者与购进者　检验活动中,生产或提供产品做检验的任何个人、部门或企业称为供应者或生产者;接受产品的一方称为购进者或消费者,它可以直接是用户,也可以是其他生产者。

### 10.4.2　抽样检验方案

在抽样检验中,为了确定样本含量和判断检验批是否合格而规定的一组规则称为抽样检验方案,简称抽检方案,包括如何抽取样组、样组大小及为了判定批合格与否的判别标准等。在抽样检验的实践中,为了适应各种不同的情况,已经形成了许多具有不同特点的抽样检验方案。

根据在检验批中最多抽样几次后才能作出批合格与否的判定这一准则,抽样检验可分为 1 次、2 次、多次以及序贯抽验等形式。在此仅介绍一次抽验方案,如需深入了解,可参阅专门书籍。

一次抽检方案是最简单的计数抽样检验方案,通常用 $(N, n, C)$ 表示。即从批量为 $N$ 的交验产品中随机抽取 $n$ 件进行检验,并且预先规定一个合格判定数 $C$。如果发现 $n$ 中有 $d$ 件不合格品,当 $d \leqslant C$ 时,则判定该批产品合格,予以接收;当 $d > C$ 时,则判定该批产品不合格,予以拒收。例如,当 $N = 100, n = 10, C = 1$,则这个一次抽检方案表示为 $(100, 10, 1)$。其含义是指从批量为 100 件的交验产品中,随机抽取 10 件,检验后,如果在这 10 件产品中不合格品数为 0 或 1,则判定该批产品合格,予以接受;如果发现这 10 件产品中有 2 件以上不合格品,则判定该批产品不合格,予以拒收。如图 10-3 所示。

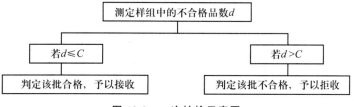

**图 10-3　一次抽检示意图**

### 10.4.3 抽检样品采集的方法

（1）简单随机抽样法 即平常所说的随机抽样法，就是指总体中的每个个体被抽到的机会是相等的。可采用抽签、抓阄、查随机数值（乱数表）等办法。其优点是抽样误差小，缺点是抽样手续较繁杂。

（2）系统随机抽样法 它又叫等距抽样法或机械抽样法，是每隔一定时间或一定编号进行，而每一次又是从一定时间间隔内生产出的产品或一段编号的产品中任意取出一个。其操作简便，实施起来不易出差错。但在总体发生周期性变化的场合，不宜使用。

（3）分层抽样法 它又叫类型抽样法。它是从一个可以分成不同层（或称子体）的总体中，按规定的比例从不同层中随机抽取样品的方法。此法常用于产品质量验收，其优点是样本代表性较好，抽样误差较小。

（4）整群抽样法 它又叫集团抽样法。它是将总体分成许多群（组），每个群（组）由个体按一定方式结合而成，然后随机地抽取若干群（组），并由这些群（组）中的所有个体组成样本。其优点是抽样实施方便，缺点是由于样本取自个别几个群体，而不能均匀地分布在总体中，因而代表性较差，抽样误差大。

### 10.4.4 检验采样

采样就是根据一定的原则，借助于一定的仪器工具从被检对象中抽取供检验用样品的过程。在食品检验中，样品采集是极为重要的一个步骤。样品种类不同，采样数量及采样方法也不一样。但是，采样总的要求是采集得到的样品必须具有代表性，即所采取的样品能够代表食物的所有成分。采样时必须注意生产日期、批号和样品的代表性、均匀性，采样数量应能反映该食物的卫生质量和满足检验项目对试样量的需要，一般要求一式 3 份，分别供检验、复检及备查用，每份不少于 500 g。

#### 10.4.4.1 采样方案

①外地调入的食品应注意运货单、卫生证明、商检机关或卫生部门的化验单，了解起运日期、来源、数量、品质及包装情况。在工厂、仓库或商店采样时，应了解食品批号、制造日期、厂方化验记录及现场卫生状况，同时注意其运输、保管条件、外观、包装等情况。

②液体、半液体食品，如植物油、鲜乳、酒或其他饮料，应先行充分混匀后再采样或分层采样。样品应分别盛放在 3 个干净的容器中，盛放样品的容器不得含有待测物及干扰物。

③粮食及固体食品应自每批食品堆垛的上、中、下 3 层的不同部位及每层的四角和中央，分别采取部分样品混合后按四分法采样。

④肉类、水产等食品应按分析项目要求分别采取不同部位的样品混合后取样。

⑤罐头、瓶装食品或其他小包装食品应根据批号随机取样。同一批号取样件数：250 g 以上的包装不得少于 6 个；250 g 以下的包装不得少于 10 个。

当怀疑发生食物中毒时，应及时收集可疑中毒源食品或餐具，同时收集病人的呕吐物、粪便或血液等。当怀疑某一动物产品可能带有人畜共患病病原体时，应结合畜禽传染病学的基础知识，采取病原体最集中、最易检出的组织或体液送实验室检验。

#### 10.4.4.2  采样方法

(1)直接采样  单相液体和均匀粉末状食品,如瓶装饮料、奶粉等小包装食品有一定的均匀性,各包、各瓶相仿,因此按抽验方案随机取样就能代表这批食品。

(2)混匀采样  有些食品表面看似均匀,但实际未必,体积很大时尤其这样。如对于未分装的液体和粉末状食品应先混匀后再行采样。

(3)四分法采样  采样时每次将样品混匀后,去掉 1/4,将剩下的 3/4 样品混匀后又去掉 1/4,这样反复进行,直到剩余量达到所需测定数量为止。这种方法比较适用于颗粒状和粉末状食品。

(4)分级采样  整车、整仓、整船的大量不均匀又不能搅拌的散装或包装食品如粮食、油料、蔬菜、鱼、肉等,可以按采样方案先采得大样,再从已取样品中再次取样,这样得到了一连串逐渐减少了的制备样品,分别叫一级、二级、三级……N 级样品,检验用样品可从最末一级样品中制备。

(5)几何采样  当对所采食品的全部性质不了解时可采用这种方法。此法是把整个一堆食品看成一种有规则的几何体,取样时把这个几何体想象地分为若干体积相等的部分,从这些部分分别取得支样,再从混合的支样中取得样品。它只能适用于大堆食品的取样。

(6)流动采样  是在食品生产或装卸过程中,根据抽验方案每隔一定时间取出适量的样品。取出样品可直接进行检验,也可混匀后从中再次取样后用于化学分析等用量少的检验项目。

(7)分档采样  在食品品质相差很大、不宜混匀的情况下,可根据现场调查观察食品堆积形状大小和感官差异等进行分类分档,再从各档食品分别采取若干样品送检。

#### 10.4.4.3  对采样用具的要求

所有的采样工具和容器应清洁、干燥、无异嗅味。不能用装过不洁物的废纸和塑料薄膜及容器包装盛放样品,也不能用不洁物做瓶塞。对于微量与超微量分析,应对盛装样品的容器进行预处理,如检验食品中的铅含量需在盛样前对容器进行去铅处理。供作微生物检验的采样用具,宜选用耐消毒的材料如玻璃、陶瓷、搪瓷、铝、不锈钢、棉布、牛皮纸等制作,以便清洁灭菌。对于液体食品或饮料的采样,可用被采食品或饮料将其冲洗数次,以减少容器对样品的污染。对罐头、汽水、奶粉等小包装食品,采样时可用整罐、整瓶、整袋原装食品作样品。盛装样品的容器大小应适合所采样品。盛装液体样品的容器宜用小口或磨口具塞玻璃瓶或聚乙烯塑料瓶,以免样品溢出或被污染。塑料薄膜袋多具有一定透气性,不宜长期存放样品,特别是吸附性或挥发性及易变质的样品。

#### 10.4.4.4  样品的保存

采得样品后为了防止水分或其挥发性成分散失以及其他待测成分变化,应尽快进行检验,尽量减少保存时间。如不能立即分析则应妥善保存,以保持其原有形状和组成,把样品离开总体后的变化减少到最低限度。

在样品保存过程中应防止污染、防止腐败变质、稳定水分、固定待测成分。为此,必须做到:①操作者的双手和使用的工具器皿要清洁无菌;②封低温冷藏,温度以 0～5℃为宜;③加入适量的溶剂和稳定剂。

### 10.4.4.5　采样注意事项

(1)采样前应调查被检食品过去的状况　包括文字记录等,一般应有食品种类、批次、生产或贮运日期、数量、包装堆积形式、货主、来源、存放地、生产流通过程以及其他一切能揭示食品发生变化的材料。外地运入食品应审查该批食品所有证件,如货运单、质量检验证明书、兽医卫生证明、商品检验和卫生检验机关的检验报告等。采样完毕后应开具证明和收据交货主并注明样品名称、数量、采样时间和经手人等。

(2)样品封缄　采样最好应有2人在场共同封缄,以防在送样过程中偷换、增减、污染、稀释、消毒、溢漏、散失等,从而保证样品的真实性和可靠性。

(3)样品运送　采好样品应尽快送实验室或分析室检验。运送途中要防止样品漏溢散失、挥发吸潮、氧化分解、毁损、丢损和污染变质,以防样品在检验前发生变化。实验室接到样品后,应尽快检验,否则应妥善保存。

(4)样品保留　对于重大事件所采集的样品、可能需要复验及再次证明的样品,应封存一部分并妥当保存一段时间。样品保留时间的长短,需视检验目的、食品种类和保存条件而定。

(5)认真填写采样记录　写明采样单位、地址、日期、样品批号、采样条件、包装情况、采样数量、检验项目及采样人。无采样记录的样品,不得接受检验。

## 10.5　感官检验

### 10.5.1　概述

感官检验是以人的感觉为依据,用科学试验和统计方法来评价食品质量的一种检验方法,有以下优点。

①通过对食品感官性状的综合性检查,可以及时、准确地检验出食品质量有无异常,便于提早发现问题并进行处理,避免对人造成危害。

②方法直观,手段简便,不需要借助任何仪器设备。

③感官检验方法不仅能直接发现食品感官性状在宏观上出现的异常现象,而且当食品感官性状发生微观变化时也能很敏锐地察觉到。

食品感官检验的基本方法有视觉检验法、嗅觉检验法、味觉检验法和触觉检验法。

(1)视觉检验法　这是判断食品质量的一个重要感官手段。食品的外观形态和色泽对于评价食品的新鲜程度、食品是否有不良改变以及蔬菜、水果的成熟度等有着重要意义。

视觉检验应在白昼的散射光线下进行,以免灯光阴暗发生错觉。检验时应注意整体外观、大小、形态、块形的完整程度、清洁程度、表面有无光泽、颜色的深浅色调等。在检验液态食品时,要将它注入无色的玻璃器皿中,透过光线来观察;也可将瓶子颠倒过来,观察其中有无夹杂物下沉或絮状物悬浮。

(2)嗅觉检验法　嗅觉是指食品中含有挥发性物质的微粒子浮游于空气中,经鼻孔刺激嗅觉神经所引起的感觉。人的嗅觉比较复杂,亦很敏感。同样的气味,因个人的嗅觉反应不同,故感受喜爱与厌恶的程度也不同。同时嗅觉易受周围环境的影响,如温度、湿度、气压等对嗅觉的敏感度都具有一定的影响。人的嗅觉适应性特别强,即对一种气味较长时间的刺激很容易适应。

食品的气味是一些具有挥发性的物质形成的,进行嗅觉检验时常需稍稍加热,但最好是在15～25℃的常温下进行,因为食品中的挥发性气味物质常随温度的高低而增减。在检验食品的异味时,液态食品可滴在清洁的手掌上摩擦,以增加气味的挥发。识别畜肉等大块食品时,可将一把剪刀稍微加热刺入深部,拔出后立即嗅闻气味。

(3)味觉检验法 感官检验中的味觉对于辨别食品品质的优劣是非常重要的一环。在感官检验其质量时,常将滋味分类为甜、酸、咸、苦、辣、涩、浓、淡、碱味及不正常味等。味觉神经在舌面的分布并不均匀。舌的两侧边缘是普通酸味的敏感区,舌根对于苦味较敏感,舌尖对于甜味和咸味较敏感,但这些都不是绝对的,在感官评价食品的品质时应通过舌的全面品尝才决定。

味觉与温度有关,一般在10～45℃范围内较适宜,尤其30℃时为敏锐。随温度的降低,各种味觉都会减弱,尤以苦味最为明显,而温度升高又会发生同样的减弱。在进行食品的滋味检验时,最好使食品处在20～45℃,以免温度的变化会增强或减低对味觉器官的刺激。几种不同味道的食品在进行感官评价时,中间必须休息,每检验一种食品之后必须用温水漱口。

(4)触觉检验法 凭借触觉来鉴别食品的膨、松、软、硬、弹性(稠度),以评价食品品质的优劣,也是常用的鉴别检验方法之一。如根据鱼体肌肉的硬度和弹性,常常可以判断鱼是否新鲜和腐败;评价动物油脂的品质时,常须检验其稠度等。在感官测定食品的硬度(稠度)时要求温度应在15～20℃之间,因为温度的升降会影响到食品状态的改变。

### 10.5.2 食品感官检验的统计试验方法

食品感官检验的统计试验方法可分为差异识别试验、差异标度和分类试验及描述性试验。

#### 10.5.2.1 差异识别试验

此试验要求鉴评员评定2个或2个以上的样品中是否存在感官差异。差异试验结果主要运用统计学的二项分布参数检验。常用的方法:两点试验法、一-二点试验法、三点试验法、A-非A试验法、五中取二试验法、选择试验法和配偶试验法。

(1)两点试验法 以随机顺序同时出示2个样品给鉴评员,要求鉴评员对2个样品进行比较,判定整个样品或某些特征强度顺序的一种鉴评方法。它可用于2个样品之间是否存在某种差异,及其差异方向如何。

(2)一-二点试验法 先提供给鉴评员1个对照样品,接着提供2个样品。其中1个样品与对照品相同。要求鉴评员在后面提供的2个样品中挑选出与对照品相同的样品的方法。它一般用于区别两个同类样品间是否存在差异。常用于风味较强、刺激较强烈和产生余味持久的产品检验。

(3)三点试验法 同时提供3个编码样品,其中有2个是相同的,要求鉴评员挑选出其中不同于其他2个产品的检验方法。它适用于鉴别两个样品间的细微差异,也可以用于挑选和评价鉴评员或考核鉴评员的能力。其准确率1/3。

(4)A-非A试验法 在鉴评员熟悉样品"A"后,再将一系列样品提供给鉴评员,其中有"A",也有"非A"。要求鉴评员指出哪些是"A",哪些是"非A"的检验方法。它适用于确定原料、加工、处理、包装和贮运等环节的不同所造成的产品特性差异，特别适用于检验具有不同外观或后味样品的差异，也是用于确定鉴评员对一种特殊刺激的敏感性。

（5）五中取二试验法　它是同时提供给鉴评员 5 个以上随机顺序排列的样品，其中 2 个是同一类型，另外 3 个是另一类型。要求鉴评员将这些样品分成 2 组的一种检验方法。此试验可识别出两样品间的细微感官差异。

（6）选择试验法　从 3 个以上样品中，选择 1 个最喜欢或最不喜欢的检验方法，它用于嗜好调查。

（7）配偶试验法　配偶试验法是把 2 组试样逐个取出各组的样品进行两两归类的方法。它用于检验鉴评员的识别能力，也用于识别样品间的差异。

### 10.5.2.2　差异标度和分类试验法

在差异标度和分类试验中，要求鉴评员对 2 个以上的样品进行评价，并判断哪个样品好，哪个样品差，以及他们的差异和差异方向。常用的方法如下。

（1）顺位试验法　比较数个样品，按指定特征由强度或嗜好程序排出一系列样品的方法。该方法只排出次序，不评价样品间的差异大小。

（2）分类试验法　鉴评员评定样品后，划出样品应属的预先定义类别，这种鉴评方法称为分类试验法。当样品打分困难时，可用分类法评价出样品的好坏差异，得出样品的级别好坏，也可以鉴定出样品的缺陷等。

（3）评分试验法　要求鉴评员把样品的品质特征以数字标度形式来鉴评的一种检验方法。在评分法中，所使用的数字标度为等距离标度或比率标度，由于此类方法可同时鉴评一种或多种产品的一个或多个指标的强度及差别，尤其用于鉴评新产品。检验前，首先确定所使用的标度类型，使鉴评员对每一种评分点所代表的意义有共同的认识。

（4）对比比较法　把数个样品中的任何 2 个分别组成一组，要求鉴评员对其中任意 1 组的 2 个样品进行鉴评，最后把所有的组成结果综合分析，从而得出数个样品的相对结果的方法。

（5）多项特征评析法　由鉴评员在一个或多个指标基础上，对一个或多个样品进行分类、排序的方法。此法可用于鉴评样品的一个或多个指标的强度及对产品的嗜好程度，进一步也可通过多指标对整个产品质量的重要程度确定其权数，然后对指标的鉴评结果加权平均，得出整个样品的评分结果。

### 10.5.2.3　描述分析试验

在描述分析试验中，要求鉴评员判定出一个或多个样品的某些特征和对某些特征进行描述和分析。通过试验可得出样品各个特征的强度或样品全部感官特征。描述分析试验是鉴评员对产品的所有品质特征进行定性、定量的分析和描述评价。它要求评价产品的所有感官特征。鉴评员除具备人体感知食品品质特征和次序的能力外，还要具备描述食品品质特征的专有名词的定义与其在食品中的实质含义的能力，以及总体印象或总体风味强度和总体差异分析能力。

常用的方法有简单描述试验法和定量描述试验法。

（1）简单描述试验法　要求鉴评员对构成样品特征的各个指标进行定性描述，尽量完整地描述出样品品质的检验方法。它具体分为风味描述和质地描述。用于识别或描述某一特殊样品或许多样品的特殊指标，或将感觉到的特征指标建立一个序列，常用于质量控制。

(2)定量描述试验法 鉴评员尽量完整地对形成样品感官特征的各个指标强度进行鉴评的检验方法。此法对质量控制、质量分析、确定产品间差异的性质、新产品研制、产品品质的改良等最为有效,并且可以提供与仪器检验数据对比的感官数据,提供产品的持久记录,其数据可以很容易用单因素和多因素统计方法进行分析。

### 10.5.3 评价结论

检验食品时,遇有明显变化者,应当即做出能否供给食用的确切结论。对于感官变化不明显的食品,尚须借助理化指标和微生物指标的检验,才能得出综合性的检验结论。因此,通过感官检验之后,特别是对有疑虑和争议的食品,必须再进行实验室的理化和细菌检验,以便辅助感官鉴别。尤其是混入了有毒、有害物质或被分解蛋白质的致病菌所污染的食品,在感官评价后,必须做上述两种专业操作,以确保检验结论的正确性。并且应提出该食品是否存在有毒有害物质,阐明其来源和含量、作用和危害,根据被检验食品的具体情况提出食用或处理原则。

食品感官检验的结论和处理原则是在确保人民群众身体健康的前提下,以尽量减少国家、集体和个人的经济损失为目的,并考虑到物尽其用而提出的。评价结论有 4 种情况:

(1)正常食品 经过检验的食品,其感官性状正常,符合国家的质量标准和卫生标准,可供食用。

(2)无害化食品 食品在感官检验时发现了一些问题,对人体健康有一定危害,但经过处理后,可以被清除或控制,其危害不再影响到食用者的健康。如高温加热、加工复制等。

(3)辅条件可食食品 有些食品在感官检验后,需要在特定的条件下才能供人食用。如有些食品已接近食品保质期,必须限制出售和限制供应对象。

(4)危害健康食品 在食品感官检验中发现的对人体健康有严重危害的食品,不能供给食用。但可在保证不扩大蔓延并对接触人员安全无危害的前提下,充分利用其经济价值,如作工业使用。但对严重危害人体健康且不能保证安全的食品,如畜、禽患有烈性传染病,或易造成在畜禽肉中蔓延的传染病,以及被剧烈毒物或被放射性物质污染的食品,必须在严格的监督下毁弃。

## 10.6 食品理化检验

### 10.6.1 食品理化检验概述

食品理化检验的目的在于根据测得的分析数据对被检食品的品质和质量做出正确可观的判定和评定。食品理化检验的主要内容是各种食品的营养成分及化学性污染问题,包括动物性食品(如肉类、乳类、蛋类、水产品、蜂产品)、植物性食品、饮料、调味品、食品添加剂和保健食品等。

食品理化检验的任务是对食品进行卫生检验和质量监督,使之符合营养需要和卫生标准,其目的是对食品进行卫生检验和质量监督,使之符合营养需要和卫生标准,保证食品的质量,防止食物中毒和食源性疾病,确保食品的食用安全;研究食品化学性污染的来源、途径、控制化学性污染的措施及食品的卫生标准,提高食品的卫生质量,减少食品资源的浪费。因此,食品理化检验是一项极为重要的工作,它在保证人类健康和社会进步方面有着重要的意义和作用。

### 10.6.2 食品理化检验的基本程序

食品理化检验的程序如图 10-4 所示。

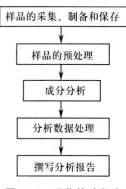

**图 10-4 理化检验程序**

#### 10.6.2.1 样品的采集、制备和保存

样品的采集、制备和保存见前述检验采样内容。

#### 10.6.2.2 样品的预处理

预处理样品的目的：①使样品中的被测成分转化为便于测定的状态；②消除共存成分在测定过程中的影响和干扰；③浓缩富集被测成分。根据以上要求，在样品预处理时按照食品的类型、性质、分析项目，采取不同的措施和方法。

（1）溶剂提取法 利用样品各组分在某一溶剂中溶解度的不同，将之溶解分离的方法，称为溶剂提取法。它一方面得到了可溶性成分的待测溶液；另一方面和其他不溶性共存成分进行了分离。可用于提取固体、液体及半液体食品。溶剂提取法有浸泡法、萃取法、盐析法等，所用溶剂可是水、有机溶剂，也可是酸、碱或氧化剂、还原剂溶液等。

（2）有机物破坏法 为了对食品中某些成分进行测定，需要将共存的有机物分解除去，使之转化为无机状态或生成气体逸出。常采用干法（又称灰化法）和湿法（又称消化）2 种。湿法破坏根据所用氧化剂的不同，可分为硫酸—硝酸法、高氯酸—硝酸—硫酸法、高氯酸（过氧化氢）—硫酸法、硝酸—高氯酸法。

（3）蒸馏法 利用液体混合物各组分沸点的不同而将样品中有关成分进行分离或净化的方法称为蒸馏法。根据样品中有关成分性质的不同，可采取常压蒸馏、减压蒸馏、水蒸气蒸馏以及分馏等方式以达到分离净化的目的。

（4）色谱分离法 色谱分离法是将样品中的组分在载体上进行分离的一系列方法，旧俗称层析分离法。根据分离原理不同，分为吸附色谱分离、分配色谱分离和离子交换色谱分离等。该类分离方法效果好，在食品检验中广为应用。

（5）化学分离法 化学分离法有磺化法、皂化法、沉淀分离法和掩蔽法。磺化法和皂化法是处理油脂和含脂肪样品经常使用的分离方法。油脂经浓硫酸磺化或强碱皂化，由憎水性转变为亲水性，而使样品中要测定的非极性成分被极性或弱极性溶剂提取出来。沉淀分离法是向样液中加入沉淀剂，利用沉淀反应使被测组分或干扰组分沉淀下来，再经过滤或离心实现与母液的分离。该法是常用的净化方法。掩蔽法是向样液中加入掩蔽剂，使干扰组分改变其存在状态，以消除其对被测组分的干扰。该方法最大的好处是可免去分离操作，使分析步骤大大简化，因此在食品检验中广泛用于样品的净化。

（6）浓缩法 样品在提取、净化后，往往因样液体积过大，被测组分的浓度太小影响其分析检测，此时需对样液进行浓缩，以提高被测组分的浓度。常用的浓缩方法有常压浓缩和减压浓缩。

#### 10.6.2.3 检验测定

食品理化检验工作关系到人类的健康及生存，食品理化检验方法的选择是质量控制程序的关键之一。因此食品理化检验方法的确立，不能随心所欲，必须以中华人民共和国国家标准食品卫生检验方法——理化检验部分为准绳。选择检验方法的原则是:精密度高、重复性好、判断正确、结果可靠。在此前提下根据具体情况选用仪器灵敏、价格低廉、操作简便、省时省力的分析方法。食品理化检验方法中常用的有:比重(密度)分析法、重量(质量)分析法、滴定分析法、层析分析法、可见分光光度法、荧光光度法、原子吸收分光光度法、火焰光度法、电位分析法和气相、液相色谱法等。

### 10.6.2.4　数据处理

通过测定结果获得一系列有关分析数据后,需按以下原则记录、运算和处理。

(1)记录　食品理化检验测定的量一般都用有效数字表示,在测定值中只保留最后一位可疑数字。

(2)运算　食品理化检验中的数据计算均按有效数字计算法则进行。

(3)计算及标准曲线的绘制　食品理化检验中多次测定的数据均应按统计学方法计算其算术平均值、标准差、标准误、变异系数。同时用直线回归方程式计算结果并绘制标准曲线。

(4)检验结果的表示　检验结果的表示方法应与食品卫生标准的表示方法一致。

### 10.6.2.5　撰写分析报告

食品理化检验完成后要撰写分析报告。写报告时应做到认真负责、一丝不苟、实事求是、准确无误,按照国家标准进行公正仲裁。

## 10.7　食品微生物检验

### 10.7.1　概述

食品微生物检验是运用微生物学的理论与方法,检验食品中微生物的种类、数量、性质及其对人的健康的影响,以判别食品是否符合质量标准的检验方法。

食品微生物检验方法是食品质量管理必不可少的重要组成部分。其重要性在于:

①它是衡量食品卫生质量的重要指标之一,也是判定被检食品能否食用的科学依据之一。

②通过食品微生物检验,可以判断食品加工环境及食品卫生情况,能够对食品被细菌污染的程度作出正确的评价,为各项卫生管理工作提供科学依据。

③食品微生物检验是贯彻"预防为主"的方针,可以有效地防止或者减少食物中毒和人畜共患病的发生,保障人民的身体健康。

食品微生物检验的范围如下。

①生产环境的检验:车间用水、空气、地面、墙壁等。

②原辅料检验:包括食用动物、谷物、添加剂等一切原辅材料。

③食品加工、储藏、销售诸环节的检验:包括食品从业人员的卫生状况检验、加工工具、运输车辆、包装材料的检验等。

④食品的检验:对出厂食品、可疑食品及食物中毒食品的检验。

### 10.7.1.1　微生物检验的食品种类

国内外开展微生物检验的食品种类较多,食品分类方法也不尽相同,总的来看涉及微生物检验的食品种类主要有:奶制品、预烹煮食品、饮用水、蛋制品、水果、谷物、婴幼儿食品、肉及肉制品、软体动物、禽肉、贝类、白明胶、香草(药)、即食食品、罐头食品、调味品、淀粉类制品、豆制品、冷冻饮品、糖果、海鲜、甜点、蔬菜、藻类、食疗食品、米面制品等。

我国开展微生物检验的重点食品种类为:奶制品、罐头食品、调味品、蛋制品、淀粉类制品、发酵和非发酵性豆制品、冷冻饮品、糖果、饮用天然矿泉水等,其中食糖以及保健品的微生物检验为我国所独有。

### 10.7.1.2 食品微生物检验的指标

我国卫生部颁布的食品微生物指标有菌落总数、大肠菌群和致病菌 3 项。

(1)菌落总数 菌落总数是指食品检样在严格规定的条件下(样品处理、培养基及其 pH、培养温度与时间、计数方法等)培养后,单位重量(g)、容积(mL)或表面积(cm$^2$)上,所生成的细菌菌落总数。

(2)大肠菌群 包括大肠杆菌和产气荚膜梭菌的一些中间类型的细菌。这些细菌是寄居于人及温血动物肠道内的常居菌,它随着大便排出体外。食品中如果大肠菌群数越多,说明食品受粪便污染的程度越大。故以大肠菌群作为粪便污染食品的卫生指标来评价食品的质量,具有广泛的意义。

(3)致病菌 致病菌即能够引起人们发病的细菌。对不同的食品和不同的场合,应选择一定的参考菌群进行检验。如海产品以副溶血性弧菌作为参考菌群,蛋与蛋制品以沙门氏菌、金黄色葡萄球菌、变形杆菌等作为参考菌群,米、面类食品以蜡样芽孢杆菌、变形杆菌、霉菌等作为参考菌群,罐头食品以耐热性芽孢菌作为参考菌群等。

(4)霉菌及其毒素 我国还没有制定出霉菌的具体指标,鉴于有很多霉菌能够产生毒素,引起食物中毒及其他疾病,故应该对产毒霉菌进行检验。如曲霉属的黄曲霉、寄生曲霉等,青霉属的橘青霉、岛青霉等,镰刀霉属的串珠镰刀霉、禾谷镰刀霉等。

(5)其他指标 微生物指标还应包括病毒,如肝炎病毒、猪瘟病毒、鸡新城疫病毒、马立克氏病毒、口蹄疫病毒、狂犬病毒、猪水疱病毒等;另外,从食品检验的角度考虑,寄生虫也被很多学者列为微生物检验的指标,如旋毛虫、囊尾蚴、猪肉孢子虫、蛔虫、肺吸虫、弓形体、螨、姜片吸虫、中华分枝睾吸虫等。

美国开展的食品微生物检验项目主要包括:需氧菌平板计数、粪大肠菌群、大肠埃希氏菌、凝固酶阳性葡萄球菌、沙门氏菌、霍乱弧菌、副溶血性弧菌、单核细胞增生李斯特氏菌、创伤弧菌、肉毒梭菌、麻痹性贝类毒素、神经性贝类毒素、遗忘性贝类毒素以及组胺等。

### 10.7.2 食品微生物检验的一般程序

食品微生物检验的一般步骤,可按图 10-5 中的程序进行。

### 10.7.2.1 采集样品

采样前要了解所采样品的来源、加工、储藏、包装、运输等情况,采样时必须做到:使用的器械和容器需经灭菌,严格进行无菌操作;不得加防腐剂;液体样品应搅拌均匀后才去采样,固体样品应在不同部位采取以使样品具代表性;取样后及时送检。

国际食品微生物标准委员会(ICMSF)制定的食品微生物学分析采样方法,目前已在国内

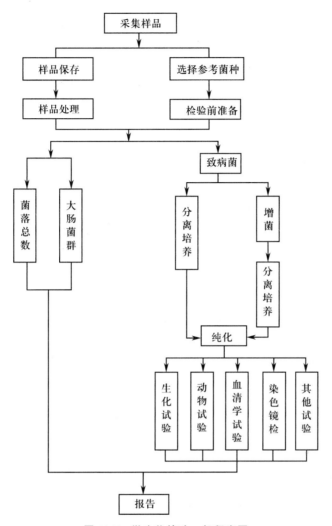

图 10-5　微生物检验一般程序图

外被逐步推广采用。ICMSF 根据以下原则来规定不同的采样数：①各种微生物本身对人的危害程度各有不同；②食品经不同条件处理后，其危害程度可分为 3 种情况：危害度降低；危害度未变；危害度增加。依据 ICMSF 采样方法规定，其中，$n$：指一批产品采样个数；$c$：指该批产品中检样菌数超过限量的检样数；$m$：指合格菌数限量；$M$：指附加条件后判定为合格的菌数限量。

　　与以往在每批产品中采一个检样进行检验、该批产品是否合格全凭该检样来决定的方法不同，ICMSF 方法是从统计学角度来考虑，是依据对一批产品检查多少个检样才能够有代表性、才能客观地反映该批产品质量的设想采样的。ICMSF 方法包括二级法及三级法两种。二级法只设有 $n$、$c$ 及 $m$ 值，三级法则有 $n$、$c$、$m$ 及 $M$ 值。

　　(1)二级法　只设定合格判定标准 $m$ 值，超过 $m$ 值的，则为不合格品。通过检查在检样中是否有超过 $m$ 值的，来判定该批是否合格。

　　(2)三级法　设有微生物标准值 $m$ 及 $M$ 值，如同二级法，超过 $m$ 值的检样，即算为该检样不合格。所有检样均小于 $m$ 值,即为合格;在 $m$ 值到 $M$ 值范围内的检验数,在 $c$ 值范围内,即为附加条件合格,否则为不合格;有检样超过 $M$ 值者,则为不合格。

目前采用二级法进行食品微生物检验采样的国家和地区及组织有中国、以色列、中国香港、日本、美国、南非、古巴等;而智利、新西兰、国际食品微生物标准委员会、欧洲委员会、加拿大、芬兰、丹麦、法国、澳大利亚等国家及组织则采用三级法进行食品微生物检验采样。

### 10.7.2.2　样品送检

采集好的样品应及时送到食品微生物检验室,一般不应超过 3 h,如果路途遥远,可将不需冷冻的样品保持在 1～5℃ 的环境中,勿使冻结,以免细菌遭受破坏。

样品送检时,必须认真填写申请单,以供检验人员参考。

检验人员接到送检单后,应立即登记,填写序号,并按检验要求,立即将样品放在冰箱或冰盒中,并积极准备条件进行检验。

### 10.7.2.3　样品处理

样品处理应在无菌室内进行,若是冷冻样品必须事先在原容器中解冻,解冻温度为 2～5℃ 不超过 18 h 或 45℃ 不超过 15 min。

(1)固体样品　用无菌刀、剪或镊子采取不同部位的样品,剪碎放入灭菌容器内,加一定量的水混匀,制成 1∶10 混悬液,进行检验。在处理蛋制品时,加入约 30 个玻璃球,以便震荡均匀。生肉及内脏,先进行表面消毒,再剪去表面样品,采集深层样品。

一般固体食品的样品处理方法有以下几种。

①捣碎均质方法:将 100 g 或 100 g 以上样品剪碎混匀,从中取 25 g 放入装有 225 mL 稀释液的无菌均质杯中于 8 000～10 000 r/min 均质 1～2 min。

②剪碎振摇法:将 100 g 或 100 g 以上样品剪碎混匀,从中取 25 g 进一步剪碎,放入装有 225 mL 稀释液和适量直径 5 mm 左右玻璃珠的稀释瓶中,盖紧瓶盖,用力快速振摇 50 次,振幅在 40 cm。

③研磨法:将 100 g 或 100 g 以上样品剪碎混匀,取 25 g 放入无菌乳钵充分研磨后再放入装有 225 mL 无菌稀释液的稀释瓶中,盖紧盖后充分摇匀。

④整粒振摇法:有完整自然保护膜的颗粒状样品(如蒜瓣、青豆等)可以直接称取 25 g 整粒样品置入装有 225 mL 无菌稀释液和适量玻璃珠的无菌稀释瓶中,盖紧瓶盖,用力快速振摇 50 次,振幅在 40 cm 以上。冻蒜瓣样品若剪碎或均质,由于大蒜素的杀菌作用,所得结果大大低于实际水平。

(2)液体样品　原包装样品用点燃的酒精棉球消毒瓶口,再用经石炭酸或来苏儿消毒液消过毒的纱布将瓶口盖住,用经火焰消毒的开关器开启。摇匀后用无菌吸管吸取;含有二氧化碳的液体食品,按上述方法开启瓶盖后,将样品倒入无菌磨口瓶中,盖上消毒纱布,将盖开一小缝,轻轻摇动,使气体逸出后进行检验;将冷冻食品放入无菌容器内,融化后检验。

(3)罐头　进行密闭试验、膨胀试验和检验。将被检验罐头置于 85℃ 以上的水浴中,使罐头沉入水面以下 5 cm,观察 5 min,如有小气泡连续上升,表明漏气;另外将罐头放在(37±2)℃ 环境下 7 d,如是水果、蔬菜罐头,放在 20～25℃ 环境下 7 d,观察其盖和底有无膨胀现象。检验时,先用酒精棉球擦去罐上油污,然后用点燃的酒精棉球消毒开口的一端,用来苏儿消毒纱布盖上,再用灭菌的开罐器打开罐头,除去表层,用灭菌匙或吸管取出中间部分的样品进行检验。

#### 10.7.2.4　检验

每种指标都有一种或几种检验方法,可根据不同的食品、不同的检验目的来选择恰当的检验方法。通常所用的常规检验方法为现行国家标准,或国际标准,(如 FAO 标准、WHO 标准等),或食品进口国的标准(如美国 FDA 标准、日本厚生省标准、欧盟标准等)。

食品卫生微生物检验室接到检验申请单,应立即登记,填写试验序号,并按检验要求,立即将样品放在冰箱或冰盒中,积极准备条件进行检验。

一般阳性样品发出后 3 d(特殊情况可适当延长)方能处理样品;进口食品的阳性样品,需保存 6 个月方能处理。阴性样品可及时处理。

#### 10.7.2.5　结果报告

样品检验完毕后,检验人员应及时填写报告单,签名后送主管人核实签字,加盖单位印章,以示生效,并立即交给食品卫生监督人员处理。

## 10.8　食品安全性评价

### 10.8.1　概述

对食品中任何组分可能引起的危害进行科学测试,得出结论,以确定该组分究竟能否为社会或消费者所接受,据此制订相应的标准,这一过程称为食品安全性评价。食品安全性评价主要是阐明某种食品是否可以安全食用,食品中有关危害形成或物质的毒性及其风险大小,利用毒理学资料确定该物质的安全剂量,以便通过风险评估进行风险控制。它是食品安全质量管理的重要内容,其目的是保证食品的安全可靠性。安全性评价的组分包括正常食品成分、食品添加剂、环境污染物、农药、转移到食品中的包装成分、天然毒素、霉菌毒素及其他任何可能在食品中发现的可疑物质。

人类就是生活在众多的有害物质的汪洋大海之中,只能尽力减少其危害或消除某些可能消除的有害因素,而企图达到绝对安全是不可能的。这里所谓的"安全"是相对的,即指在一定条件下,经权衡某物质的利弊后,其摄入量水平对某一社会群体是可以接受的。现代食品安全性评价除了必须进行传统的毒理学评价外,还需要进行人体研究、残留量研究、暴露量研究、膳食结构和摄入风险性评价等。

食品安全性评价的适用范围包括:①用于食品生产、加工和保藏的化学和生命物质、食品添加剂、食品加工用微生物等。②食品生产、加工、运输、销售和保藏等过程中产生和污染的有害物质和污染物,如农药、重金属和生物毒素以及包装材料的溶出物、放射性物质和食品器具的洗涤消毒剂等。③新食品资源及其成分。④食品中其他有害物质。

一般来说,目前一种有毒物质对于一群实验动物来说,都存在无作用水平(no observe effect level,NOEL),毒物的剂量在这一水平不会对实验动物产生任何特定的毒性反应。但是,当剂量超过这一水平,就可能使个别动物出现某些特定的毒性反应,随着剂量的加大,产生这些特定毒性反应的动物数会随之增加。当剂量增加到一定水平时,能够使产生这些特定毒性反应的动物数达到最多,此时该群动物对毒性反应性也最高,这时的毒物剂量就是能够引起实验动物死亡的平均剂量。

食品法典委员会(CAC)将风险分析分为风险评估、风险管理、风险信息交流3个部分,其中风险评估在食品安全性评价中占有中心位置,而 NOEL 是制定食品安全性风险评价中最重要的基本参数,它来自于食品安全性评价程序所限定的动物毒性试验。CAC 将危害性分析过程分为以下领域:食品添加剂、化学污染物、农药残留、兽药残留、生物性因素。CAC 分设有农药残留法典委员会(CCPR),FAO/WHO 农药残留专家委员会(JMPR),兽药残留法典委员会(CCRVDF),FAO/WHO 食品添加剂专家委员会(JECFA),负责协调和制订国际食品中农药、兽药残留物和添加剂标准和法规。

### 10.8.2 食品安全性评价程序

食品中有毒有害物质的毒理学数据主要从动物毒理学试验中获得,动物毒理学试验研究的数据并不意味着就能直接应用于人,从实验动物获得的毒理学数据外推到人群进行定量的风险评价,常需要3个重要的假设:①实验动物和人的反应性要相似;②实验暴露的反应与人的健康有关,并可外推到食品摄入等环境暴露水平;③动物试验能够表现出被检物的所有反映特征,这种物质对人有潜在的毒副作用,通常在进行定量风险性评价时可能有很大程度的不确定性,因此从毒理试验获得的数据有限时,就需要运用流行病学方法分析。

在进行食品安全性评定时,必须考虑受试物的理化性质、毒性大小、代谢特点、蓄积性、接触的人群范围、食品中的使用量与使用范围、人的可能摄入量范围等因素。在受试物可能对人体健康造成的危害及其可能的有益作用之间进行权衡,评价的依据不仅是科学试验的结果,而且与当时的技术条件及社会因素有关。

#### 10.8.2.1 食品安全性毒理学评价

国家卫生计生委发布了包括“GB 15193.1—2014《食品安全性毒理学评价程序》”等关于食品安全性毒理学评价程序和方法的17项食品安全国家标准,已于2015年5月1日实施。系列标准全面规定了食品安全性毒理学评价程序和具体试验项目的测试方法等内容。本部分主要介绍食品安全性毒理学评价试验的内容、目的及结果判定。

(1)急性经口毒性试验 急性经口毒性试验是指将某种受试物1次或在24 h内分几次给予试验动物,观察引起动物毒性反应的试验方法。其目的是了解受试物的急性毒性强度、性质和可能的靶器官,测定半数致死剂量($LD_{50}$),为进一步进行毒性试验的剂量和毒性观察指标的选择提供依据,并根据 $LD_{50}$ 进行急性毒性剂量分级。若 $LD_{50}$ 小于人的推荐(可能)摄入量的100倍,则一般应放弃该受试物应用于食品,不再进行其他毒理学试验。

(2)遗传毒性试验

①目的及实验内容。遗传毒性试验主要是了解受试物的遗传毒性以及筛查受试物的潜在致癌作用和细胞致突变性。其试验内容包括:细菌回复突变试验、哺乳动物红细胞微核试验、哺乳动物骨髓细胞染色体畸变试验、小鼠精原细胞或精母细胞染色体畸变试验、体外哺乳类细胞 HGPRT 基因突变试验、体外哺乳类细胞 TK 基因突变试验、体外哺乳类细胞染色体畸变试

验、啮齿类动物显性致死试验、体外哺乳类细胞 DNA 损伤修复试验、果蝇伴性隐性试验及其组合。

②结果判定。遗传毒性试验判定原则:a. 如遗传毒性实验组合中两项或以上试验阳性,则表示受试物很可能具有遗传毒性和致癌作用,一般应放弃该受试物应用于食品;b. 如遗传毒性实验组合中一项实验为阳性,则再选两项备选试验(至少一项为体内试验)。在进行试验均为阴性,则可继续进行下一步毒性试验,其中有一项试验阳性,则放弃该受试物应用于食品;c. 如三项均为阴性,则可继续进行下一步毒性试验。

(3)28 d 经口毒性试验 此试验是在急性毒性试验的基础上,进一步了解受试物毒作用性质、剂量-反应关系和可能靶器官,得到 28 d 经口未观察到毒害作用剂量,初步评定受试物的安全性,并为下一步较长期毒性和慢性毒性试验剂量、观察指标、毒性终点的选择提供依据。

对只需要进行急性毒性、遗传毒性和 28 d 经口毒性试验的受试物,若试验未发现有明显毒性作用,综合其他各项试验结果可做出初步评价;若发现有明显的毒性作用,尤其有剂量反应关系时,则考虑进一步进行毒性试验。

(4)90 d 经口毒性试验 该试验主要观察受试物以不同剂量水平经较长期喂养对实验动物的毒作用性质、剂量-反应关系和靶器官,得到 90 d 经口未观察到有害作用剂量,为慢性毒性试验剂量选择和初步制定人群安全接触限量标准提供科学依据。

实验所得结果评价原则:①未观察到有害作用剂量小于或等于人的推荐(可能)摄入量的100 倍表示毒性较强,应放弃该受试物用于食品;②未观察到有害作用剂量大于 100 倍而小于300 倍者,应该进行慢性毒性试验;③未观察到有害作用剂量大于或等于 300 倍者则不必进行慢性毒性试验,可进行安全性评价。

(5)致畸试验 该试验是了解受试物是否具有致畸作用和发育毒性,并可得到致畸作用和发育毒性的未观察到有害作用剂量。若致畸试验结果阳性则不再继续进行生殖毒性试验和生殖发育毒性试验。在致畸试验中观察到其他发育毒性,应结合 28 d 和(或)90 d 经口毒性试验结果进行评价。

(6)生殖毒性试验和生殖发育毒性试验 了解受试物对试验动物繁殖及对子代发育的毒性,如性腺功能、发情周期、交配行为、妊娠、分娩、哺乳和断乳以及子代生长发育等。得到受试物未观察到有害作用剂量水平,为初步制定人群安全接触限量标准提供科学依据。

实验所得结果评价原则:①未观察到有害作用剂量小于或等于人的推荐(可能)摄入量的100 倍表示毒性较强,应放弃该受试物用于食品;②未观察到有害作用剂量大于 100 倍而小于300 倍者,应进行慢性毒性试验;③未观察到有害作用剂量大于或等于 300 倍者则不必进行慢性毒性试验,可进行安全性评价。

(7)毒物动力学试验 此实验主要了解受试物在体内的吸收、分布和排泄速度等相关信息;为选择慢性毒性试验的合适实验动物物种(species)、系(strain)提供依据;了解代谢产物的形成情况。

(8)慢性试验和致癌试验 了解长期接触受试物后出现的毒性作用以及致癌作用;确定未观察到有害作用剂量,为受试物能否应用于食品的最终评价和制定健康指导值提供依据。

慢性毒性试验所得结果评价原则:①未观察到有害作用剂量小于或等于人的推荐(可能)

摄入量的 50 倍表示毒性较强,应放弃该受试物用于食品;②未观察到有害作用剂量大于 50 倍而小于 100 倍者,经安全性评价后,决定该受试物可否用于食品;③未观察到有害作用剂量大于或等于 100 倍者,则可考虑允许使用于食品。

根据致癌试验所得的肿瘤发生率、潜伏期和多发性等进行致癌试验结果判定的原则是(凡符合下列情况之一,可认为致癌实验结果阳性。若存在剂量-反应关系,则判断阳性更可靠):①肿瘤只发生在实验组动物,对照中无肿瘤发生;②实验组与对照组均发生肿瘤,但实验组发生率高;③实验组动物中多发性肿瘤明显,对照组中无多发性肿瘤,或只是少数动物有多发性肿瘤;④实验组与对照组动物肿瘤发生率虽无明显差异,但实验组中发生时间较早。

#### 10.8.2.2　食品安全性风险评估程序

食品安全性评估程序适用于所有的食品危害因素的安全性评价。按照 CAC 规定,危害风险评估按以下 4 个步骤进行:危害识别、危害描述、暴露评估和风险描述。危害识别采用的是定性方法,其余三步采用定量方法。

(1)危害识别　识别可能产生健康不良效果并且可能存在于某种或某类特别食品中的生物、化学和物理因素。

(2)危害描述　对于食品中可能存在的生物、化学和物理因素有关的健康不良效果性质的定性和/或定量评价。

(3)暴露评估　对于通过食品的可能摄入和其他有关途径接触的生物、化学和物理因素的定性和/或定量评价。

(4)风险描述　根据危害确认、危害描述和暴露量评估,对某一给定人群的已知或潜在健康不良效果的发生可能性和严重程度进行定性或定量的估计,其中包括伴随的不确定性。

### 10.8.3　食品中有害物质容许量标准的制定

食品安全法规定,"食品安全国家标准由国务院卫生行政部门会同国务院食品药品监督管理部门制定、公布,国务院标准化行政部门提供国家标准编号。食品中农药残留、兽药残留的限量规定及其检验方法与规程由国务院卫生行政部门、国务院农业行政部门会同国务院食品药品监督管理部门制定。"食品中的有害物质的容许量标准按食品毒理学的原则和方法制定的。

制定程序如图 10-6 所示。

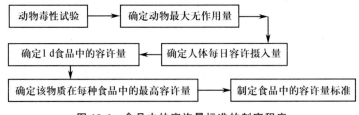

图 10-6　食品中的容许量标准的制定程序

(1)动物毒性试验　进行动物毒性试验,一般首先测定出该毒物的 $LD_{50}$,然后进行亚急性及慢性毒性试验。亚急性毒性试验是在相当于动物生命的 1/10 左右的时间内(如 3~6 个月），使动物每日或反复多次接触被检化学物质，其剂量则根据 $LD_{50}$ 等来确定，一般为 $LD_{50}$ 的 1/10 以下。慢性毒理学试验是使试验动物的生命大部分的时间或终身接触被检化学物质（一般以 6 个月以上到 2 年）。亚急性和慢性试验最常用的动物是大鼠。进行这一系列试验的目的是确定动物的最大无作用量。

（2）确定动物最大无作用量　化学物质对机体的毒性作用或损害作用表现在引起机体发生生物变化，一般情况下，这种变化可随着剂量的逐渐下降而减少，当减到一定数量而尚未到零时，生物学变化的程度已达到零，这一剂量为最大无作用量（maximal no-effect lever，MNL）。

（3）确定人体每日容许摄入量　人体每日容许摄入量（acceptable daily intake，ADI），系指人类终生每日摄入该化学物质，对人体的健康没有任何已知的不良效应的剂量，以相当于人体每千克体重的毫克数来表示。这一剂量不可能在人体实际测量，主要根据 MNL，按千克体重换算而来。在换算中，必须考虑人和动物的种间差异和个体差异。为安全起见，常考虑一定的安全系数，一般定为 100。所以

$$ADI = MNL \times 1/100 (mg/kg)$$

（4）确定一日食物中总容许量　这一数值是根据 ADI 推算而来。由于一般化学物质进入人体的途径不仅限于食品，还可能有饮水和空气等。如果某物质除食品外，并无其他进入人体的来源，则 ADI 即相当于每日摄取的各种食品中该物质容许摄入量的总和。

（5）确定该物质在每种食品中的最高容许量　首先要通过膳食调查，了解含有该种物质的食品种类，以及各种食品的每日摄取量。假定人体每日摄取粮食和蔬菜的量分别是 500 g 和 250 g，含有该种物质的其他食品的每日摄入量为 50 g，则 3 种食品该物质的平均容许量应为 $2.4/(500+250+50)=3(mg/kg)$。不论含有这种物质的食品有多少种，均可如此计算。

（6）制定食品安全标准　按照上述方法计算出的各种食品中该有毒物质的最高容许量，固然可以制定为标准，公布执行。但事实上，这一数值只是该物质在各种食品中允许含有的最高限度，是计算出的理论值。因此，这应根据实际情况作适当调整，调整的原则是在确保人体健康的前提下，兼顾需要和目前生产技术水平及经济水平，同时考虑与国际标准和国外先进标准的接轨问题。在具体制定时，还应考虑有害物质的毒性、特点和实际摄入情况，将标准从严制定或略加放宽。

容许量标准还要根据以下情况制定，即该物质在人体内是易于排泄、解毒，还是蓄积性甚强；是仅仅具有一般易于控制的毒性，还是能损害重要的器官功能或有"三致"作用；是季节性食品，还是常年大量食用食品；是供一般成人普通食用食品，还是专供儿童、病人食用的食品；该物质在食品烹调加工中易于挥发破坏，还是性质极为稳定等。凡属前者的，可以略予放宽；属于后者的，应从严掌握。

### ❓ 思考题

1. 什么是质量和安全检验？质量和安全检验的职能是什么？

2. 常见的抽样检验方案有哪些类型？

3. 设有一批食品需交验，以批不合格率 $p$ 作为交验批的质量指标，规定 $p_0=0.5$ 为合格

批，$p_1 \geqslant 2.5$ 为不合格批，若取 $\alpha = 5\%$，$\beta = 10\%$，试确定标准型一次抽检方案。

4.什么是食品感官检验？食品感官检验的方法有哪些？

5.什么是食品微生物检验？食品微生物检验的程序是什么？

6.简述食品安全性毒理学评价的内容、目的及结果判定原则。

## ▣ 指定学生参考书

[1] 国家食品安全风险评估中心,食品安全国家标准审评委员会秘书处.食品安全国家标准汇编[G].北京:中国人口出版社,2014.

[2] 周东霞.食品微生物检验实训手册[M].北京:中国轻工业出版社,2015.

## ▦ 参考文献

[1] 张居舟.新时期食品检验检测体系现况与对策分析[J].上海预防医学,2019(6):423-426.

[2] 姚勇芳.食品微生物检验技术,2版[M].北京:科学出版社,2017.

[3] 曹斌.食品安全与质量管理[M].北京:化学工业出版社,2010.

[4] 刘兴友,刁有祥.食品理化检验学[M].北京:中国农业大学出版社,2008.

[5] 章银良.食品检验教程[M].北京:化学工业出版社,2006.

[6] 宋金隆,王贺阳,王莹.我国食品检验检测体系中相关问题的要点分析[J].现代食品,2019.21.016:48-49.

[7] 徐树来,张水华.食品感官分析与实验,2版[M].北京:化学工业出版社,2010.

编写人:李永才(甘肃农业大学)

第 11 章
# 食品安全追溯体系

## 学习目的与要求

1.掌握食品追溯和食品追溯体系的基本概念;

2.掌握食品安全追溯体系的设计与实施;

3.了解食品安全追溯信息系统。

## 11.1 概述

### 11.1.1 可追溯性与可追溯体系

在我国等同采用的国际标准"GB/T 19000—2016/ISO 9000:2015《质量管理体系 基础和术语》"中认为追溯是质量管理系统中的一个重要组成部分,并将"可追溯性(traceability)"定义为:追溯所考虑对象的历史、应用情况或所处位置的能力。

在 ISO 22000《食品安全管理体系 食品链中各类组织的要求》中引用了 ISO 9000 中的术语和定义,并提到,组织应建立且实施可追溯系统,以确保能够识别产品批次及其原料批次、生产和交付记录的关系;可追溯性系统应能够识别直接供方的进料和终产品初次分销的途径;应按规定的期限保持可追溯性记录,以便对体系进行评估,使潜在不安全产品得以处理;在产品撤回时,也应按规定的期限保持记录。

在我国等同采用的国际标准"GB/T 22005—2009/ISO 22005:2007《饲料和食品链的可追溯性体系设计与实施的通用原则和基本要求》"中使用了与 CAC(国际食品法典委员会)一致的对可追溯性的定义,即:追踪饲料或食品在整个生产、加工和分销的特定阶段流动的能力。对可追溯体系(traceability system)的定义是:能够维护关于产品及其成分在整个或部分生产与使用链上所期望获取信息的全部数据和作业。该标准是 ISO 22000 系列食品安全管理体系标准家族中的新成员,也为组织实施 ISO 22000 的标准提供了一种补充。

### 11.1.2 食品安全追溯体系

"食品安全追溯体系"是一个能够连接生产、检验、监管和消费各个环节,让消费者了解符合卫生安全的生产和流通过程,提高消费者放心程度的信息管理系统。有时简称为"食品追溯体系(系统)或食品追溯"。

我国《食品安全法》第四十二条规定,国家建立食品安全全程追溯制度。食品生产经营者应当依照本法的规定,建立食品安全追溯体系,保证食品可追溯。国家鼓励食品生产经营者采用信息化手段采集、留存生产经营信息,建立食品安全追溯体系。

食品安全追溯体系是一种基于风险管理的安全保障体系。包括两个层次内容:宏观意义上指便于食品生产和安全监管部门实施不安全食品召回和食品原产地追溯,便于与企业和消费者信息沟通的国家食品追溯体系;微观上指食品企业实施原材料和产成品追溯和跟踪的企业食品安全和质量控制的管理体系。

该体系提供了"从农田到餐桌"的追溯模式,提取了生产、加工、流通、消费等供应链环节消费者关心的公共追溯要素,建立食品安全信息数据库,一旦发现问题,能够根据追溯进行有效的控制和召回,从源头上保障消费者的合法权益。也就是说,食品追溯体系就是利用食品追溯技术标识每一件商品、保存每一个关键环节的管理记录,能够追踪和追溯食品在食品供应链的种植/养殖、生产、销售和消费整个过程中相关信息的体系。

食品供应链具有多主体、多环节、多渠道、跨地域等特征,其成员之间相互依赖、相互影响的复杂性,使其蕴含着很大的风险。任何一个环节出现问题都会波及整个食品供应链。如果根据行为者的主观意愿划分,可以将食品安全问题分为两种类型:一是作为行为者的食品供应链成员,在利益驱动下主观愿意而在投入物的选择及用量上违背诚信道德导致的食品安全问题;二是由于管理上的疏漏及现有技术的局限性导致的食品安全问题。食品安全追溯体系是可追溯信息在食品质量安全中的具体应用,旨在加强食品安全信息传递、控制食源性疾病危害、保障消费者利益的食品安全信息管理体系。

在图像处理、计算机、无线射频识别(radio frequency identification RFID),俗称电子标签、二维码(2-dimensional bar code)和条形码技术、电子数码交换(EDI)技术以及 DNA、PCR、抗体分析技术等关键技术的支持和应用下,食品安全追溯体系具备了标识标准化、标识唯一性、数据自动获取、关键节点管理、食品供应链成员信息共享等基本的技术条件,使其不仅能够实现追溯,而且能够客观有效地评估食品供应链各个环节的状况,能够指导食品供应链企业的生产和管理,为消费者提供安全的食品和对安全食品的信任,提升整个食品供应链的竞争力。

然而,正如过程控制的 HACCP 体系一样,食品安全追溯体系也只能是个工具,它可以帮助我们提升食品安全的管理水平,却不能保证食品一定是安全的。关键还在于从业者、管理者的良知、诚信和应担负起的责任。

### 11.1.3 食品安全追溯体系的由来与发展

自 20 世纪 70 年代以来,无论是国际上还是在国内,食品安全问题日益突出(食物中毒、疯牛病、口蹄疫、禽流感等畜禽疾病以及严重农产品农药残留、进口食品材料激增等),食源性疾病危害越来越大,危机频繁发生,严重影响了人们的身体健康,引起了全世界的广泛关注,尤其是 1990 年英国疯牛病"BSE"的暴发,政治上使欧盟各国产生矛盾,欧盟的权威性受到挑战,经济上使欧盟损失惨重,导致了公众对政府监督下的食品安全产生了严重的信任危机。如何对食品有效跟踪和追溯,已成为一个极为迫切的全球性课题。

虽然 ISO 9000 体系、GMP、SSOP 和 HACCP 体系等多种有效的控制食品安全的管理办法纷纷被引入并在实践中运用,均取得了一定的效果。但是上述的管理办法都主要是对加工环节进行控制,缺少将整个供应链连接起来的手段。因此,非常有必要对整个供应链各个环节的产品信息进行跟踪与追溯,一旦发生食品安全问题,可以有效地追踪到食品的源头,及时召回不合格产品,将损失降到最低。

欧盟的食品可追溯系统应用最早,尤其是活牛和牛肉制品的可追溯系统。欧盟把食品可追溯系统纳入到法律框架下。2000 年 1 月欧盟发表了《食品安全白皮书》,提出一项根本性改革,就是以控制"从农田到餐桌"全过程为基础,明确所有相关生产经营者的责任。2002 年 1 月欧盟颁布了 178/2002 号法令,规定每一个农产品企业必须对其生产、加工和销售过程中所使用的原料、辅料及相关材料提供保证措施和数据,确保其安全性和可追溯性。据牛肉标签法规要求,欧盟国家在生产环节要对活牛建立验证和注册体系,在销售环节要向消费者提供足够清晰的产品标识信息。

在市场经济高度发达的美国,食品可追溯系统主要是企业自愿建立,政府主要起到推动和促进作用。2003 年 5 月 FDA 公布了《食品安全跟踪条例》,要求所有涉及食品运输、配送和进口的企业要建立并保全相关食品流通的全过程记录。美国的行业协会和企业建立了自愿性可追溯系统。由 70 多个协会、组织和 100 余名畜牧兽医专业人员组成了家畜开发标识小组,共同参与制订并建立家畜标识与可追溯工作计划,其目的是在发现外来疫病的情况下,能够在 48 h 内确定所有涉及与其有直接接触的企业。

日本于 2003 年 6 月通过了《牛只个体识别情报管理特别措施法》,于同年 12 月 1 日开始实施。2004 年 12 月开始实施牛肉以外食品的追溯制度。这部法律以动物出生时就赋予的 10 位识别号码为基础,建立了从"农田到餐桌"追溯体系。日本于 2005 年底以前建立了粮农产品认证制度,对进入日本市场的农产品要进行"身份"认证。根据粮农产品认证制度的要求,申请认证的农产品必须正确地标明生产者、产地、收获和上市日期以及使用农药和化肥的名称、数量和日期等,以便消费者能够更加容易地判断农产品的安全性。

### 11.1.4　中国的食品安全追溯体系

我国食品追溯体系的建立处于起步和尝试阶段,从 2002 年开始建立食品可追溯体系有关的相关法律和法规,并在一些地区和企业设立食品可追溯体系的试点,2002 年 5 月 24 日农业部令第 13 号令发布《动物免疫标识管理办法》规定对猪、牛、羊必须佩带免疫耳标,建立免疫档案管理制度。国家质检总局 2003 年启动的"中国条形码推进工程",国内的部分蔬菜、牛肉产品开始拥有了属于自己的身份证。

2004 年 12 月国家质检总局发布实施了《食品安全管理体系要求》和《食品安全管理体系审核指南》,依据此系列标准可以加强原料提供的管理,一旦出现问题也有助于有效地追本溯源,采取应急预案,使危害降到最低。农业部启动"城市农产品质量安全监管体系试点工作",重点开展了农产品质量安全追溯体系建设。2007 年 8 月,我国公布并正式实施了《食品召回管理规定》。

国家质检总局针对欧盟对水产品出口的新规定,使我国水产品出口贸易尽快适应国际规则,制定了《出境水产品追溯规程(试行)》和《出境养殖水产品检验检疫和监管要求(试行)》。

2010 年实施了等同采用的国际标准"GB/T 22005—2009/ISO 22005:2007《饲料和食品链的可追溯性 体系设计与实施的通用原则和基本要求》"和指导性技术文件"GB/Z 25008—2010《饲料和食品链的可追溯性 体系设计与实施指南》"。

中国物品编码中心近年来参照国际编码协会出版了相关应用指南。并结合我国的实际情况,相继出版了《牛肉产品跟踪与追溯指南》《水果、蔬菜跟踪与追溯指南》和《食品安全追溯应用案例集》。

在我国建立食品安全可追溯体系还面临着一些障碍和问题。我国食品尤其是农产品的生产比较分散,生产集约化程度不高,科技化、标准化水平较低;食品流通方式还比较落后,传统的流通渠道如批发市场、集贸市场还占有相当比例,现代流通渠道如连锁超市还不够普及;食品安全法律体系、标准体系不够健全,有关规定和标准缺失或滞后于现实发展、与国际标准无法对接的情况还较多;食品安全监管体制的系统性、统一性还不够;建立可追溯体系的成本较高,企业缺乏前期投入的动力等。因此,在我国还没有足够的经验之前,应该先选取单位价值比较高的产品和一部分条件比较成熟的企业进行试点,获得一定的成功和经验后再逐步推广。我们要贯彻落实党的二十大提出的关于"提高公共安全治理水平。坚持安全第一、预防为主,建立大安全大应急框架,完善公共安全体系,推动公共安全治理模式向事前预防转型"和"着力提升产业链供应链韧性和安全水平"的要求,加强政府在食品可追溯系统建立中的主导地位,建立一个负责管理食品可追溯系统的国家层面权威机构,统一行动,不断提升我国食品可追溯系统的效率。

### 11.1.5　食品安全追溯体系的作用和意义

追溯体系最重要的功能是在整个供应链内作为沟通和提供信息的工具。它的主要作用及意义有以下几点。

①可以向消费者提供食品真实可靠信息,增加信息的透明度,维护消费者知情权。

食品追溯对于构建市场信用起着举足轻重的作用,它可以作为保证食品的真实质量属性,为消费者提供可靠信息,消费者能通过相关查询系统查到相关食品的来源以及整个生产流程,再决定是否购买。因此可用来保证交易的公平性,防止消费者被假冒伪劣的商品所侵害,同时避免生产经营者不正当竞争。能够加强企业与消费者和政府的沟通,增强产品的透明度和可信度。

②可以提高生产供应链管理的效率,减少企业的成本和损失,增加经济效益。

通过对生产供应链各关键环节的及时跟踪和追溯,使上下游企业信息共享和紧密合作,提高食品质量安全水平和稳定性,增强生产供应链中各个利益攸关方的合作和沟通,优化供应链体系。食品追溯体系的实施可以有效减少食品召回,一旦发现问题又可及时将问题食品召回,从而为企业节省了大量成本和损失。

③可以提高食品企业的竞争力,促进相关贸易全球一体化。

追溯系统在食品物流各个环节建立与国际接轨的标准标识体系,实现对供应链各个环节的正确标识,增强了农产品来源的可靠性和信息传输处理速度,为电子商务和全球贸易一体化奠定了基础。追溯系统强化了产业链各企业的责任,帮助企业寻找危害的原因与风险的程度,淘汰落后的技术,促使产业升级,可将生产过程中的风险降低到最低水平,有力地保护企业信誉,有利于产品的销售和流通,符合全球贸易一体化的需求。

④可以提高生产企业和供应链的管理水平。

食品追溯包含着食品的某种或某些特性等信息在整个产品生产供应链中的流动。企业对信息的合理利用有利于企业对产品流动和仓储的管理以及对不合格原料和生产过程的控制,从而提高企业的管理水平和整条生产供应链的管理水平。

食品安全追溯体系概括来说就是"源头可追溯、生产(加工)有记录、流向可跟踪、信息可查询、产品可召回、责任可追究"。前三项是对食品安全追溯系统本身功能的要求,后三项是食品追溯系统所要达到的目的。

## 11.2 食品安全追溯体系设计与实施

食品安全追溯体系需充分涵盖食品原材料生产、产品加工、储运、销售等食品供应链各个环节,通过对整个链条、各环节业务流程的分析,常采用 HACCP 原理及方法,研究提出食品追溯链各环节的质量安全要素及关键控制点,采用国家及行业的相关编码标准,设计食品安全追溯链编码体系,并利用信息采集、数据交换等技术获取食品追溯链上的相关信息,构建食品生产过程、加工过程、储运过程、消费过程质量安全信息管理体系,并在此基础上建设食品安全追溯平台,除满足企业日常管理及内部追溯的需要外,还要开发基于网站、短信、电话的服务接口,研发移动溯源终端,提供面向消费者、监管部门的服务。

食品安全可追溯体系还可从信息采集、信息处理、信息服务三个层面对整体架构进行分解。信息采集层次的主要功能也常是依据 HACCP 原理及方法确定的食品追溯链各环节质量安全要素,采用生产环境信息实时在线采集技术、生产履历信息现场快速采集技术、冷链设施环境实时采集技术等,实现对食品生产、产品加工、储运及消费环节的相关质量安全信息获取,为实现食品安全溯源提供数据支持;信息处理层面主要通过信息编码技术、信息交换、数字化技术,构建食品生产、加工、储运、消费环节质量安全信息管理体系,实现食品安全信息自产地至销售的有序、规范管理;在信息服务层面,通过构建食品安全可追溯平台,通过短信、电话、网络平台、移动溯源终端等多种方式为消费者、监管者提供质量安全信息查询服务。体系总体架构如图 11-1 所示。

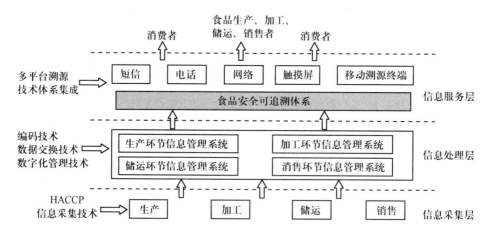

图 11-1  食品安全可追溯体系架构图

在食品安全追溯体系中,体系各参与方均会频繁地使用体系,生产、加工通过体系查看其生产、加工的动态信息,以及食品流向等信息;消费者通过该体系查看所购买食品的质量安全信息;监管者在出现食品安全事件时,通过体系快速找出食品安全问题发生的环节及原因。为方便追溯体系向各方提供服务,通常会开发多种服务接口,支持手机短信、电话、网站、超市触摸屏和移动溯源终端等多种方式对体系的访问,其中手机短信、电话、网站、超市触摸屏是为消费者提供服务,监管部门可通过网站、超市触摸屏和移动溯源终端等方式对食品安全进行监管。

### 11.2.1　体系设计

设计的原则是,要考虑可操作性,食品安全追溯体系的设计原则应采用"向前一步,向后一步"原则,即每个组织只需要向前溯源到产品的直接来源,向后追踪到产品的直接去向;要根据追溯目标、实施成本和产品特征,要适度界定追溯单元、追溯范围和追溯信息。具体包括如下步骤,确定追溯单元、明确组织在食品链中的位置、明确物料流向、确定追溯范围、确定追溯信息、确定标识和载体、确定记录信息和管理数据的要求、明确追溯执行流程等。

#### 11.2.1.1　确定追溯单元

关于组织如何建立并融入可追溯体系,"ISO 22005《饲料和食品链的可追溯性 体系设计与实施的通用原则和基本要求》""GB/Z 25008—2010《饲料和食品链的可追溯性 体系设计与实施指南》"和国际物品编码协会(GS1)可追溯体系中都引入一个追溯单元(traceable unit)的概念。追溯单元是指需要对其来源、用途和位置的相关信息进行记录和追溯的单个产品或同一批次产品。该单元应可以被跟踪、回溯、召回或撤回。企业内部可追溯体系建立的基础与关键就是追溯单元的识别与控制。从追溯单元的定义来看,一个追溯单元在食品链内的移动过程同时伴随着与其相关的各种追溯信息的移动,这两个过程就形成了追溯单元的物流和信息流,组织可追溯体系的建立实质上就是将追溯单元的物流信息流之间的关系找到并予以管理,实现物流和信息流的匹配。

当希望建立可追溯体系时,以下四个基本内容是不可避免的。一是确定追溯单元,追溯单元的确定是建立可追溯体系的基础;二是信息收集和记录,要求企业在食品生产和加工过程中详细记录产品的信息,建立产品信息数据库;三是环节的管理,对追溯单元在各个操作步骤的转化进行管理;四是供应链内沟通,追溯单元与其相对应的信息之间的联系。

由于各项基本内容围绕追溯单元展开,因此追溯单元的确定非常重要。组织应明确可追溯体系目标中的产品和(或)成分,对产品和批次进行定义,确定追溯单元并对追溯单元进行唯一标识。

表 11-1 是某企业原料接收过程中追溯单元的确定。该接收过程包括货物的移动、转化、储存和终止几个步骤。

**表 11-1　原料接收过程追溯单元确定**

| 原料接收过程 | 过程特点描述 | 过程处理 | 追溯单元规模 |
| --- | --- | --- | --- |
| 移动 | 追溯单元物理位置的变化 | 不创建追溯单元 | |
| 转化 | 追溯单元特性的变化 | 创建追溯单元,确定追溯码 | 以提单为单元 |
| 储存 | 追溯单元的保留 | 不创建追溯单元 | |
| 终止 | 追溯单元的消亡 | 不创建追溯单元,剔除不合格品 | |

每一个追溯单元在任一环节都可能包含以上一个或多个步骤。以水产品加工厂的原料接收环节为例,将接收到的某一批原料定义为一个追溯单元,那么原料从无到有的过程就是转化;在

接收过程中可能存在不合格的原料,这些不合格原料应该被排除出食品链,这个过程就是终止。

从表中可以看出,并不是操作步骤中的每一个"变化"我们都将其确定为追溯单元。食品追溯单元具体可分为:食品贸易单元、食品物流单元和食品装运单元,由存在于食品供应链中不同流通层级的追溯单元构成。

食品贸易单元根据销售形式不同,分为通过销售终端 POS(point of sale)销售和不通过 POS 销售的贸易单元。通过 POS 销售的贸易单元即零售贸易项目,见"GB 12904—2008《商品条码 零售商品编码与条码》"。不通过 POS 销售的贸易单元即非零售贸易项目,见"GB/T 16830《商品条码 储运包装商品编码与条码表示》"。如农场主将西红柿按筐卖给批发商,这里一筐西红柿即为一个非零售的贸易项目。

食品物流单元是在食品供应链过程中为运输、仓储、配送等建立的包装单元,见"GB/T 18127《商品条码 物流单元编码与条码表示》",如装有食品的一个托盘。食品物流单元由食品贸易单元构成。它可由同类食品贸易单元组合而成,也可由不同类食品贸易单元组合而成。

食品装运单元是装运级别的物理单元,由食品物流单元构成。如将 10 箱土豆和 8 箱西红柿装运在一个卡车上,该卡车即为一个装运单元。

### 11.2.1.2　明确组织在食品链中的位置

食品供应链涉及食品的种(养)殖、生产、加工、包装、贮藏、运输、销售等环节。组织可通过识别上下游组织来确定其在食品链中的位置。通过分析食品供应链过程,各组织应对上一环节具有溯源功能,对下一环节具有追踪功能,即各追溯参与方能对追溯单元的直接来源进行追溯,并能对追溯单元的直接接收方加以识别。各组织有责任对其输出的数据,以及其在食品供应链中上一环节和下一环节的位置信息进行维护和记录,同时确保追溯单元标识信息的真实唯一性。

### 11.2.1.3　确定食品流向和追溯范围

组织应明确可追溯体系所覆盖的食品流向,以确保能够充分表达组织与上下游组织之间以及本组织内部操作流程之间的关系。食品流向包括:针对食品的外部过程和分包工作;原料、辅料和中间产品投入点;组织内部操作中所有步骤的顺序和相互关系;最终产品、中间产品和副产品放行点。当然并不仅仅局限于此。

组织依据追溯单元流动是否涉及不同组织,可将追溯范围划分为外部追溯和内部追溯。当追溯单元由一个组织转移到另一个组织时,涉及的追溯是外部追溯。外部追溯是供应链上组织之间的协作行为(GB/Z 25008—2010 中 3.2)。一个组织在自身业务操作范围内对追溯单元进行追踪和(或)溯源的行为是内部追溯。内部追溯主要针对一个组织内部各环节间的联系(GB/Z 25008—2010 中 3.3),见图 11-2。外部追溯按照"向前一步,向后一步"的设计原则实施,以实现组织之间和追溯单元之间的关联为目的,需要上下游组织协商共同完成。内部追溯与组织现有管理体系相结合,是组织管理体系的一部分,以实现内部管理为目标,可根据追溯单元特性及组织内部特点自行决定。

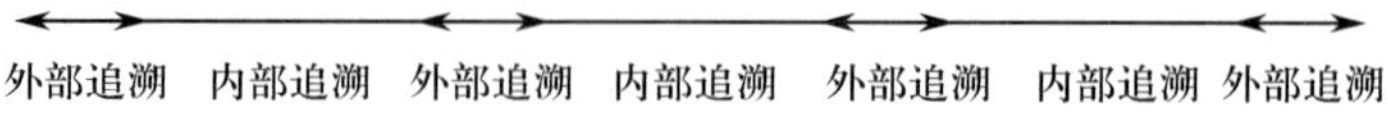

外部追溯　内部追溯　外部追溯　内部追溯　外部追溯　内部追溯　外部追溯

**图 11-2　饲料和食品链各方追溯关系示意图**

#### 11.2.1.4　确定追溯信息

组织应确定不同追溯范围内需要记录的追溯信息,以确保食品链的可追溯性。需要记录的信息包括:来自供应方的信息;产品加工过程的信息;向顾客和(或)供应方提供的信息。当然并不仅仅局限于此。

为方便和规范信息的记录和数据管理,宜将追溯信息划分为基本追溯信息和扩展追溯信息。追溯信息划分和确定原则如表 11-2 所示。

表 11-2　追溯信息划分和确定原则

| 追溯信息 | 追溯范围 | |
| --- | --- | --- |
| | 外部追溯 | 内部追溯 |
| 基本追溯信息 | 它以明确组织间关系和追溯单元来源与去向为基本原则;<br>它是能够"向前一步,向后一步"链接上下游组织的必需信息 | 它以实现追溯单元在组织内部的可追溯性、快速定位物料流向为目的;<br>它是能够实现组织内各环节间有效链接的必需信息 |
| 扩展追溯信息 | 它以辅助基本追溯信息进行追溯管理为目的,一般包含产品质量或商业信息 | 更多地为企业内部管理、食品安全和商业贸易服务的信息 |
| 基本追溯信息必须记录,以不涉及商业机密为宜。<br>宜加强扩展追溯信息的交流与共享 | | |

食品追溯体系的组织及位置信息主要包括追溯单元提供者信息、追溯单元接收者信息、追溯单元交货地信息及物理位置信息。

食品贸易单元基本追溯信息有:贸易项目编码;贸易项目系列号和/或批次号;贸易项目生产日期/包装日期;贸易项目保质期/有效期。扩展追溯信息有:贸易项目数量;贸易项目重量。

对于由同类食品贸易单元组成的物流单元,其基本追溯信息有:物流单元编码;物流单元内贸易项目编码;物流单元内贸易项目的数量;物流单元内贸易项目批次号。扩展追溯信息有:物流单元包装日期;物流单元重量信息;物流单元内贸易项目的重量信息。

对于由不同类食品贸易单元组成的物流单元,其基本追溯信息有:物流单元编码。扩展追溯信息有:物流单元包装日期;物流单元重量信息。

食品装运单元基本追溯信息包括:装运代码;装运单元内物流单元编码。

#### 11.2.1.5　确定标识和载体

对追溯单元及其必需信息的编码,建议优先采用国际或国内通用的或与其兼容的编码,如通用的国际物品编码体系,对追溯单元进行唯一标识,并将标识代码与其相关信息的记录一一对应。见表 11-3。

食品追溯信息编码的对象包括食品链的组织、追溯单元及位置。食品链的组织为食品追溯单元提供者、追溯单元接收者;食品追溯单元即食品追溯对象;位置指与追溯相关的地理位置,如食品追溯单元交货地。

食品追溯贸易单元信息编码见表 11-4。

**表 11-3　食品追溯参与方及位置信息的编码数据结构**

| 食品追溯基本信息 | 数据结构 | |
|---|---|---|
| | 应用标识符（AI） | 全球位置码（GLN） |
| 供货方全球位置码 | 412 | 厂商识别码　　位置参考代码　　　　校验码<br><br>$N_1$ $N_2$ $N_3$ $N_4$ $N_5$ $N_6$ $N_7$ $N_8$ $N_9$ $N_{10}$ $N_{11}$ $N_{12}$　　　$N_{13}$<br>注：<br>①N 为数字字符。<br>②厂商识别代码：见 GB 12904。<br>③位置参考代码由贸易项目的供货方分配。<br>④校验码：校验码的计算见 GB/T 16986 附录 B。<br>⑤供货方全球位置码可以单独使用，或与相关的标识数据一起使用 |

**表 11-4　贸易单元信息编码数据结构**

| 食品追溯基本信息 | 数据结构 | |
|---|---|---|
| | 应用标识符（AI） | |
| 贸易项目代码 | 01 | 厂商识别代码　　　项目代码　　　　　　校验码<br>$N_1$ $N_2$ $N_3$ $N_4$ $N_5$ $N_6$ $N_7$ $N_8$ $N_9$ $N_{10}$ $N_{11}$ $N_{12}$ $N_{13}$　　$N_{14}$<br>注：<br>①厂商识别代码：见 GB 12904。<br>②项目代码：由厂商分配的项目号。<br>③校验码：校验码的计算见 GB/T 16986 附录 B。<br>④为了完整标识贸易项目，应同时标识变量贸易项目的变量信息 |
| 批次号 | 10 | $X_1 \cdots\cdots X_{j\,(j\leqslant20)}$ |
| 系列号 | 21 | 注：<br>①X 为数字字母字符，"……"为可变长度域；j 为字符个数。<br>②批号为字母数字字符，长度可变，最长 20 位；系列号由制造商分配，为字母数字字符，长度可变，最长 20 位。包括 GB/T 1988—1998 表 2 中所有字符。<br>③批号、系列号应与贸易项目的全球贸易项目编码（GTIN）一起使用 |
| 生产日期/包装日期/保质期/有效期 | 11/13 | 年　　　月　　　　日<br>$N_1$ $N_2$　 $N_3$ $N_4$　 $N_5$ $N_6$<br>注：<br>①$N_1$ $N_2$ 为年的后 2 位，$N_3$ $N_4$ 为月，$N_5$ $N_6$ 为日。<br>②本代码应与贸易项目的全球贸易项目编码（GTIN）一起使用 |

食品追溯物流单元信息编码的数据结构见表 11-5。

表 11-5　物流单元信息编码数据结构

| 食品追溯基本信息 | 数据结构 | |
|---|---|---|
| | 应用标识符（AI） | 数据结构 |
| 物流单元代码 | 00 | 扩展位　　厂商识别代码　　　　系列代码　　　校验码<br>$N_1$　$N_2$　$N_3$　$N_4$　$N_5$　$N_6$　$N_7$　$N_8$　$N_9$　$N_{10}$　$N_{11}$　$N_{12}$　$N_{13}$　$N_{14}$　$N_{15}$　$N_{16}$　$N_{17}$　　$N_{18}$<br>注：<br>①扩展位，用于增加系列货运包装箱代码（SSCC）内系列代码容量。由编制 SSCC 的公司自行分配。<br>②厂商识别代码：见 GB 12904。<br>③系列代码：由厂商分配的项目号。<br>④校验码：校验码的计算见 GB/T 16986 附录 B |
| 物流单元内贸易项目代码 | 02 | 厂商识别代码　　　　　　项目代码　　　　　校验码<br>$N_1$　$N_2$　$N_3$　$N_4$　$N_5$　$N_6$　$N_7$　　$N_8$　$N_9$　$N_{10}$　$N_{11}$　$N_{12}$　$N_{13}$　　　$N_{14}$<br>注：<br>①校验码：校验码的计算见 GB/T 16986 附录 B。<br>②应与同一物流单元上的 AI(37) 及其对应的编码数据一起使用 |
| 物流单元内贸易项目的数量 | 37 | $N_1$……$N_{j(j \leqslant 8)}$<br>注：<br>① N 为数字字母字符，"……"为可变长度域；$j$ 为字符个数。<br>②贸易项目数量：物流单元内贸易项目的数量，本代码应与 AI(02) 一起使用 |

食品追溯装运单元信息编码的数据结构见表 11-6。

表 11-6　装运单元信息编码数据结构

| 食品追溯基本信息 | 数据结构 | |
|---|---|---|
| | 应用标识符（AI） | 数据结构 |
| 货物托运代码 | 401 | 厂商识别代码　　　　　托运信息<br>$N_1$……$N_i$　　　$X_{i+1}$……$X_j(j \leqslant 30)$<br>注：<br>①厂商识别代码：见 GB 12904。<br>②货物托运代码为字母数字字符，包括 GB/T 1988－1998 表 2 中所有字符。委托信息的结构由该标识符的使用者确定。<br>③货物托运代码在适当的时候可以作为单独的信息处理，或与出现在相同单元上的其他标识数据一起处理 |
| 装运标识代码 | 402 | 厂商识别代码　　　　发货方参考代码　　　　校验码<br>$N_1$　$N_2$　$N_3$　$N_4$　$N_5$　$N_6$　$N_7$　$N_8$　$N_9$　$N_{10}$　$N_{11}$　$N_{12}$　$N_{13}$　$N_{14}$　$N_{15}$　$N_{16}$　　$N_{17}$<br>注：<br>发货方参考代码由发货方分配 |

根据技术条件、追溯单元特性和实施成本等因素选择标识载体。追溯单元提供方与接收方之间应至少交换和记录各自系统内追溯单元的一个共用的标识，以确保食品追溯时信息交换保持通畅。载体可以是纸质文件、条码或 RFID 标签等。标识载体应保留在同一种追溯单元或其包装上的合适位置，直到其被消费或销毁为止。若标识载体无法直接附在追溯单元或其包装上，则至少应保持可以证明其标识信息的随附文件。应保证标识载体不对产品造成污染。

### 11.2.1.6　确定记录信息和管理数据的要求

组织应规定数据格式，确保数据与标识的对应。在考虑技术条件、追溯单元特性和实施成本的前提下，确定记录信息的方式和频率，且保证记录信息清晰准确，易于识别和检索。数据的保存和管理，包括但不限于：规定数据的管理人员及其职责；规定数据的保存方式和期限；规定标识之间的关联方式；规定数据传递的方式；规定数据的检索规则；规定数据的安全保障措施。

### 11.2.1.7　明确追溯执行流程

食品追溯链各环节间、某环节内部的"M-O-P"结构保证了每一个环节能够识别直接原料提供商，以及产品的直接消费者的情况，并能够将操作的具体过程记录下来。食品链中的每一个组织（企业）有责任通过收集和保留他们所采购的原料信息和加工过程信息，建立贯穿食品链某一个或几个环节的可追溯体系，也就是说在他们本身的操作范围内实现可追溯。在食品链的每一环节实行"退一步"和"进一步"的方法构建以组织为核心的食品安全可追溯体系，为实现整个食品链的可追溯提供了可能。

对于一个组织来说，在组织内实施可追溯体系一般有四个关键步骤。

第一步：追溯并记录接收的原料信息。

接收的（或本厂商自己生产时使用的）原材料需要追溯。包括和接收原料有关的所有鉴定和记录，指来源于供应商的原料（前一个环节"退一步"的概念）。应记录的信息包括：有关供应商、接收日期、运货人员、批次号、数量和产品状况的信息；接收到的原料唯一的代码，并保留批次信息；对于不同的组织，其原材料的内容不一样，例如初级农产品生产组织，其原材料包括种子、化肥、农药、饲料等投入品，食品加工企业的原料是初级农产品生产者生产的产品，以及食品添加剂和包装材料等。

第二步：确定原材料贮藏的信息。

需要对组织的仓库中原料贮藏的信息进行确定，包括临时贮藏和长期贮藏的物料，存贮设施的环境、设备、卫生信息等。

第三步：规范化并记录组织生产过程信息。

组织利用购买的原材料进行加工时，通常会通过其加工工艺将原材料转化为另一种产品，此时，需要保留由原材料到产品的生产过程，建立转化产品和所使用的原料批次之间的关系，包括为制造最终产品而进行的处理、包装和加工等操作。

第四步：跟踪组织生产的产品销售给谁。

组织内部的可追溯体系应该能够鉴定其生产的产品批号及其与销售记录和直接消费者之间的关系，这就要求生产者能够鉴定他们直接的消费者，哪一批号的产品销售给谁，何时销售、如何运输出去等信息。

当有追溯性要求时，应按如下顺序和途径进行。

（1）发起追溯请求　任何组织均可发起追溯请求。提出追溯请求的追溯参与方应至少将追溯单元标识（或追溯单元的某些属性信息）、追溯参与方标识（或追溯参与方的某些属性信息）、位置标识（或位置的某些属性信息）、日期/时间/时段、流程或事件标识（或流程的某些属性信息）之一通知追溯数据提供方，以获得所需信息。

（2）响应　当追溯发起时，涉及的组织应将追溯单元和组织信息提交给与其相关的组织，以帮助实现追溯的顺利进行。追溯可沿饲料和食品链逐环节进行。与追溯请求方有直接联系的上游和（或）下游组织响应追溯请求，查找追溯信息。若实现既定的追溯目标，追溯响应方将查找结果反馈给追溯请求方，并向下游组织发出通知；否则应继续向其上游和（或）下游组织发起追溯请求，直至查出结果为止（图 11-3）。追溯也可在组织内各部门之间进行，追溯响应类似上述过程。

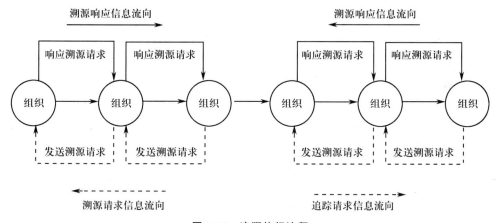

**图 11-3　追溯执行流程**

（3）采取措施　若发现安全或质量问题，组织应依据追溯界定的责任，在法律和商业要求的最短时间内采取适宜的行动。包括但不限于：快速召回或依照有关规定进行妥善处置；纠正或改进可追溯体系。

### 11.2.2　食品安全追溯体系实施

欧盟、美国、日本等已制定法律法规要求通过建立食品安全可追溯体系来加强对现代食品的监督管理，要求企业建立一整套从危害分析到制定预防性措施，再到召回和追溯等纠正措施的管理计划。相比发达国家，我国食品安全可追溯制度建设虽然起步较晚，但在试点推进阶段取得了一定成就，如在茶叶、肉类等重点领域成功实施了食品追溯。

通常来说，要建立良好、有效的食品安全追溯系统需遵循以下基本原则。

（1）科学性原则　在建立食品安全可追溯系统过程中，应将先进的信息技术、现代的信息管理方法，以及食品安全管理理论，食品安全可追溯方法、技术融入其中，使食品安全生产加工过程可控，提高食品质量安全水平。

（2）系统性原则　食品安全可追溯系统本质上是质量安全信息管理系统，因此我们既要遵循食品安全管理的一般规律，从信息收集、加工、传递、贮存等信息流管理角度出发，周密地进行系统设计，实现信息的无缝衔接；同时还应该充分考虑系统的参与者的信息需求、系统边界等问题。

(3)经济实用原则 建立食品安全可追溯系统,需要花费一定的人力、财力和物力,企业或公共组织在实施可追溯系统时,应充分考虑自身经济承受能力,努力做到以较小的投资实现可追溯系统的功能,不能单纯追求技术与设备的先进性,不顾自身的经济实力,最后反倒得不偿失。

(4)通用性原则 在实施可追溯系统过程中,应选择符合国际化的通用原则与标准,利用已有的国际标准和国家标准,例如 EAN·UCC 编码系统。并尽可能采用成熟、通用的技术方案,构建的可追溯系统具有复用性。

(5)预防性原则 食品安全事件的发生,很大程度上是由于在食品生产、加工过程中不参照规范的操作流程,或没有严格遵循国家标准及行业标准。因此,在构建食品安全可追溯系统时,应将 GAP、GMP、GVP、SSOP 等思想融入系统之中,引导食品生产、加工者规范其过程,预防食品安全事故的发生。

在我国食品安全追溯平台方面,各相关机构纷纷建立了基于其核心业务的追溯平台。"国家食品(产品)安全追溯平台(http://www.chinatrace.org)"是国家发改委确定的重点食品质量安全追溯物联网应用示范工程,主要面向全国生产企业,实现产品追溯、防伪及监管,由中国物品编码中心建设及运行维护,供政府、企业、消费者、第三方机构使用。该平台接收 31 个省级平台上传的质量监管与追溯数据;完善并整合条码基础数据库、监督抽查数据库等质检系统内部现有资源(分散存储、互联互通);通过对食品企业质量安全数据的分析与处理,实现信息公示、公众查询、诊断预警、质量投诉等功能。

农业部在"农垦农产品质量安全信息网(http://www.safetyfood.org)"基础上积极建立地方食品安全追溯平台,利用食品上的 20 位追溯码可获知食品生产流通环节的信息。农业部农产品质量安全中心"国家农产品质量安全追溯管理信息平台"以及商务部、食品药品监督管理局也正在筹备组建相关食品的追溯平台。近年来,各省、自治区,还有一些城市,相继建立了食品或农产品追溯平台,如上海市由上海市食品安全办公室与上海仪电集团共同建设了"上海市食品安全信息追溯平台",浙江、江苏、福建、内蒙古以及武汉市的"农(畜)产品质量安全追溯平台"等,有关行业协会和企业也建立或参与追溯平台建设。如中国副食流通协会食品安全与信息追溯分会建立的"中国食品安全信息追溯平台(http://www.chinafoods.org.cn/index.html)"该平台是在行业协会和企业的共同监督下,为食品企业提供第三方信息追溯服务和数据交换平台服务。

在食品安全追溯标准方面,国家标准化管理委员会于 2008 年 7 月底已正式批准全国食品安全管理技术标准化技术委员会下的食品追溯技术分技术委员会(SAC/TC313/SCI,简称食品追溯技术分标委)成立,以开展我国食品安全追溯领域内的标准化工作。目前我国食品安全追溯标准体系架构已初步搭建,而且已经制定了《食品可追溯性通用规范》和《食品追溯信息编码与标识规范》等多项国家标准。

### 11.2.2.1 制订可追溯计划

"GB/T 22005—2009/ISO 22005:2007《饲料和食品链的可追溯性 体系设计与实施的通用原则和基本要求》"和指导性技术文件"GB/Z 25008—2010《饲料和食品链的可追溯性 体系设计与实施指南》"中都明确了体系实施的总则和步骤。

首先组织应制订可追溯计划,并考虑该计划与组织其他管理体系的兼容性。可追溯计划是根据追溯单元特性和追溯要素的要求制订的针对某一特定追溯单元的追溯方式、对策和工作程序的文件。可追溯计划应直接或通过文件程序,指导组织具体实施可追溯体系。可追溯计划文件一般即是可追溯体系文件的一部分。可追溯计划只需引用和明确追溯计划如何应用于具体情况,以达到计划的追溯目标。

可追溯计划至少应规定:

——可追溯体系的目标;

——适用的产品;

——追溯的范围和程度;

——如何标识追溯单元;

——记录的信息及如何管理数据。

### 11.2.2.2　明确人员职责

在设计食品追溯体系时,必须设定需达到的追溯目标(通常包括追溯的百分比及完成追溯的时间),而目标设定时应考虑以下因素:支持食品安全及/或质量的目标;满足顾客规格要求;确定产品来源;方便产品撤回及/或召回;识别饲料及食品链中的责任相关方;方便对产品信息进行验证;使相关股东和消费者能够共享信息;满足当地、国家或国际政策法规要求;提高组织的绩效、生产率和利润率。

组织应成立追溯工作组,明确各成员责任,指定高层管理人员担任追溯工作管理者,确保追溯管理者的职责、权限。追溯管理者应具有以下权利和义务:

——向组织传达物料和食品链可追溯性的重要性;

——保持上下游组织之间及组织内部的良好沟通与合作;

——确保可追溯体系的有效性。

### 11.2.2.3　制订培训计划

确定追溯目标后,食品生产经营者应收集追溯相关的法律法规,产品及/或配料,识别供应商及顾客在食品链中的位置,物料流向,来自供应商、客户及过程控制的信息要求等。

组织应制订和实施培训计划,规定培训的频次和方式,提供充分的培训资源和其他有效措施以确保追溯工作人员能够胜任,并保留追溯工作组教育、培训、技能和经验的适当记录。

培训的内容包括但不限于:

——相应国家标准;

——可追溯性体系与其他管理体系的兼容性;

——追溯工作组的职责;

——追溯相关技术;

——可追溯体系的设计和实施;

——可追溯体系的内部审核和改进。

### 11.2.2.4　建立监视方案

组织应建立可追溯体系的监视方案,确定需要监视的内容、时间间隔和条件。监视应包括:

——适合追溯的有效性、运行成本的定性和定量测量;

——对追溯目标的满足程度;

——是否符合追溯适用的法规要求；

——标识混乱、信息丢失及产生其他不良记录的历史证据；

——对纠正措施进行分析的数据记录和监测结果。

食品供应链中的企业/个人必须建立健全食品追溯体系的文件档案，包括食品追溯体系的范围、食品追溯体系的职责、食品追溯计划、食品追溯体系的详细记录、食品追溯运行的相关资料、培训记录、评估计划、食品追溯体系的验证结果及纠正措施等。

### 11.2.2.5 使用关键绩效指标评价体系有效性

食品供应链中的企业应建立评估标准及程序，定期对食品追溯体系的有效性进行评估，以检查其运行效率及效益。

组织应建立关键绩效指标，以测量可追溯体系的有效性。关键绩效指标包括但不限于：

——追溯单元标识的唯一性；

——各环节标识的有效关联；

——追溯信息可实现上下游组织间及组织内部的有效链接与沟通；

——信息有效期内可检索。

### 11.2.3 内部审核

组织应按照管理体系内部审核的流程和要求，建立内部审核的计划和程序，对可追溯体系的运行情况进行内部审核。以是否符合关键指标的要求作为体系符合性的标准。如体系有不符合性现象，应记录不符合规定要求的具体内容，以方便查找不符合的原因以及体系的不断改进。组织应记录内部审核相关的活动与形成的文件。

内部审核计划和程序的内容包括但不限于：

——审核的准则、范围、频次和方法；

——审核计划、实施审核、审核结果和保存记录的要求；

——审核结果的数据分析，体系改进或更新的需求。

可追溯体系不符合要求的主要表现有：

——违反法律法规要求；

——体系文件不完整；

——体系运行不符合目标和程序的要求；

——设施、资源不足；

——产品或批次无法识别；

——信息记录无法传递。

导致不符合的典型原因有：

——目标变化；

——产品或过程发生变化；

——信息沟通不畅；

——缺乏相应的程序或程序有缺陷；

——员工培训不够，缺乏资源保障；

——违反程序要求和规定。

### 11.2.4　评审与改进

追溯工作组应系统评价内部审核的结果。当证实可追溯体系运行不符合或偏离设计的体系要求时,组织应采取适当的纠正措施和(或)预防措施,并对纠正措施和(或)预防措施实施后的效果进行必要的验证,提供证据证明已采取措施的有效性,保证体系的持续改进。

纠正措施和(或)预防措施应包括但不限于:

——立即停止不正确的工作方法;

——修改可追溯体系文件;

——重新梳理物料流向;

——增补或更改基本追溯信息以实现饲料和食品链的可追溯性;

——完善资源与设备;

——完善标识、载体,增加或完善信息传递的技术和渠道;

——重新学习相关文件,有效进行人力资源管理和培训活动;

——加强上下游组织之间的交流协作与信息共享;

——加强组织内部的互动交流。

综上所述,整个追溯体系的实施可以分为三个阶段。

(1)策划、建立阶段　确定追溯目标,识别追溯体系应满足的相关法规及政策要求,识别与追溯目标相关的产品及/或配料,设计追溯体系(确定在食品链中的位置,确定并文件化物料的流向,收集来自供应商、顾客、加工过程的信息),建立追溯程序(包括产品定义、批定义及标识、追溯信息、数据及记录管理、信息获取途径、处理追溯体系不符合的纠正及预防措施),形成文件;组织设计的追溯体系要素应与其他组织协调一致。

(2)运行实施阶段　管理层应承担相应的管理职责,并按设计的追溯程序运作;制订追溯计划,确定追溯职责并就追溯相关的培训计划与其员工进行沟通,监控实施追溯计划,以验证追溯目标及程序的有效性。

(3)评估与改善阶段　定期进行内审,以评估追溯体系的有效性,验证其是否符合追溯目标;管理层应对追溯体系进行评审,提出适当的纠正和预防措施,持续改进过程。

## 11.3　食品追溯信息系统

食品追溯信息系统(food traceability information system)是指运用信息技术,系统化地采集、加工、存储、交换食品企业内外部的追溯信息,从而实现食品供应链中各环节信息追溯的系统。建立食品追溯系统时以下基本内容和要求可供参考。

(1)在各个环节记录和贮存信息　食品生产经营者在食品供应链的各个环节应当明确食品及原料供应商,购买者以及互相之间的关系,并记录和贮存这些信息。

(2)食品身份的管理是建立追溯的基础　其工作包括以下内容:①确定食品追溯的身份单位(identification unit)和生产原料(raw material);②对每一个身份单位的食品和原料分隔管理;③确定食品及生产原料的身份单位与其供应商、购买者之间的关系,并记录相关信息;④确立生产原料的身份单位与其半成品和成品之间的关系,并记录相关信息;⑤如果生产原料被混合或被分割,应在混合或分割前确立与其身份之间的关系,并记录相关信息。

(3)企业的内部检查　开展企业内部联网检查,对保证追溯系统的可靠性和提升其能力至关重要。企业内部检查的内容有以下三项:①根据既定程序,检查其工作是否到位;②检查食品及其信息是否得到追踪和追溯;③检查食品的质量和数量的变化情况。

(4)第三方的监督检查　包括政府食品安全监管部门的检查和中介机构的检查,有利于保持食品追溯系统的有效运转,及时发现和解决问题,增加消费者的信任度。

(5)向消费者提供信息　一般而言,向消费者提供的信息有以下两个方面。①食品追溯系统所收集的即时信息,包括食品的身份编码、联系方式等;②历史信息,包括食品生产经营者的活动及其产品的历史声誉等信息。向消费者提供此类信息时,应注意保护食品生产经营者的合法权益。

### 11.3.1　食品追溯信息系统功能模块

食品追溯信息系统可分为生产环节追溯信息系统、物流环节追溯信息系统和销售环节追溯信息系统。

生产环节追溯信息系统模块包括:种植或养殖场地管理、投入品管理、原料管理、定义生产流程、生产计划管理、生产执行、产品包装、产品存储、产品管理和员工管理。各模块功能说明及相关追溯信息见表11-7。

表 11-7　生产环节追溯信息系统模块说明及相关追溯信息

| 模块名称 | 模块功能说明及相关追溯信息 |
|---|---|
| 种植或养殖场地管理 | 记录种植或养殖的场地相关信息,包括场地位置码,环境信息,土壤信息和水质信息等 |
| 投入品管理 | 记录种植或养殖过程中使用或添加的物质信息,包括种子,种苗。肥料,农药,兽药,饲料及饲料添加剂等农用生产资料产品和农膜,农机,农业工程设施设备等农用工程物资产品 |
| 原料管理 | 记录原料采购的相关信息,包括供货商信息管理、产品用料分类(如主料、辅料、包装材料等)、原料信息管理(记录原料的编码,包装形式、包装单位等)、原料入库(记录原料的入库信息,包括入库时间、批次号、原料编号、库存信息等) |
| 定义生产流程 | 为不同的产品定义个性化的追溯流程模版,包括产品生产过程中的主要阶段(如种植、收割、包装、检验等)、生产工序(每个阶段的工序,如种植中的浇水、施肥、除虫等)、生产操作管理(每个工序的操作,如施肥工序所需的操作时间、肥料名称、肥料说明等) |
| 生产计划管理 | 产品生产前制订生产计划,包括产品的产品名称、商品条码、数量、班次、产品批号、用料和追溯码等 |
| 生产执行 | 根据生产计划核对产品的实际用料、削减原料库存 |
| 产品包装 | 记录包装材料、包装形式、包装负责人、日期、重量等 |
| 产品存储 | 成品入库信息,包括入库时间、商品条码、追溯码、库房信息等 |
| 产品管理 | 记录产品的相关信息,包括商品条码、规格型号、名称和对应的生产流程等 |
| 员工管理 | 记录生产阶段责任人员,包括员工信息管理,员工岗位管理,员工班次管理和员工变更管理等 |

物流环节追溯信息系统模块包括：车辆管理、物流管理、存储管理、分拣包装和员工管理。各模块功能说明及相关追溯信息见表 11-8。

**表 11-8 物流环节追溯信息系统模块的详细设计**

| 模块名称 | 模块功能说明及相关追溯信息 |
|---|---|
| 车辆管理 | 记录车辆信息，包括车型、车牌号、驾驶员信息等 |
| 物流管理 | 记录产品物流过程信息，包括车辆信息、运输环境信息、包装箱或托盘编码、始发地和目的地信息等 |
| 存储管理 | 记录产品物流过程中的存储信息，包括包装箱或托盘编码、来源、入/出库时间和数量、库房环境信息等 |
| 分拣包装 | 记录托盘卸载过程的信息，包括托盘编码与卸载后追溯码的对应关系等 |
| 员工管理 | 记录物流阶段责任人，包括员工信息管理、员工岗位管理、员工班次管理和员工变更管理等 |

销售环节追溯信息系统模块包括：入库管理、储存管理、货品上架、产品销售和员工管理。各模块功能说明及相关追溯信息见表 11-9。

**表 11-9 销售环节追溯信息系统模块的详细设计**

| 模块名称 | 模块功能说明及相关追溯信息 |
|---|---|
| 入库管理 | 记录产品在销售企业的入库信息，包括追溯码、商品条码、入库时间、库房信息等。 |
| 储存管理 | 记录产品在销售企业的储存信息，包括库房信息、库存量、产品名称、追溯码等 |
| 货品上架 | 记录产品上架的信息，包括追溯码、货架号、上架时间、产品名称等 |
| 产品销售 | 记录产品销售信息，包括日期、追溯码、名称等 |
| 员工管理 | 记录销售阶段责任人员，包括员工信息管理、员工岗位管理、员工班次管理和员工变更管理等 |

### 11.3.2 食品追溯信息系统编码

食品追溯信息系统涉及的编码对象应尽量采用国家标准，具体的编码可参见表 11-10。一般说来，企业的食品追溯信息系统应预留与其他信息系统的接口，可实现追溯系统之间以及与食品追溯公共信息服务平台的对接。

**表 11-10 编码对象及其说明**

| 编码对象 | 说明 |
|---|---|
| 产品编码 | 对每一个贸易产品或一个产品的集合体分配全球贸易项目标识代码（即商品条码），数据结构参照 GB 12904 |
| 位置编码 | 对关键控制点涉及的位置编码，如种植或养殖所在地快、加工车间、存储仓库等，如涉及外部追溯需要使用 GLN，如只用于内部管理可由管理者自行编码。GLN 数据结构参照 GB/T 16828 |

续表 11-10

| 编码对象 | 说明 |
|---|---|
| 供应商编码 | 对原料供应商的编码。如涉及外部追溯应使用 GLN,如只用于内部管理可由管理者自行编码 |
| 原料编码 | 对原料编码,可使用原料的商品条码,没有商品条码的可以使用店内条码,数据结构参照 GB/T 18283 |
| 批次编码(批号) | 在生产过程中,批号是主要标识,由日期、流水号等信息组成 |
| 人员编码 | 可以根据班次和岗位进行标识,通常由班次、岗位和流水号组成 |
| 包装箱编码 | 包装箱作为销售单元时使用商品条码,作为物流单元时使用系列货运包装箱代码 SSCC 标识。SSCC 数据结构参照 GB 18127 |
| 托盘编号 | 使用 SSCC 标识 |

### 11.3.3　食品追溯信息系统的开发

考虑到食品可追溯性要求,食品追溯信息系统应尽量满足多方面的要求:支持多样化信息采集方式;实现内部追溯和外部追溯;支持追溯数据的汇总、挖掘和交换;提供外部接口,实现追溯系统与其他系统的对接;可向政府部门或消费者提供产品追溯信息,支持信息查溯;可对问题产品给予预警、公示等。食品追溯信息系统的实施可分为如下几个阶段和步骤。

①准备阶段。

步骤一:提出引入和建立食品追溯系统的计划。

确立其引入和建立的目的、范围、要求及预算等。

步骤二:组建食品生产经营人员小组。

食品追溯系统的运转是建立在食品生产经营者之间相互合作的基础之上的。因而,在建立该系统时,食品供应链中各阶段或环节的生产经营者应共同参与,共同制定食品及其信息的收集、储存及交流的规则和相关政策。

步骤三:分析当前情况,形成基本方案。

分析消费者的需求、食品生产经营者的需求及现有的资源;食品追溯系统建立的基本想法、食品追溯系统发挥的作用、期望达到的效果及食品追溯系统建立的规格或规模;制订食品追溯系统建立的基本方案。

②建立阶段。

步骤四:建立信息系统。

食品身份单位的确定;食品进出货的岗位工作分析;计算机的使用情况。

步骤五:确定信息系统规格。

数据库的规格;输入、输出规格;外部信息交流的规格。

步骤六:汇编食品追溯程序手册。

清晰地界定供应链中岗位工作人员及责任人;每个岗位应收集的信息、收集信息的方式及要求;收集信息的时段;人员的培训及管理。

③运行阶段。

步骤七:试运行食品追溯系统,检验和评估其系统设计及建设的情况。

步骤八:根据试运行的情况修正和进一步完善食品追溯系统。

步骤九:公布食品追溯系统及其操作手册。

步骤十:全面启用食品追溯系统。

### 11.3.4 食品追溯信息系统应用

食品追溯信息系统可预留与其他信息系统的接口,可实现追溯系统之间以及与食品追溯公共信息服务平台的对接。系统本身或通过食品追溯公共信息服务平台实现追溯相关的查询,食品追溯信息系统应提供系统查询和公共查询。

下面介绍基于追溯码的信息查询,追溯码(traceability code)是在追溯系统中,对追溯单元进行标识的唯一编码。不同类型产品可采用不同编码结构、类型和载体对追溯码进行标识。追溯码用条码表示时可使用 GSI 128 条码,见 GB/T 15425。追溯码的条码示意图如图 11-4 所示。

追溯码:010690123445678921007060102

(01) 06901234567892 (10) 07060102

**图 11-4 追溯码的条码示意图**

追溯码在整个供应链中会经历从最初产生到最终失效的过程,称为追溯码的生命周期,由以下几个阶段构成。

在生产环节产生追溯码,编码结构可参见表 11-10 中的追溯码编码内容。首先确定产品的贸易项目代码,然后确定追溯码中的其他信息,最终组合成产品追溯码。在生产过程中确定该产品原料信息,使产品追溯码与原料信息形成对应关系。

在产品包装阶段打印商品条码和追溯码标签。产品装箱或装托盘时将产品的追溯码与包装箱/托盘编码关联,使产品追溯码与包装箱/托盘编码形成对应关系。

包装箱/托盘在存储和物流过程中将包装箱/托盘编码与所在库房、车辆等物流信息关联,并形成对应关系。

食品到达目的地分拆包装或卸载托盘时,将包装箱/托盘编码与产品的追溯码关联,使包装箱/托盘编码与产品追溯码形成对应关系。

产品销售到最终客户时,应包含清晰的追溯码标签。

根据《中华人民共和国食品安全法》规定,企业保存食品追溯信息数据期限不得少于 2 年。

食品追溯信息系统中通过追溯码可以查询到该产品的生产信息、物流信息以及销售信息等;通过员工姓名可以查询到该员工参与的所有追溯环节;通过原料的批号可以查询到利用该原料生产出来的产品。追溯码系统查询示意图如图 11-5 所示。

若系统具备数据发布的能力,追溯参与方可将追溯环节数据上传至食品公共追溯平台。

追溯码：0106901234456789210007060102

(01) 06901234567892  (10) 07060102

**图 11-5　追溯系统查询示意图**

公共追溯平台的数据查询方式应方便、快捷和实时，可利用互联网、短信、电话和超市终端等方式。追溯码公共查询示意图如图 11-6 所示。

追溯码：0106901234456789210007060102

(01) 06901234567892  (10) 07060102

**图 11-6　追溯码公共查询示意图**

最后要指出的是，国际和国内的食品可追溯系统的应用都存在一定的困难和问题，表现在如下几方面。

（1）兼容性问题　当可追溯系统排在第一位时，它必须能从一个单位到另一个单位追踪产品。这要求所有涉及产品的单位能有效地进行交流与数据传送。一旦兼容建立，数据必须进行识别和标准化。国家级和国际级的可追溯系统，必须建立标准数据传送模型。

（2）商业保密问题　由于主要原料的来源和一些技术指标和有关操作过程必须在标签上标明，产品流通的每一个环节、最终消费者等重要信息都容易让同行知道；加上现在代理产品市场的混乱，生产商知道了具体的分销商，有可能直接插手，让分销商辛辛苦苦开拓的市场被收回。这种情况对中小型企业不利。因此如何解决信息与工业秘密问题，有待探讨。

（3）资金问题　要设计和采用标准化的可追溯系统，需要投入较多的资金。为了解决资金和一些复杂的事情，欧盟筹措一个称为"鱼产品的可追溯能力"的基金，它是由 24 个出口商、加工商、进口商和研究机构的公司、机构和办事处组成的一个协会，他们的做法值得借鉴的。我国各级政府就食品、农产品追溯体系和平台的建设做出了规划和资金投入，相关机构和企业也积极地参与到这项复杂和重要的工作中来，不久的将来我国的食品安全追溯体系的建设会取得更大的成就。

**? 思考题**

1. 简述食品追溯体系的作用。
2. 食品行业常用的食品追溯体系有哪些？
3. 简述食品追溯信息系统的开发与应用过程。
4. 编写或收集一份食品安全可追溯系统实施案例。

**■ 指定学生参考书**

张成海.食品安全追溯技术与应用[M].北京:中国标准出版社,2012.

**■ 参考文献**

[1] 陈辉.食品安全概论[M].北京:中国轻工业出版社,2011.

[2] 宁喜斌.食品质量安全管理[M].北京:中国标准出版社,2012.

[3] 何德华,史中欣.食品质量安全可追溯系统研究与应用综述[J].中国农业科技导报,2019(4):123-132.

[4] 张成海.食品安全追溯技术与应用[M].北京:中国标准出版社,2012.

[5] 张晓雅.肉类食品安全流通追溯系统关键技术研究[D].中国计量大学,2018.

[6] 宋宝娥.食品供应链质量安全可追溯系统构建研究[J].物流工程与管理,2017(3):57-61.

**编写人:王伟华(塔里木大学)**

# 附录　扩展资源

请登录中国农业大学出版社教学服务平台"中农 De 学堂"查看：

1. GB/T 19000—2016/ISO 9000:2015《质量管理体系　基础和术语》

2.《中国制造 2025》

3. 2020 年《食品生产许可管理办法》

4.《中华人民共和国食品安全法》(2018 年修订本)

5. GB/T 1.1—2020《标准化工作导则　第 1 部分:标准化文件的结构和起草规则》

6. GB/T 20001.10—2014《标准编写规则　第 10 部分:产品标准》

7. GB/T 19001—2016/ISO 9001:2015《质量管理体系　要求》

8. ISO 9004:2018《质量管理—组织质量—实现持续成功指南》

9. GB 14881—2013《食品安全国家标准　食品生产通用卫生规范》

10. GB 17405—1998《保健食品良好生产规范》

11. DB 31/2017—2013《食品安全地方标准　发酵肉制品生产卫生规范》

12. GB/T 20014—2013《良好农业规范(部分)》

① 第 2 部分:农场基础控制点与符合性规范分

② 第 3 部分:作物基础控制点与符合性规范

③ 第 4 部分:大田作物控制点与符合性规范

④ 第 5 部分:水果和蔬菜控制点与符合性规范

⑤ 第 6 部分:畜禽基础控制点与符合性规范

⑥ 第 7 部分:牛羊控制点与符合性规范

⑦ 第 8 部分:奶牛控制点与符合性规范

⑧ 第 9 部分:猪控制点与符合性规范

⑨ 第 10 部分:家禽控制点与符合性规范

⑩ 第 13 部分:水产养殖基础控制点与复合性规范

⑪第 14 部分:水产池塘养殖基础控制点与符合性规范

13. GB/T 27341—2009《危害分析与关键控制点(HACCP)体系　食品生产企业通用要求》

14. GB 15193.1—2014《食品安全国家标准　食品安全性毒理学评价程序》

15. GB/T 22005—2009/ISO 22005:2007《饲料和食品链的可追溯性　体系设计与实施

的通用原则和基本要求》

16. NY/T 1431—2007《农产品追溯编码导则》

17. NY/T 1761—2009《农产品质量安全追溯操作规程　通则》

18. GB/Z 25008—2010《饲料和食品链的可追溯性　体系设计与实施指南》

19. NY/T 1993—2011《农产品质量安全追溯操作规程　蔬菜》